国家示范性高职院校建设项目成果

食品理化检验与分析

主　编　姜　黎

副主编　李晓华　张秋霞

参　编　粟　萍　赵　群　于建明　林祥群

主　审　王树盛　张晓军

内容提要

本书有12个学习情境、34个工作任务，学习情境包括：检验准备、食品质量的感官检验、食品的物理检验、食品中水分含量的测定、食品中灰分及主要矿物质元素含量的测定、食品中酸类物质含量的测定、食品中脂肪含量的测定、食品中碳水化合物含量的测定、食品中蛋白质和氨基酸含量的测定、食品中维生素含量的测定、食品中防腐剂含量的测定、食品中有毒有害物质含量的测定。

本书可作为高职高专食品加工类、食品检验类、食品质量管理类及食品生物技术类专业使用的教材，也可供食品相关企业培训食品检验工使用。

图书在版编目（CIP）数据

食品理化检验与分析/姜黎主编. —天津：天津大学出版社，2010.11（2016.3重印）
国家示范性高职院校建设项目成果
ISBN 978-7-5618-3201-1

Ⅰ. ①食… Ⅱ. ①姜… Ⅲ. ①食品分析—化学分析—高等学校：技术学校—教材 Ⅳ. ①TS207.3

中国版本图书馆CIP数据核字（2010）第202118号

出版发行 天津大学出版社
地　　址 天津市卫津路92号天津大学内（邮编：300072）
电　　话 发行部：022-27403647
网　　址 publish.tju.edu.cn
印　　刷 廊坊市海涛印刷有限公司
经　　销 全国各地新华书店
开　　本 185mm×260mm
印　　张 17.75
字　　数 443千
版　　次 2010年11月第1版
印　　次 2016年3月第3次
定　　价 32.00元

前　言

本书以工作过程系统化课程开发的方法为依据，以食品企业典型食品检验项目为载体，根据《国家职业标准食品检验工》的知识要求和技能要求，紧紧围绕“教、学、做”一体化教学的行动导向编写而成。

本书根据不同专业的特点将必需的食品理化检验与分析知识进行优化、重组、整合，形成了结构合理、技能为先、重点突出、内容简约的新教学体系。

具体而言，本书具有以下四个特点。

（1）在编写指导思想上，坚持以学生就业为导向，本着基于食品检验岗位工作过程设置课程的理念，校企合作，充分研究食品检验岗位工作过程所需的知识和技能，形成课程的学习情境。通过实施各类食品检验任务，使学生掌握工作所需的知识，形成岗位所需的能力，培养良好的职业能力和职业素养。

（2）在编写内容的选取上，根据食品行业高技能型人才培养的实际需求，参照职业资格标准和岗位技能要求，以具体、典型的食品检验项目为载体，以检验技术为核心，选取与实际工作任务相一致的教学内容，体现了学习与工作的一体化。同时，根据食品企业具体产品的特点，选取有代表性的检测指标作为教学重点，使学生掌握食品检验的基木原理、基本检测方法、基本操作技能以及后续的数据处理、检验报告的填写等，满足食品企业检验的岗位需求。

（3）在编写方法上，采用了校企合作的形式。过程性知识来源于企业专家的总结和提炼，陈述性知识出自教学专家的分析和筛选。校企合作的编写方法使本书内容深入浅出、图文并茂，便于学生学习和掌握。

（4）在教学方案实施上，根据附录提供的作业文本实施教学，使学生在“学做合一”的工作和学习过程中，获得资讯、决策、计划、检查、评价等方面的能力训练，使学生掌握指导职业行动的思维方法，以应对未来就业岗位的挑战。

本书设置了 12 个教学情境共 34 个工作任务，同时，根据国家职业技能鉴定标准，融入了食品检验工（中级）、食品检验工（高级）的相关内容，强化技能训练的教学环节，使学生在学完课程后即可完成食品检验工（中级）或食品检验工（高级）的取证。

本书由新疆石河子职业技术学院姜黎担任主编，李晓华、张秋霞担任副主编。具体分工如下：姜黎负责编写学习情境三、学习情境四、学习情境五、学习情境六、学习情境七、学习情境八、学习情境九，学习情境十的工作任务二和工作任务三、附表；李晓华负责编写学习情境十的工作任务一、学习情境十一、学习情境十二；张秋霞负责编写学习情境一的工作任务一和工作任务二、学习情境二；粟萍负责编写学习情境一的工作任务三；赵群负责编写学习情境一的工作任务四，林祥群和新疆顶益食品有限公司于建明提供了本书编写的整体架构和各工作任务的基本资料，新疆石河子职业技术学院党委书记王树盛和新疆顶益食品有限公司张晓军审阅了全书，并提出许多修改性意见和建议。

本书在编写过程中得到各方面的大力支持，在此表示感谢。由于编者水平有限，且时间仓促，书中不妥之处望同行及读者批评指正。

编　者

2010 年 8 月

目　录

学习情境一 检验准备

工作任务一 溶液配制

【任务描述】

检验基础知识属于学生实验前的准备工作，主要包括实验室用水的要求、化学试剂的分类以及一般溶液与标准溶液的配制和标定等，要求学生通过教师的讲解及动手操作掌握标准溶液的配制与标定，同时能够计算出溶液的准确浓度。

【作业质量要求】

（1）正确使用实验室中的一般玻璃器皿。

（2）能够正确配制和标定标准溶液，同时进行数据计算。

（3）工作过程环节完整，操作现场整洁，执行安全操作。

【学习目标】

（1）了解实验室用水的要求。

（2）掌握化学试剂的分类，能够正确识别不同规格的化学试剂。

（3）掌握一般溶液和标准溶液配制的基本方法以及确定标准溶液准确浓度的基本方法。

（4）熟知常用基准物质的干燥条件和应用。

【技能目标】

（1）掌握溶液配制的方法及相关计算。

（2）掌握正确配制标准溶液及确定其准确浓度的方法。

【所需仪器和试剂】

1. 实验仪器

酸式滴定管、碱式滴定管、玻璃棒、烧杯、锥形瓶、容量瓶、刻度吸管、量筒、称量瓶。

2. 实验试剂

浓盐酸、甲基橙指示剂、基准无水碳酸钠、氢氧化钠、酚酞指示剂、基准邻苯二甲酸氢钾。

【相关知识】

一、分析实验室用水的规格

GB6682—1992《分析实验室用水规格和试验方法》根据电导率、比电阻、可氧化物质、吸光度、蒸发残渣、可溶性硅等将适用于化学分析和无机痕量分析等的实验用水分为一级水、二级水和三级水3个级别。分级的标准是：一级水基本不含有溶解或胶态离子杂质及有机物；二级水可含有微量的无机、有机或胶态杂质；三级水水质尚可。

分析实验室用水目视观察应为无色透明的液体，其原水应为饮用水或适当纯度的水。

二、分析实验室用水的制备、贮存及使用

各级水的制备方法、贮存条件及使用范围见表1-1。

表1-1 各级水的制备方法、贮存条件及使用范围

级别	制备与贮存	使用
一级水	可用二级水经石英设备蒸馏或离子交换混合床处理后，再经0.2 μm微孔滤膜过滤制取；不可贮存，使用前制备	有严格要求的分析实验，包括对颗粒有要求的实验，如高压液相色谱分析用水
二级水	可用多次蒸馏、反渗透或去离子等方法制备；贮存于密闭的专用聚乙烯容器中	无机痕量分析等实验，如原子吸收光谱分析用水
三级水	可以采用蒸馏、反渗透或去离子等方法制备；贮存于密闭的专用聚乙烯容器中，也可贮存于密闭的专用玻璃容器中	一般化学分析实验

注：贮存水的新容器在使用前需用盐酸溶液（20%）浸泡 2～3 d，再用待贮存的水反复冲洗，然后注满，浸泡 6 h 以上方可使用。

在实际工作中，要根据具体工作的不同要求选用不同等级的水，对有特殊要求的实验室用水，需要增加相应的技术条件和实验方法。例如，配制无二氧化碳标准溶液时，需使用无二氧化碳的水。

三、化学试剂与管理

化学试剂是食品分析中必不可少的物质，了解化学试剂的性质、用途、保管及有关选购等方面的知识对于减小误差、避免浪费十分重要。

（一）化学试剂的规格

实验室常见的试剂见表1-2。

表1-2 化学试剂的规格

纯度等级	代号	特点和用途	颜色
基准试剂	——	主要成分含量在99.5%～100%，杂质含量低于一级品或与一级品相当，用于标定标准溶液，可作为容量分析中的基准物，也可精确称量直接配制标准溶液	深绿色
优级纯	GR	杂质含量低，又称“保证试剂”，为一级品，适用于精密的分析检验工作和科研工作	绿色
分析纯	AR	杂质比优级纯稍多，又称“分析试剂”，为二级品，适用于多数的分析检验工作和科研工作	红色
化学纯	CP	杂质较多，为三级品，适用于厂矿企业的日常控制、分析、检验工作和学校教学实验的一般性工作	蓝色
实验试剂	LR	杂质更多，为四级品，常用做实验工作中的辅助试剂	棕色或其他

（二）试剂的存放

（1）专人保管。大部分化学试剂都具有一定的毒性，有的是易燃易爆的危险品，因此，较大量的化学药品应存放在药品贮藏室内，由专人保管。管理人员要熟悉化学试剂的性质、用途、保管方式和方法，对危险品的存放应按国家公安部的规定严格执行。

（2）控制温度、湿度，避免阳光直射，严禁明火。贮藏室应是朝北的房间，避免阳光照射；室内温度不能过高，一般保持在 15～20 ℃，最高温度不超过 25 ℃；室内保持一定的湿度，以 40%～70%为宜；室内通风良好，严禁明火。

（3）试剂瓶拆用后，如非一次用完，应及时予以封闭保存，尤其是一些不稳定的并易受空气影响的试剂。

（4）取试剂用的药匙和称取试剂用的器皿都应保持干燥、清洁，以免影响试剂的纯度。

（5）对已经从试剂瓶中取出的试剂，未用完的部分不可再放回原试剂瓶中，可分开保存。

（三）试剂的选用

（1）选用的试剂需有出厂试剂标签并标明品级、纯度（含主成分的百分比）和不纯物的最高含量等项目。

（2）试剂的化学式是计算化学式量的依据，即计算试剂量时，必须以试剂标签的化学式为准。例如，试剂标签上标明 $Na_2C_2O_4$，其相对分子质量为 134.0，当进行有关计算时，绝对不能依据操作规程或其他参考书中标明的化学式（如草酸钠的组成形式 $Na_2C_2O_4 \cdot 2H_2O$）来代替。

（3）应对试剂纯度所引起的结果误差有足够的重视，因此，要认真参照化学试剂纯度分级标准中规定的用途选用。

（四）配制试剂的管理

配制后直接用于实验的各种浓度的试剂应采取下列措施进行管理。

（1）有毒性的试剂不管其浓度大小，用后的剩余部分都应送危险品毒物贮藏室保管，或报请处理，如 KCN、NaCN、As_2O_3 等。

（2）易光解的试剂装入棕色瓶中；碱类及盐类试剂不能装在磨口试剂瓶中，应用胶塞；需滴加的试剂及指示剂应装入滴瓶中，整齐排列在试剂架上；其他试剂根据性质装入带塞试剂瓶中。

（3）配好的试剂应立即贴上标签。标签上要标明名称、浓度、配制日期，贴在试剂瓶的中上部。

（4）废旧试剂不要直接倒入下水道，特别是易挥发、有毒的有机化学试剂，应倒在专用的废液缸中，定期妥善处理。

（5）装在敞口滴定管中的试剂应用小烧杯或纸套盖上，防止灰尘落入。

四、溶液浓度的表示法和溶液的配制

（一）溶液浓度的表示方法

表示溶液浓度大小的物理量有物质的量浓度、质量分数、滴定度等。

1. 物质的量浓度

物质的量浓度指单位体积溶液中所含溶质的物质的量。物质 B 的物质的量浓度用符号 c_B 表示，即：

$$c_B = \frac{n_B}{V}$$

式中 c_B——物质 B 的物质的量浓度，mol/L；
n_B——物质 B 的物质的量，mol；
V——溶液的体积，L。

物质 B 的物质的量 n_B、物质 B 的质量 m_B、摩尔质量 M_B 的关系如下：

$$n_B = \frac{m_B}{M_B}$$

2. 质量分数

物质 B 的质量分数是指物质 B 的质量与溶液的质量之比，一般用符号 w_B 表示，即：

$$w_B = \frac{m_B}{m} \times 100\%$$

式中 w_B——物质 B 的质量分数，%；
m_B——物质 B 的质量，g；
m——溶液质量，g。

质量分数无量纲，一般用百分率表述其结果。

3. 滴定度

滴定度是滴定分析中的专用表示法，它是指每克标准溶液可滴定的或相当于可滴定的物质的质量，符号为 $T_{B/A}$，其中 A 为滴定剂，B 为被测物质，单位为 g/mL 或 mg/mL。如高锰酸钾标准溶液对铁的滴定度用 $T_{Fe/KMnO_4}$ 来表示，当 $T_{Fe/KMnO_4}$=0.005 682 g/mL 时表示每毫升高锰酸钾标准溶液可以把 0.005 682 g 的 Fe^{2+} 滴定为 Fe^{3+}。

滴定度的公式为：

$$T_{B/A} = \frac{m_B}{V_A}$$

式中 $T_{B/A}$——标准溶液相当于被测物质 B 的滴定度，g/mL；
m_B——待测组分的质量，g；
V_A——滴定时消耗标准溶液的体积，mL。

滴定度与物质的量浓度的换算

$$c_B = \frac{T_{B/A} \times 1\,000}{M_B}$$

有时滴定度也可以用每毫升标准溶液中所含溶质的克数来表示，记为 T_M。

（二）溶液的配制

1. 一般溶液的配制

一般溶液的浓度不需要配制得十分准确。配制时固体试剂用电子天平称量；液体试剂及溶剂用量筒、量杯或烧杯量取。

称出的固体试剂先于烧杯中用适量水溶解，再稀释至所需的体积。试剂溶解时若有放热现象或需加热溶解，应待冷却后，再转入试剂瓶中。配好的溶液应马上贴好标签，注明溶液的名称、浓度和配制日期。

一般溶液的配制应注意如下几个方面的问题。

（1）用易水解的盐配制溶液时，需加入适量的酸后再用水或稀酸稀释。有些易被氧化或还原的试剂，常在使用前临时配制，或采取措施防止氧化或还原。

（2）易腐蚀玻璃的溶液，不能盛放在玻璃瓶内，如氟化物需保存在聚乙烯瓶中，装苛性碱的玻璃瓶应用橡皮塞，最好也盛放在聚乙烯瓶中。

（3）配制指示剂溶液时，指示剂可用分析天平称量，只要读取两位有效数字即可。要根据指示剂的性质采用合适的溶剂，必要时还要加入适量的稳定剂，并注意其保存期。配好的指示剂一般贮存于棕色瓶中。

（4）经常并大量使用的溶液可先配制成浓度为所需浓度 10 倍的储备液，需要时取储备液直接稀释即可。

2. 标准溶液的配制方法

1）直接配制法

直接配制法适合于用基准物质配制标准溶液。具体方法是准确称取一定量的基准物质于小烧杯中，溶解后定量地转移到容量瓶中，用蒸馏水稀释至刻度，摇匀。根据称取物质的质量和容量瓶的体积，计算出该标准溶液的准确浓度。

$$c=\frac{m\times 1000}{MV}$$

式中　c——标准溶液的浓度，mol/L；

m——物质的质量，g；

M——物质的摩尔质量，g/mol；

V——标准溶液的体积，mL。

基准物质必须具备以下条件。

（1）试剂的纯度足够高（99.9%以上），一般可以用基准试剂或优级纯试剂。

（2）物质的组成与化学式相符，若含结晶水，其结晶水的含量应与化学式相符。

（3）试剂稳定，如不易吸收空气中的水分和二氧化碳，不易被空气氧化。

（4）摩尔质量尽可能大些。

常用基准物质的干燥条件和应用见表 1-3。

表 1-3　常用基准物质的干燥条件和应用

基准物质		干燥条件	标定对象
名　称	化学式		
无水碳酸钠	Na_2CO_3	270～300 ℃	酸
硼砂	$Na_2B_4O_7\cdot 10H_2O$	放在装有氯化钠和蔗糖饱和溶液的密封容器中	酸
草酸	$H_2C_2O_4\cdot 2H_2O$	室温、空气干燥	碱或高锰酸钾
邻苯二甲酸氢钾	$KHC_8H_4O_4$	100～120 ℃	碱

续表

基准物质		干燥条件	标定对象
名称	化学式		
重铬酸钾	$K_2Cr_2O_7$	140～150 ℃	还原剂
溴酸钾	$KBrO_3$	130 ℃	还原剂
碘酸钾	KIO_3	130 ℃	还原剂
三氧化二砷	As_2O_3	室温、干燥器中保存	氧化剂
草酸钠	$Na_2C_2O_4$	130 ℃	氧化剂
碳酸钙	$CaCO_3$	110 ℃	EDTA
锌	Zn	室温、干燥器中保存	EDTA
氧化锌	ZnO	900～1 000 ℃	EDTA
氯化钠	NaCl	500～600 ℃	硝酸银
氯化钾	KCl	500～600 ℃	硝酸银
硝酸银	$AgNO_3$	220～250 ℃	氧化物

2）间接配制法（标定法）

间接配制法就是先配近似浓度的溶液再标定的方法。具体方法是粗略地称取一定量物质或量取另一种物质的标准溶液通过滴定的方法来确定它的准确浓度。这种确定浓度的操作称为标定。

（1）用基准物质标定。准确称取一定量的基准物质，溶解后用待标定的溶液进行滴定。然后根据基准物质的质量与消耗待标定溶液的体积，即可计算出待标定溶液的准确浓度。

$$c_{待}=\frac{m_{基}\times 1\,000}{M_{基}V_{待}}$$

式中　$c_{待}$——待标定溶液的浓度，mol/L；

$m_{基}$——基准物质的质量，g；

$M_{基}$——基准物质的摩尔质量，g/mol；

$V_{待}$——标定时消耗待标定溶液的体积，mL。

（2）用标准溶液标定。用已知准确浓度的标准溶液与待标定溶液互相滴定。根据两种溶液所消耗的体积及标准溶液的浓度，可计算出待标定溶液的准确浓度。

$$c_{待}=\frac{c_{标}V_{标}}{V_{待}}$$

式中　$c_{待}$——待标定溶液的浓度，mol/L；

$c_{标}$——已知准确浓度的标准溶液的浓度，mol/L；

$V_{待}$——待标定溶液的体积，mL；

$V_{标}$——已知准确浓度的标准溶液的体积，mL。

（三）标准溶液的保存

（1）标准溶液应密封保存，防止溶液蒸发。

（2）见光易分解、易挥发的溶液应贮存于棕色磨口瓶中，如高锰酸钾、硝酸银、碘等标准溶液。

（3）易吸收二氧化碳并能腐蚀玻璃的溶液，如氢氧化钠、氢氧化钾和较浓的 EDTA 溶液，应贮存于耐腐蚀的玻璃瓶或聚乙烯瓶中。在瓶口还应设有碱石灰干燥管，以防倒出溶液时吸入二氧化碳。

（4）由于溶剂易蒸发而挂于瓶内壁上，在使用时应摇匀，使浓度均匀。

五、食品理化分析的一般规则

1．仪器设备的要求

（1）玻璃量器。实验中所用的玻璃量器、玻璃器皿须经彻底洗净后才可使用。检验中所用的滴定管、移液管、容量瓶、刻度吸管、比色管等玻璃量器均应按国家有关规定及规程进行检定校正后使用，所量取体积的准确度应符合国家标准对该体积玻璃量器的准确度要求。

（2）控温设备。检验中所使用的高温炉、干燥箱、恒温水浴锅等均应按国家有关规定及规程进行测试和校正。

（3）测量仪器。实验中所用的天平、酸度计、分光光度计、色谱仪等均应按国家有关规定及规程进行测试和校正。

（4）各检验方法中所列仪器为该方法所需要的主要仪器，一般实验室常用仪器不再列出。

2．试剂的要求

（1）本书所涉及使用的水在未注明其他要求时，均指纯度能满足检验要求的蒸馏水或去离子水。未指明溶液用何种溶剂配制时，均指水溶液。

（2）本书所介绍的试剂，除特别注明外，均为分析纯。

（3）本书所涉及使用的盐酸、硫酸、硝酸、磷酸、乙酸、氨水等液体化学试剂，未指明具体浓度时，均指市售试剂规格（详细情况参照表 1-4）。

表 1-4　试剂规格

试剂名称	相对分子质量	含量（质量分数）(%)	相对密度	浓度（mol/L）
冰乙酸	60.05	99.5	1.05（约）	17（CH_3COOH）
乙酸	60.05	36	1.04	6.3（CH_3COOH）
甲酸	46.02	90	1.20	23（HCOOH）
盐酸	36.5	36～38	1.18（约）	12（HCl）
硝酸	63.02	65～68	1.4	16（HNO_3）
高氯酸	100.5	70	1.67	12（$HClO_4$）
磷酸	98.0	85	1.70	15（H_3PO_4）
硫酸	98.1	96～98	1.84（约）	18（H_2SO_4）
氨水	34.045	25～28	0.8～8	15（$NH_3\cdot H_2O$）

（4）液体的滴是指蒸馏水自常量滴定管流出的一滴的量。20 ℃时，20 滴相当于 1mL。

（5）配制溶液时所使用的试剂和溶剂的纯度应符合分析项目的要求。应根据分析任务、分析方法、对分析结果准确度的要求等选用不同等级的化学试剂。一般试剂和提取用溶剂可用化学纯（CP）；配制微量物质的标准溶液时，试剂纯度应在分析纯（AR）以上；标定标准溶液所用的基准物质，应选用优级纯（GR）；若试剂空白值较高或对测定发生干扰时，则需用纯度级别更高的试剂，或将试剂作纯化处理后再用。

3. 溶液浓度的基本表示方法

（1）几种固体试剂的混合质量份数或液体试剂的混合体积份数可表示为（1+1）、（4+2+1）等。

（2）溶液浓度可以用质量分数或体积分数表示，其表示方法应是“质量（或体积）分数是 0.75”或“质量（或体积）分数是 75%”。

（3）溶液浓度也可以用质量、容量单位表示，可表示为克每升或毫克每毫升（g/L 或 mg/mL）。

（4）如果溶液由另一种特定溶液稀释配制，应按下列惯例表示：①“稀释 $V_1 \rightarrow V_2$”表示将体积为 V_1 的特定溶液以某种方式稀释，最终混合物的总体积为 V_2；②“稀释 V_1+V_2”表示将体积为 V_1 的特定溶液加到体积为 V_2 的溶液中。

4. 温度和压力的表示

（1）温度一般以摄氏度表示，写做℃；或以开氏度表示，写做 K（开氏度=摄氏度+273.15）。

（2）压力单位为帕斯卡，写做 Pa（kPa、MPa）。

1 atm=760 mmHg=101 325 Pa=101.325 kPa=0.101 325 MPa（atm 为标准大气压）

5. 检验操作的基本要求

（1）称取。称取是指用天平进行的称量操作，其准确度用数值的有效位数表示，例如，称取“20.0 g”是指称量准确至±0.1 g，称“20.00 g”是指称量准确至±0.01 g。

（2）准确称取。准确称取是指用精密天平进行的称量操作，其准确度为±0.000 1 g。

（3）恒量（恒重）。恒量是指在规定的条件下，连续两次干燥或灼烧后称量的质量，其差异不超过规定的范围。

（4）量取。量取是指用量筒或量杯量取液体物质的操作。

（5）吸取。吸取是指用移液管、刻度吸量管量取液体物质的操作。

（6）实验中所用的玻璃量器如滴定管、移液管、容量瓶、刻度吸管、比色管等所量取体积的准确度应符合国家标准对该体积玻璃量器的准确度要求。

（7）空白实验。不加试样，采用完全相同的分析步骤、试剂和用量（滴定法中标准滴定液的用量除外），进行平行操作，所得结果即为空白实验结果，用于扣除试样中试剂本底和计算检验方法的检出限。

【工作过程】

一、工作课时

要求本单元的“理论+实训”课时为“4+4”课时。

二、具体工作过程

（一）盐酸标准溶液的配制与标定

1. 溶液配制前的准备

（1）购买浓盐酸（500 mL，优级纯）。

（2）清洗玻璃器皿。首先将手用肥皂洗净，以免手上的油污附在仪器上，增加刷洗的困难。

① 如仪器长久存放附有灰尘，先用清水冲去，再按要求选用洁净剂刷洗。如用去污粉，将刷子蘸上少量去污粉，将仪器内外全刷一遍，边用水冲边刷洗至肉眼看不见有去污粉时，用自来水洗 3 至 6 次，再用蒸馏水冲 3 次以上。一个干净的玻璃仪器应该挂不住水珠，如仍能挂住水珠，则需要重新洗涤。

② 若直接用蒸馏水冲洗，要用顺壁冲洗方法并充分震荡，经蒸馏水冲洗后的仪器，用指示剂检查应呈中性。

（3）干燥玻璃仪器。洗净的仪器控去水分后放在温度为 105～110 ℃的烘箱内烘 1 h 左右，也可放在红外灯干燥箱中烘干。烘干后要放在干燥器中冷却和保存。称量瓶、容量瓶、刻度吸管、大肚移液管及量筒不可置于烘箱内烘干，自然晾干即可。

2. 0.1 mol/L 盐酸溶液的配制

用 10 mL 量筒量取浓盐酸（12 mol/L）4.5 mL，倒入 500 mL 试剂瓶中，用蒸馏水稀释至 500 mL，继续摇匀，贴上标签，待标定。

3. 0.1 mol/L 盐酸溶液的标定

用称量瓶按差减法准确称取基准无水碳酸钠 0.15～0.20 g 3 份，分别放入 3 个 250 mL 锥形瓶中。各加入 25 mL 蒸馏水使其溶解，加甲基橙指示剂 1 滴，用盐酸溶液滴至溶液由黄色变为橙色即为终点。记下盐酸溶液的体积。

4. 0.1 mol/L 盐酸标准溶液浓度的计算

$$c=\frac{m\times 1\,000}{VM}$$

式中　c——盐酸标准溶液的浓度，mol/L；

m——无水碳酸钠的质量，g；

V——滴定时消耗盐酸标准溶液的体积，mL；

M——无水碳酸钠的摩尔质量，g/mol。

（二）氢氧化钠标准溶液的配制与标定

1. 溶液配制前的准备工作

（1）购买氢氧化钠（500 g，优级纯）。

（2）清洗玻璃器皿（同盐酸标准溶液的配制与标定）。

（3）干燥玻璃仪器（同盐酸标准溶液的配制与标定）。

2. 0.1 mol/L 氢氧化钠标准溶液的配制

称取氢氧化钠 120 g 于 250 mL 烧杯中，加入蒸馏水 100 mL，振摇使其溶解，制成氢氧化钠饱和溶液，冷却后置于聚乙烯塑料瓶中，以胶塞密封，放置数日澄清后（饱和浓度为 17.86 moL/L），取清液 5.6 mL，加新煮沸过并冷却的蒸馏水 1 000 mL 定容摇匀。

3. 0.1mol/L 氢氧化钠标准溶液的标定

准确称取 0.600 0 g 在 105～110 ℃高温下干燥过的基准邻苯二甲酸氢钾，并将其置于 250 mL 锥形瓶中，加 50 mL 新煮沸过的冷蒸馏水，溶解完全，加 2 滴酚酞指示剂，用配制好的氢氧化钠溶液滴至微红色。

同时做空白实验，平行三次。

4. 0.1 mol/L 氢氧化钠标准溶液浓度的计算

$$c=\frac{m\times 1000}{(V_1-V_2)\times 204.2}$$

式中 c——氢氧化钠标准溶液的浓度，mol/L；
m——基准邻苯二甲酸氢钾的质量，g；
V_1——标定时所耗用氢氧化钠标准溶液体积，mL；
V_2——空白实验所用氢氧化钠标准溶液，mL；
204.2——邻苯二甲酸氢钾的摩尔质量，g/mol。

三、操作注意事项

（1）标准溶液配制中所用的水及稀释液，在没有注明其他要求时，均指其纯度能满足分析要求的蒸馏水或离子交换水。

（2）工作中使用的分析天平、滴定管、容量瓶及移液管均需校正。

（3）标准溶液的浓度应以 20 ℃时配置的浓度为准（否则应进行换算）。

（4）在标准溶液的配制中规定用“标定”和“比较”两种方法测定时，不要略去其中任何一种，而且两种方法测得的浓度值之相对误差不得大于 0.2%，以标定所得数字为准。

（5）标定时所用基准试剂应符合要求，配制标准溶液所用药品应符合化学试剂分析纯级。

（6）配制的标准溶液浓度与规定浓度相对误差不得大于 5%。

（7）标准溶液如无特殊规定，一般有效期为 3 个月。每次使用前应检查外观，必要时进行复核标定。

（8）标准溶液实行双人复核制，第一标定人标定后，由另一人独立操作复核标定。如无特殊规定，单人相对标准偏差应在 0.1%以内，两人相对标准偏差应在 0.2%以内，否则应重新进行标定。

（9）用盐酸溶液滴定碳酸钠时，因溶液中碳酸的影响，甲基橙由黄色变为橙色不易观察。为减小滴定终点误差，可在滴至甲基橙刚变橙色时（约化学计量点前 1%），暂停滴定，将溶液加热煮沸，除去生成的二氧化碳，溶液又呈黄色，冷却溶液至室温，再继续用盐酸溶液滴定至橙色。按国家标准规定，采用溴甲酚绿-甲基红混合指示剂（变色点pH 值为 5.1）指示终点。当用盐酸溶液滴定至由绿色刚变成酒红色时，将溶液煮沸，驱除二氧化碳，溶液又变成绿色，然后再用少量盐酸溶液滴至酒红色。

（10）碳酸钠极易吸潮，使用前应该在 180 ℃的烘箱中干燥 2～3 h，或放在坩埚中于 270～300 ℃的高温下灼烧至恒重，然后置于干燥器中冷却备用。

（11）市售盐酸密度为 1.19 g/cm^3，含盐酸约 37%。物质的量浓度约为 12 mol/L，考虑到浓盐酸中盐酸的挥发性，配制时所取盐酸的量应适当多些。

（12）在氢氧化钠标准溶液配制过程中，氢氧化钠放置时会与空气中的二氧化碳结合生成碳酸钠和碳酸氢钠。如果直接配制溶液，则氢氧化钠溶液中会含碳酸钠，用这样的氢氧化钠溶液滴定酸，所含的碳酸钠也会与所滴定的酸反应，从而影响滴定的准确度。为了消除影响，必须去除氢氧化钠中的碳酸钠和碳酸氢钠。因碳酸钠和碳酸氢钠在饱和的碳酸氢钠溶液中会沉淀，所以在配制氢氧化钠标准溶液时，先配成饱和溶液，使碳酸钠、碳酸氢钠沉淀滤出，再吸取清液才能配制出真正的氢氧化钠标准溶液。

（13）配制及标定好的盐酸、氢氧化钠标准溶液应在试剂瓶的中上部贴上标签，标明名称、浓度、配制日期、配制人与标定人等。

（14）氢氧化钠会腐蚀玻璃，故氢氧化钠标准溶液应贮存于聚乙烯塑料瓶中。

（15）因盐酸及氢氧化钠具有很强的腐蚀性，因此在工作过程中要注意安全，工作结束后立即将所用玻璃器皿清洗干净，所用试剂及器皿予以归位。

【质量检测】

一、玻璃器皿使用情况检测

按照作业质量要求，正确使用实验室一般的玻璃器皿。本次工作任务中主要使用的玻璃器皿有容量瓶、滴定管和刻度吸管。

1. 容量瓶

（1）不能在容量瓶里进行溶质的溶解。

（2）容量瓶不能进行加热，如果溶质在溶解过程中放热，要待溶液冷却后再转移到容量瓶中。

（3）容量瓶只能用于配制溶液，不能贮存溶液。

（4）容量瓶用毕应及时洗涤干净，塞上瓶塞，并在塞子与瓶口之间夹一张纸条，防止瓶塞与瓶口粘住，瓶塞与瓶应用橡皮筋连接以防止瓶塞丢失、污染或与其他瓶塞混淆。

2. 滴定管

（1）滴定管在装满滴定液后，管外壁的溶液要擦干，以免溶液挥发而使管内溶液降温（在夏季影响较大）。手持滴定管时，也要避免手握得过紧（尤其在冬季）而使溶液的体积膨胀，造成读数不准确。

（2）每次滴定须从刻度零开始，以使每次测定结果能抵消滴定管的刻度误差。

（3）滴定管使用完毕后，倒去管内剩余溶液，用水洗净。装入蒸馏水至刻度线以上，用大试管套在管口上。

（4）滴定管长时间不用时，酸式滴定管活塞部分应垫上纸，否则，时间一久，塞子不易打开；碱式滴定管应把胶管拔下，蘸些滑石粉保存。

3. 刻度吸管

（1）刻度吸管一定用洗耳球吸取溶液，不可用管嘴吸取。

（2）移液时，吸管不要伸入太浅，以免液面下降后造成吸空；也不要伸入太深，以免移液管外壁附有过多的溶液。

（3）需精密量取整数体积的溶液时，应选用相应大小的吸管，不能用两个或多个移液管分取相加的方法来量取整数体积的溶液。同一实验中应尽可能使用同一吸管的同一区段。

（4）吸管在实验中应与溶液一一对应，不应混用以避免污染。

（5）使用同一吸管量取不同浓度溶液前要充分荡洗 3 次，量取溶液时应先量取较稀的溶液，然后量取较浓的。在量取第一份溶液时，高于标线的距离最好不超过 1 cm，这样，吸取第二份不同浓度的溶液时，可以吸得再高一些荡洗管内壁，以消除第一份的影响。

需要强调的是，容量器皿受温度影响较大，切记不能加热，只能自然沥干，更不能在烘箱中烘烤。实验器具使用完后应及时清洗、干燥和归位。

二、工作过程检测

（1）标准溶液的配制与标定应严格按照工作程序进行，环节要完整，不得随意增加或删除。

（2）工作过程应执行安全操作，工作结束后应及时清洁工作现场。

（3）实验数据要求真实、准确，不得随意更改。实验完成后应及时填写实验报告单，并对结果进行评价。

（4）本次任务要求标定结果相对平均偏差不应超过 0.2%。

【知识与技能检测】

一、理论知识检测

（一）单项选择题

1. 根据我国国家标准，按纯度可将试剂分为（　　）级。

A. 3　　B. 4　　C. 5　　D. 6

2. 我国现行的统一试剂规定等级和符号对应正确的是（　　）。

A. 优级纯（GR）　　B. 分析纯（CR）

C. 化学纯（BR）　　D. 医用级（CR）

3. 按照标准规定，我国的优级纯试剂用的标签是（　　）。

A. 红色　　B. 蓝色　　C. 黄色　　D. 绿色

4. 各种试剂按纯度从高到低的代号顺序是（　　）。

A. GR>AR>CP　　B. GR>CP>AR

C. AR>CP>GR　　D. CP>AR>GR

5．常用分析纯试剂的标签色带是（　　）。

A．蓝色　　B．绿色　　C．黄色　　D．红色

6．基准物质的四个必备条件是（　　）。

A．稳定，高纯度，易溶，摩尔质量大

B．稳定，高纯度，摩尔质量大，化学组成与化学式完全符合

C．易溶，高纯度，摩尔质量大，化学组成与化学式完全符合

D．稳定，易溶，摩尔质量小，化学组成与化学式完全符合

7．下列物质中，不能用做基准物质的是（　　）。

A．邻苯二甲酸氢钠　　B．草酸

C．氢氧化钠　　D．高锰酸钾

8．下列物质中，可用做基准物质的是（　　）。

A．邻苯二甲酸氢钾　　B．盐酸

C．氢氧化钠　　D．碳酸氢钠

9．下列物质中不能在烘箱内烘干的是（　　）。

A．硼砂　　B．无水碳酸钠　　C．重铬酸钾　　D．邻苯二甲酸氢钾

10．用于直接法配制标准溶液的试剂必须具备几个条件，不属于这些条件的是（　　）。

A．稳定　　B．纯度要合要求

C．物质的组成与化学式应完全符合　　D．溶解性能好

11．可用直接法配制成标准溶液的化合物是（　　）。

A．氢氧化钠　　B．氯化钠　　C．普通盐酸　　D．用于干燥的无水硫酸铜

12．以下物质必须用间接法制备标准溶液的是（　　）。

A．NaOH　　B．$K_2Cr_2O_7$　　C．Na_2CO_3　　D．ZnO

13．实验室中，常用于标定盐酸标准溶液的物质是（　　）。

A．氢氧化钠　　B．氢氧化钾　　C．氨水　　D．硼砂

14．下面有关移液管的洗涤，正确的是（　　）。

A．用自来水洗净后即可移液　　B．用蒸馏水洗净后即可移液

C．用洗涤剂洗后即可移液　　D．用移取液润洗干净后即可移液

15．有关容量瓶的使用，正确的是（　　）。

A．通常可以用容量瓶代替试剂瓶使用

B．先将固体药品转入容量瓶后加水溶解配制标准溶液

C．用后洗净用烘箱烘干

D．定容时，无色溶液弯月面下缘和标线相切即可

16．下列容量瓶的使用，不正确的是（　　）。

A．使用前应检查是否漏水　　B．瓶塞与瓶应配套使用

C．使用前在烘箱中烘干　　D．容量瓶不宜代替试剂瓶使用

17．能准确量取一定量液体体积的仪器是（　　）。

A．试剂瓶　　B．刻度烧杯　　C．吸量管　　D．量筒

18．下面移液管的使用，正确的是（　　）。

A．一般不必吹出残留液

B．用蒸馏水淋洗后即可移液

C．用后洗净，加热烘干后即可再用

D．移液管只能粗略地量取一定量的液体体积

19．不宜用碱式滴定管盛装的溶液是（　　）。

A．NH_4SCN　　B．KOH　　C．$KMnO_4$　　D．NaCl

20．有关滴定管的使用，错误的是（　　）。

A．使用前应洗干净，并检漏

B．滴定前应保证尖嘴部分无气泡

C．要求较高时，要进行体积校正

D．为保证标准溶液浓度不变，使用前可加热烘干

21．下列仪器不能加热的是（　　）。

A．锥形瓶　　B．容量瓶　　C．坩埚　　D．试管

22．用棕色滴定管盛装的标准溶液是（　　）。

A．NaCl　　B．NaOH　　C．$K_2Cr_2O_7$　　D．$KMnO_4$

（二）简答题

1．实验室用水分为哪几级？

2．化学试剂是如何分类的？各用什么符号表示？

3．滴定度与物质的量浓度之间有怎样的关系？

4．标准溶液的标定可以采用哪些方法？

5．解释下列述语：①准确称取；②量取；③吸取；④空白实验；⑤恒量。

二、技能检测

1．0.1 mol/L 硫酸（H_2SO_4）标准溶液的配制与标定。

要求：

（1）正确熟练地使用锥形瓶、容量瓶、刻度吸管、滴定管等实验室常用玻璃器皿。

（2）严格按照程序操作，正确执行安全操作规程，操作现场整洁。

（3）实验数据真实，计算结果准确、合理。

2．0.1 mol/L 氢氧化钾（KOH）标准溶液的配制与标定。

要求：

（1）正确熟练地使用锥形瓶、容量瓶、刻度吸管、滴定管等实验室常用玻璃器皿。

（2）严格按照程序操作，正确执行安全操作规程，操作现场整洁。

（3）实验数据真实，计算结果准确、合理。

工作任务二　样 品 准 备

【任务描述】

样品的准备工作是进行理化检验和微生物检验的前期工作，主要分为样品的采集、

制备和保存。通过对三部分知识的讲解，使学生了解样品分析的一般程序，掌握样品采集的方法、样品制备和样品保存的基础知识，合理、正确地使用检验工具，独立进行固体、半固体和液体等检验样品的采集、制备和保存。

【作业质量要求】

（1）正确使用采样工具。

（2）正确进行四分法的操作。

（3）正确进行固体、液体样品的采样工作。

（4）正确进行样品的制备与保存。

（5）遵守操作规程，保持操作现场的整洁。

（6）正确执行安全技术操作规程。

【学习目标】

（1）进一步熟悉食品分析的一般程序。

（2）掌握食品样品采集、制备和保存方法。

【技能目标】

（1）熟练掌握各种食品采样的方法和技能。

（2）掌握样品制备和样品保存的技能。

【所需仪器和试剂】

所需仪器有双套回转取样管、液体管式扦样器、粉碎机、组织捣碎机、玻璃棒、广口试剂瓶。

【相关知识】

一、样品的采集

样品的采集简称“采样”，为了进行检验而从大量的分析对象中抽取有代表性的一部分作为分析材料（分析样品）。

采样是一个困难而且需要谨慎操作的过程。要从一大批被测产品中采集到能代表整批被测物质质量的小量样品，必须遵守一定的规则，掌握适当的方法，并防止在采样过程中造成某种成分的损失或外来成分的污染。

被检物品的状态可能有不同形态，如固态、液态或固液混合等。固态的被检物品可能因颗粒大小、堆放位置不同而带来差异，液态的被检物品可能因混合不均匀或分层而导致差异，采样时都应予以注意。

（一）采样的原则

（1）采集的样品必须具有代表性。

（2）采样方法必须与分析目的保持一致。

（3）在采样及样品制备过程中要设法保持原有的理化指标，避免预测组分发生化学变化或丢失。

（4）要防止和避免预测组分的污染。

（5）样品的处理过程尽可能简单易行，所用样品处理装置尺寸应当与处理的样品量相适应。

（二）采样的一般程序

采样一般分三步，依次获得检样、原始样品和平均样品。

（1）检样：指由组批或货批中所抽取的样品。

（2）原始样品：指将许多份检样综合在一起的样品。

（3）平均样品：指将原始样品按照规定方法经混合平均，均匀分出的一部分样品。

从平均样品中分出三份：一份用于全部项目检验；一份用于对检验结果有争议或分歧时作复检，这份样品称为“复检样品”；另一份作为保留样品，需封存保留一段时间（通常为一个月），以备有争议时再作验证。

（三）采样的一般方法

样品的采集有随机抽样和代表性取样两种方法。

随机抽样即按照随机原则，从大批物料中抽取部分样品。操作时，可采用多点取样法，即从被检食品的不同部位、不同区域、不同深度，上、下、左、右、前、后多个地方采取样品，使所有物料的各个部分都有被抽取的机会。

代表性取样是用系统抽样法进行采样，根据样品随空间（位置）、时间变化的规律，采集能代表其相应部分的组成和质量的样品，如分层取样、随生产过程流动定时取样、按组批取样、定期抽取货架商品取样等。

随机取样可以避免人为因素的影响，但是，对不均匀样品仅用随机抽样法是不够的，必须结合代表性取样，从有代表性的各个部分分别取样，才能保证样品的代表性。

采样通常采用随机抽样与代表性抽样相结合的方式，具体取样方法因分析对象的不同而异。

1. 均匀固体物料（如粮食、粉状食品）的采样方法

（1）对于有完整包装（袋、桶、箱等）的均匀固体物料，可先确定采样件数，其确定公式为：

$$s=\sqrt{\frac{N}{2}}$$

式中 N——被检测对象的数目（袋、桶、箱、件等）；

s——采样件数。

然后从样品堆放的不同部位按采样件数确定具体采样袋（桶、箱），再用双套回转取样管插入包装容器中采样，回转180° 取出样品，每一包装须由上、中、下三层取出三份检样；把许多份检样合起来即为原始样品；再用“四分法”（见图 1-1）将原始样品做成平均样品：将原始样品充分混合均匀后堆集在清洁的玻璃板上，压平成厚度在 3 cm 以下的形状，并划成对角线或“十”字线，将样品分成四份，取对角的两份混合，再

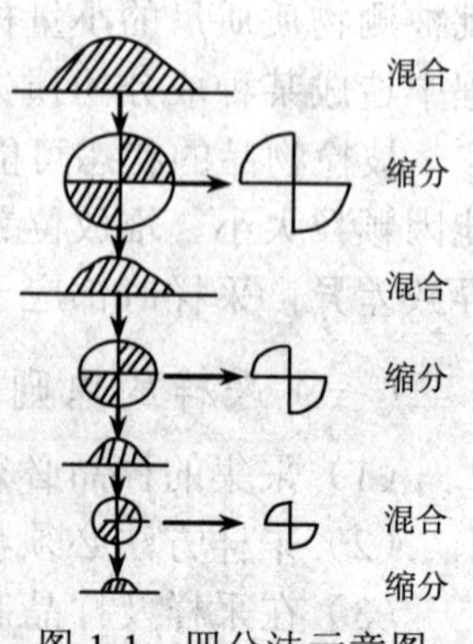

图 1-1 四分法示意图

如上分为四份，取对角的两份，重复这样的操作直至取得所需数量为止。

（2）对于无包装的均匀固体物料，先划分若干等体积层，然后在每层的四角和中心点用双套回转取样器各采取少量检样，再按上述方法处理，得到平均样品。

2. 较稠的半固体物料（如稀奶油、动物油脂、果酱等）的采样方法

较稠的半固体物料不易充分混匀，可先按 $\sqrt{总件数/2}$ 确定采样件（桶、罐）数，打开包装，用采样器从各桶（罐）中分上、中、下三层分别抽取检样，然后将检样混合均匀，再按上述方法分取缩减，得到所需数量的平均样品。

3. 液体物料（如植物油、鲜乳等）的采样方法

（1）对于包装体积不太大的液体物料，可先按 $\sqrt{总件数/2}$ 确定采样件数。开启包装，用混合器充分混合（如果容器内被检物不多，可用由一个容器转移到另一个容器的方法混合）。然后用长形管或特制采样器从每个包装中抽取一定量的检样；将检样综合到一起后，充分混合均匀形成原始样品；再用上述方法分取缩减得到所需数量的平均样品。

（2）大桶装的或散（池）装的液体物料不易混合均匀，可用虹吸法分层（大池的还应分四角及中心五点）取样，每层 500 mL 左右，得到多份检样；将检样充分混合均匀即得原始样品；然后，分取缩减得到所需数量的平均样品。

4. 组成不均匀的固体物料（如肉、鱼、果品、蔬菜等）的采样方法

组成不均匀的固体物料各部位组成极不均匀，个体大小及成熟程度差异很大，取样时更应注意代表性，可按下述方法采样。

（1）肉类。根据分析目的和要求不同而定。有时从不同部位取得检样，混合后形成原始样品，再分取缩减得到所需数量的代表该只动物的平均样品；有时从一只或很多只动物的同一部位采取检样，混合后形成原始样品，再分取缩减得到所需数量的代表该动物某一部位情况的平均样品。

（2）水产品。对于小鱼、小虾，可随机采取多个检样，切碎、混匀后形成原始样品，再分取缩减得到所需数量的平均样品；对个体较大的鱼，可从若干个体上切割少量可食部分得到检样，切碎、混匀后形成原始样品，再分取缩减得到所需数量的平均样品。

（3）果蔬。对于体积较小的果蔬（如山楂、葡萄等），可随机采取若干个整体作为检样，切碎、混匀后形成原始样品，再分取缩减得到所需数量的平均样品；对于体积较大的果蔬（如西瓜、苹果、萝卜等），可按成熟度及个体大小的组成比例，选取若干个个体作为检样，对每个个体按生长轴纵剖分四份或八份，取对角线两份，切碎、混匀得到原始样品，再分取缩减得到所需数量的平均样品；对于体积蓬松的叶菜类果蔬（如菠菜、小白菜等），可由多个包装（一筐、一捆）分别抽取一定数量的检样，混合后捣碎、混匀形成原始样品，再分取缩减得到所需数量的平均样品。

5. 小包装物料（罐头、袋或听装奶粉、瓶装饮料等）的采样方法

小包装物料一般按班次或批号连同包装一起采样。如果小包装外还有大包装（如纸箱），可在堆放的不同部位抽取一定量（$\sqrt{总件数/2}$）大包装，打开包装，从每箱中抽取小包装（瓶、袋等）作为检样；将检样混合均匀形成原始样品，再分取缩减得到所需数量的平均样品。

（四）采样数量

食品分析检验结果的准确与否通常取决于两个方面：①采样的方法是否正确；②采样的数量是否得当。因此，从整批食品中采取样品时，通常按一定的比例进行。确定采样的数量，应考虑分析项目的要求、分析方法的要求和被分析物的均匀程度 3 个因素。一般平均样品的数量不少于全部检验项目的 4 倍；检验样品、复验样品和保留样品一般每份数量不少于 0.5 kg。检验掺伪物的样品，与一般的成分分析的样品不同，分析项目事先不明确，属于捕捉性分析，因此，相对来讲，取样数量要多一些。

二、样品的制备

按采样规程采取的样品往往数量较多、颗粒较大，而且组成也不十分均匀。为了确保分析结果的正确性，必须对采集到的样品进行适当的制备，使样品足够均匀，以确保分析时采取任何部分都能代表全部样品的成分。

样品的制备是指对采取的样品进行分取、粉碎、混匀等处理工作。样品的制备方法因产品类别不同而异。

1. 液体、浆体或悬浮液体样品的制备

一般将液体、浆体或悬浮液体摇匀，充分搅拌。常用的简便搅拌工具是玻璃搅拌棒，还有带变速器的电动搅拌器，可以任意调节搅拌速度。采样工具如图 1-2 所示。

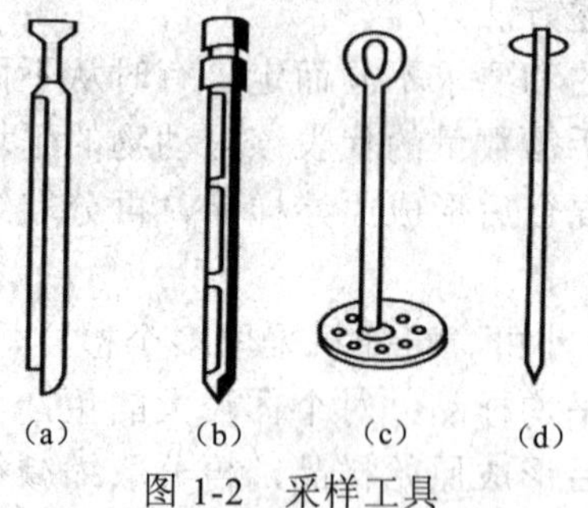

图 1-2　采样工具

（a）固体脂肪采样器　（b）谷物、糖类采样器
（c）套筒式采样器　（d）液体采样搅拌器

2. 互不相溶的液体（如油与水的混合物）样品的制备

首先应使不相溶的成分分离，然后分别进行采样，再制备成平均样品。

3. 固体样品的制备

应用切细、粉碎、捣碎、研磨等方法将固定样品制成均匀可检状态。水分含量少、硬度较大的固体样品（如谷类）可用粉碎机或研钵磨至均匀；水分含量较高、韧性较强的样品（如肉类）可取可食部分放入绞肉机中绞匀，或用研钵研磨；质地软的样品（如水果、蔬菜）可取可食部分放入组织捣碎机中捣匀。各种工具应尽量选用惰性材料，如不锈钢、合金材料、玻璃、陶瓷、高强度塑料等。

为控制颗粒度均匀一致，可采用标准筛过筛。标准筛为金属丝编制的不同孔径的配套过筛工具，可根据分析的要求选用。过筛时，要求全部样品都通过筛孔，未通过的部分应继续粉碎并过筛，直至全部样品都通过为止，切忌把未过筛的部分随意丢弃，否则将造成固体样品中的成分构成改变，从而影响样品的代表性。经过磨碎过筛的样品，必须进一步充分混匀。固体油脂应加热熔化后再混匀。

4. 罐头样品的制备

水果罐头在捣碎前须清除果核；肉禽罐头应预先清除骨头；鱼类罐头要将调味品（葱、辣椒及其他）分出后再捣碎。常用捣碎工具有高速组织捣碎机等。

三、样品的保存

由于食品中含有丰富的营养物质，在合适的温度、湿度条件下，食品中的微生物会迅速生长繁殖，导致样品变质；同时，食品中可能含易挥发、易氧化及热敏性物质。为了防止食品样品水分或挥发性成分散失以及其他待测成分含量的变化（如光解、高温分解、发酵等），应在短时间内进行分析。如不能立即分析，则应妥善保存。保存的原则是：干燥、低温、避光、密封。具体保存事宜如下。

制备好的样品应放在密封、洁净的容器内，置于阴暗处保存；易变质的样品应保存在0～5 ℃的冰箱里，保存时间也不宜过长；有些成分，如胡萝卜素、黄曲霉毒素B_1、维生素B_1，容易发生光解，以这些成分为分析项目的样品必须在避光条件下保存；特殊情况下，样品中可加入适量的不影响分析结果的防腐剂，或将样品置于冷冻干燥器内进行升华干燥保存。此外，样品保存环境要清洁干燥；存放的样品要按日期、批号、编号摆放，以便日后查找。

【工作过程】

一、工作课时

要求本单元的“理论+实训”课时为“4+4”课时。

二、具体工作过程

（一）固体样品——小麦的采集、制备与保存

1. 采样前的准备

（1）了解双套回转取样管的工作原理，并能熟练使用。双套回转取样管由内层管和外套管两部分组成。工作时，通过旋转内层管控制管套上3个孔口的开合，从而控制被检物质的进出。

（2）采样工具的准备：取一支双套回转取样管，将之擦拭干净。

（3）盛样器皿的准备：准备若干个密封洁净的500 mL广口试剂瓶。

2. 样品的采集

（1）取一支洁净的双套回转取样管，使取样管的孔口处于封闭状态。

（2）将取样管插入小麦袋中。

（3）旋转取样管的内层管开启孔口，使被检测的小麦进入取样管中。

（4）再旋转内层管关闭孔口，拔出取样管。

（5）使取样管水平放置在盛样布上，旋转内层管，放出样品。

（6）重复上述操作，按照采样点数要求的袋数抽取小麦样品。

（7）将采集的样品混合在一起，构成原始样品。

（8）将原始样品依照“四分法”对角取样，缩减至样品量不少于所有检测项目所需样品量总和的 2 倍，即为平均样品。

3. 样品的制备与保存

根据所要检测的项目将采集的小麦进行粉碎或直接置于洁净的广口试剂瓶中，盖塞，贴上标签，于暗处保存待测。

（二）液体样品——食用油脂（油罐装）的采集、制备与保存

1. 采样前的准备

（1）了解管式扦样器的工作原理，并能熟练使用。

（2）采样工具的准备：取一管式扦样器，将之擦拭干净。

（3）盛样器皿的准备：准备若干个密封洁净的 500 mL 广口试剂瓶。

2. 样品的采集

（1）用管式扦样器分上、中、下三层的四角及中心五点取样。扦样时提起细绳，将扦样器沉入油罐，当扦样器下沉时，油脂顶住扦样器铜壁上的舌片，自下而上贯穿而过。当扦样器到达所需部位提起细绳时，油脂的压力会使铜舌片上的小孔关闭，扦样器中的油脂即为所需部位的油脂。

（2）每层取样 500 mL 左右，得到多份检样。

（3）将检样充分混合均匀即得原始样品。

（4）将原始样品分取缩减得到所需数量的平均样品。

3. 样品的制备与保存

将采集来的油脂样品混合均匀，置于已准备好的广口试剂瓶中，贴上标签，保存于冰箱内待测。

三、操作注意事项

（一）样品采集的操作注意事项

（1）采样必须注意生产日期、批号、代表性和均匀性（掺伪食品和食物中毒样品除外）。采集的数量应能反映该食品的卫生质量和满足检验项目对样品量的需要，一式 3 份，供检验、复验、备查或仲裁，一般散装样品每份不少于 0.5 kg。

（2）采样容器根据检验项目，选用硬质玻璃瓶或聚乙烯制品。

（3）外埠食品应结合索取卫生许可证、生产许可证及检验合格证或化验单，了解发货日期、来源地点、数量、品质及包装情况。如在食品厂、仓库或商店采样，应了解食品的生产批号、生产日期、厂方检验记录及现场卫生情况，同时注意食品的运输、保存条件以及外观、包装容器等情况。要认真填写采样记录，无采样记录的样品不得接受检验。

（4）液体、半流体食品（如植物油、鲜乳、酒或其他饮料），如用大桶或大罐盛装，

应先充分混匀后再采样。样品分别盛放在 3 个干净的容器中。

（5）粮食及固体食品应自每批食品上、中、下三层中的不同部位分别采取部分样品，混合后按四分法得到有代表性的样品。

（6）肉类、水产等食品应按分析项目要求分别采取不同部位的样品或混合后采样。

（7）罐头、瓶装食品或其他小包装食品，应根据批号随机取样，250 g 以上的包装不得少于 6 个，250 g 以下的包装不得少于 10 个。

（8）掺伪食品和食品中毒的样品采集要具有典型性。

（9）一般样品在检验结束后，应保留 1 个月以备需要时复检；易变质食品不予保留。

（10）感官不合格的产品不必进行理化检验，直接判为不合格产品。

（二）样品制备的操作注意事项

在样品制备过程中，应注意防止易挥发性成分的逸散和避免样品组成和理化性质发生变化。进行微生物检验的样品，必须根据微生物学的要求，按照无菌操作规程制备。

（三）样品保存的操作注意事项

1. 防止污染

盛装样品的容器和操作人员的手必须清洁，不得带入污染物，样品应密封保存；容器外贴上标签，注明样品名称、采样日期、编号、分析项目等。

2. 防止变质

对于易变质的食品，采取低温冷藏的方法保存，以降低酶的活性及抑制微生物的生长繁殖。对于已经变质的样品，应弃去不要，重新采样分析。

3. 防止样品中的水分蒸发或干燥的样品吸潮

由于水分的含量直接影响样品中各物质的浓度和组成比例。对含水量多、一时又不能测定完的样品，可先测其水分，保存烘干样品，分析结果可通过折算换算为新鲜样品中某物质的含量。

4. 固定待测成分

如某些待测成分不够稳定（如维生素 C）或易挥发（如氰化物、有机磷农药），应结合分析方法，在采样时加入稳定剂，固定待测成分。

总之，采样后应尽快分析，对于不能及时分析的样品要采取适当的方法保存，在保存的过程中应避免样品受潮、风干、变质，确保样品的外观和化学组成不发生变化。一般检验后的样品还需保留 1 个月，以备复查；易变质食品不予保留；保存时应加封并尽量保持原状。

【质量检测】

1. 采样工具使用检测

采样工具在使用时要注意工作原理，操作正确、安全。使用完后要及时清洁、归位。

2. 采样过程检测

（1）严格遵守操作过程进行样品采集，采样要正确、迅速，具有代表性。

（2）能够准确运用四分法进行固体样品的缩分。

（3）采样现场要干净、整洁。

3．样品的制备与保存检测

根据样品的形状和检测要求进行样品的制备与保存，样品制备要注意防止易挥发性成分的逸散和避免样品组成和理化性质发生变化。

【知识与技能检测】

一、理论知识检测

（一）填空题

1．采样一般分为三步，依次获得检样、原始样品、平均样品。检样是指____，原始样品是指______________________________________，平均样品是指______________________________________。

2．采样的方式有______和______，通常采用____________________方式。样品采集完后，应该在盛装样品的器具上贴好标签，标签上应注明的项目__________，__________，__________，__________，__________，__________，__________。

3.样品的制备是指____，其目的是____。

（二）单项选择题

1．对样品进行理化检验时，采集样品必须有（　　）。

A．代表性　　B．典型性　　C．随意性　　D．适时性

2．可用四分法制备平均样品的是（　　）。

A．稻谷　　B．蜂蜜　　C．鲜乳　　D．苹果

3．采取的固体样品进行破碎时，应注意避免（　　）。

A．用人工方法　　B．留有颗粒

C．破得太细　　D．混入杂质

4．物料量较大时最好的缩分物料的方法是（　　）。

A．四分法　　B．使用分样器　　C．棋盘法　　D．用铁铲平分

5．制得的分析样品应（　　），供测定和保留存查。

A．一样一份　　B．一样二份

C．一样三份　　D．一样多份

（三）简答题

1．什么是采样？

2．采样之前应做哪些准备工作？如何才能做到正确采样？

3．食品分析中采样的原则是什么？采样的步骤有哪些？

4．固体物料的取样方法是什么？

5．如何正确使用双套回转取样管？
6．简述液体物料的取样方法。
7．采样时应注意哪些问题？
8．一般的样品应如何制备？
9．样品保存的目的是什么？如何保存好样品？

二、技能检测

1．请以面粉为例说明如何进行粉状样品的采集（面粉数量为200袋）。
要求：
（1）写出如何确定采样点数的方案。
（2）写出具体的采样过程。
（3）说明在面粉采集过程中有哪些注意事项。
2．请以鲜牛乳为例说明如何进行液体样品的采集。
要求：
（1）写出如何确定采样点数的方案。
（2）写出具体的采样过程。
（3）说明在牛乳采集过程中有哪些注意事项。

工作任务三　样品预处理

【任务描述】

样品预处理是食品检验过程中的一个重要环节，直接关系着检验结果的客观和准确。通过对六种预处理方法的讲解，使学生了解有关概念和相关知识，同时熟练掌握各种样品预处理的方法，并且能够正确、细致、独立、安全地操作。

【作业质量要求】

（1）正确进行样品碳化操作。
（2）正确使用高温炉。
（3）正确使用消化装置。
（4）遵守操作规程，保持操作现场整洁。
（5）正确执行安全技术操作规程。

【学习目标】

掌握样品预处理的方法和操作原理。

【技能目标】

掌握有机物破坏法、溶剂萃取法和蒸馏法等各种食品样品的预处理操作技能，能够正确、细致、独立、安全地操作。

【所需仪器和试剂】

1. 实验仪器

电炉、高温马弗炉、坩埚、容量瓶。

2. 实验试剂

盐酸（1+1）、浓硝酸、硫酸、双氧水、饱和草酸铵溶液。

【相关知识】

一、样品预处理的目的与要求

在食品分析中，由于食品或食品原料种类繁多、组成复杂，而且组分之间往往又以复杂的结合形式存在，常对直接分析带来干扰。这就需要在正式测定之前，对样品进行适当处理，使被测组分同其他组分分离，或者使干扰物质除去。有些被测组分由于浓度太低或含量太少，直接测定有困难，这就需要将被测组分进行浓缩，这些过程称为样品的预处理。而且，食品样品中有些预测组分常有较大的不稳定性（如微生物的作用、酶的作用或化学活性等），需要经过样品的预处理才能获得可靠的测定结果。

样品预处理的原则是：①消除干扰因素；②完整保留被测组分；③使被测组分浓缩。

二、样品预处理的方法

样品预处理的方法应根据项目测定的需要和样品的组成及性质而定。在各项目的分析检验方法标准中都有相应的规定和介绍。常用的方法有以下几种。

（一）有机物破坏法

在测定食品或食品原料中金属元素和某些非金属元素（如砷、硫、氮、磷等）的含量时常用这种方法。这些元素有的是构成食物中蛋白质等高分子有机化合物本身的成分，有的则是因受污染而引入的，并常常与蛋白质等有机物紧密结合在一起。在进行检验时，必须对样品进行处理，让有机物在高温或强氧化条件下被破坏，使被测元素以简单的无机化合物形式出现，从而被分析测定。

有机物破坏法可分为干法灰化法、湿法消化法、紫外光分解法和微波消解法。各类方法又因原料的组成及被测元素的性质不同有许多不同的操作条件，具体选择应遵循以下原则：①方法简便，使用试剂越少越好；②方法耗时间越短，有机物破坏越彻底越好；③被测元素不受损失，破坏后的溶液容易处理，不影响以后的测定步骤。

1. 干法灰化法

干法灰化法是一种用高温灼烧的方式破坏样品中有机物的方法，因而又称为“灼烧法”。其具体操作如下：①将洗净的坩埚于高温炉中烘至恒重，冷却后将称量后的样品置于坩埚中，于普通电炉上小火碳化（除去水分和黑烟），转入500～550 ℃的高温炉中灰化，如不能灰化彻底，取出放冷后，加入少许硝酸或双氧水润湿残渣，小心蒸干后再转入高温炉灰化，直至灰化完全；②取出放冷后用稀盐酸溶解，过滤后滤液供测定用。

除汞外大多数金属元素和部分非金属元素的测定都可采用这种方法对样品进行预处理。

干法灰化法的优点：①基本不添加或添加很少量的试剂，故空白值较低；②多数食品经灼烧后所剩下的灰分体积很小，因而能处理较多量的样品，故可加大称样量，在方法灵敏度相同的情况下，可提高检出率；③有机物分解彻底；④操作简单，灰化过程中操作人员无须一直看管，可同时做其他实验的准备工作。

干法灰化法的缺点：①处理样品所需要的时间较长；②由于敞口灰化，温度又高，容易造成某些挥发性元素的损失；③盛装样品的坩埚对被测组分有一定的吸留作用，由于高温灼烧使坩埚材料结构改变造成微小孔穴，使某些被测组分吸留于孔穴中很难溶出，致使测定结果和回收率偏低。

2. 湿法消化法

湿法消化是通过向样品中加入氧化性强酸（如浓硝酸、浓硫酸和高氯酸），并结合加热消煮，有时还加一些氧化剂（如高锰酸钾、双氧水）或催化剂（硫酸铜、硫酸汞、二氧化硒、五氧化二钒等），使样品中的有机物质被完全分解、氧化，呈气态逸出，而待测成分则转化为离子状态存在于消化液中，供测试用。常用的强氧化剂有浓硝酸、浓硫酸、高氯酸、高锰酸钾、双氧水等。

湿法消化法的优点：①由于使用强氧化剂，有机物分解速度快，消化所需时间短；②由于加热温度较干法灰化低，故可减少金属挥发逸散的损失，同时容器的吸留也少；③被测物质以离子状态保存在消化液中，便于分别测定其中的各种微量元素。

湿法消化法的缺点：①在消化过程中，有机物快速氧化常产生大量有害气体，因此操作需在通风橱内进行；②消化初期，易产生大量泡沫外溢，故需操作人员随时照管；③消化过程中大量使用各种氧化剂等，空白值偏高。

湿法消化法常用的消化方法有：① 硫酸—硝酸法；② 高氯酸—硝酸—硫酸消化法；③ 高氯酸（双氧水）—硫酸法；④ 硝酸—高氯酸法。

3. 紫外光分解法

紫外光分解法也是一种消解样品中的有机物从而测定其无机离子的氧化分解法。紫外光由高压汞灯提供，在（85±5）℃下进行光解。为了加速有机物的分解，在光解过程中通常加入双氧水。光解时间可根据样品的类型和有机物的量而改变。Buldini PL 等人发现，测定植物样品中的 Cl^-、Br^-、SO_4^{2-}、PO_4^{3-}、Ca^{2+}、Cu^{2+}、Zn^{2+}、Co^{2+}等离子时，称取 50～300 mg 磨碎或匀化的样品置于石英管中，加入 1～2 mL 双氧水（30%）后，用紫外光光解 60～120 min 即可将其完全分解。

4. 微波消解法

微波消解法是一种利用微波对样品进行分解的新技术，包括溶解、干燥、灰化、浸取等，该法适于处理大批量样品及萃取极性与热不稳定的化合物。

微波消解法以其快速、溶解用量少、节省能源、易于实现自动化等优点而广泛应用。已用于消解废水、废渣、淤泥、生物组织、流体、医药等多种试样，被认为是“理化分析实验室的一次技术革命”。美国公共卫生组织已将该法作为测定金属离子时分解植物样品的标准方法。

日立公司、CEM 公司等已生产多种型号的微波消解仪。Yamane 等人报导了用微波消解法测定大米粉样品中的 Pb、Ca、Mn 时称取 300 mg 样品于 TeflonPFA 消解容器内，加入 2 mL 硝酸及 0.3 mL 盐酸（0.6 mol/L），微波消解 5 min。经典的氨基酸水解需在 110 ℃的条件下水解 24 h，而用微波消解法只需在 150 ℃的条件下消解 10～30 min，不但能够切断大多数的肽键，而且不会造成丝氨酸和苏氨酸的损失，标准酸水解消化液常用 30% 的盐酸，此法不能定量测定胱氨酸和色氨酸。如欲测定蛋白质样品中的所有氨基酸，需采用 3 种不同的水解方式：标准水解法、氧化后再水解（甲酸双氧水氧化）及碱性条件下水解。不管用何种水解方式，在微波炉内水解蛋白质都可极大地减少水解时间。

（二）蒸馏法

蒸馏法是利用液体混合物中各组分挥发度不同而进行分离的方法，此法具有分离和净化双重效果。根据样品中待测定成分性质的不同，可采用以下几种常见的蒸馏方式。

1. 常压蒸馏

当被蒸馏的物质受热后不发生分解或沸点不太高时，可在常压下进行蒸馏。常压蒸馏装置比较简单（见图 1-3）。加热方法要根据被蒸馏物质的沸点和特性来选择。如果沸点不高于 90 ℃可用水浴；如果超过 90 ℃，则需改用油浴、沙浴、盐浴或石棉浴；如果被蒸馏物质不易爆炸或燃烧，可直接加热，最好垫以石棉网，以保证加热均匀和安全。当被测物质的沸点高于 150 ℃时，则需使用空气冷凝管进行冷凝。

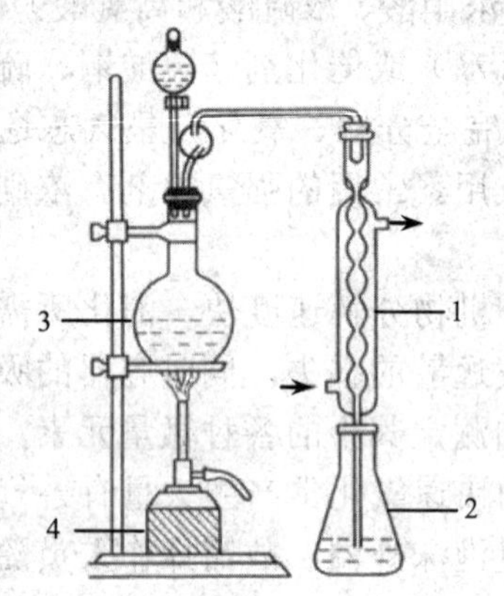

图 1-3　常压蒸馏装置

1—冷凝管；2—接收瓶；3—蒸馏瓶；4—酒精灯

2. 减压蒸馏

如果被蒸馏物质容易发生分解或沸点太高，可以采用减压蒸馏的方式。主要是根据蒸馏容器内的压力降低，物质沸点降低的原理，在较低的温度下，使要蒸馏的组分挥发进行分离。减压蒸馏装置通常使用水泵或真空泵（见图 1-4）。

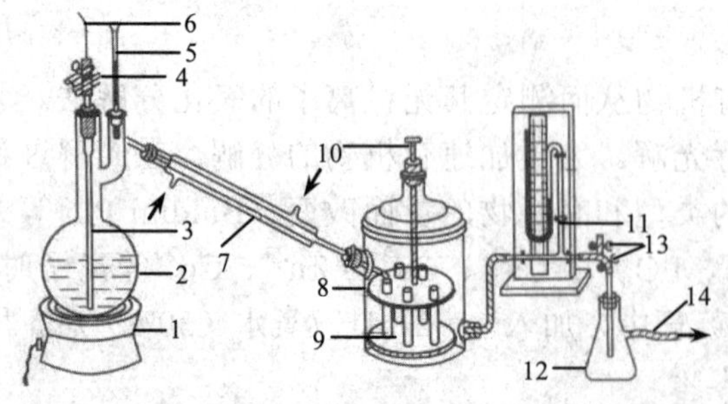

图 1-4　减压蒸馏装置

1—电炉；2—克莱森瓶；3—毛细管；4—螺旋止水夹；5—温度计；6—细铜丝；7—冷凝器；8—接收瓶；9—接收管；10—转动把；11—压力计；12—安全瓶；13—三通管阀门；14—接抽气机

3. 水蒸气蒸馏

水蒸气蒸馏装置如图 1-5 所示。水蒸气蒸馏是加热水和与水互不相溶的混合液体，使具有一定挥发性的被测组分与水蒸气成比例地从溶液中一起蒸馏出来。

某些物质沸点较高，如直接加热蒸馏，会因受热不均而引起局部碳化；还有些被测成分，当加热到沸点时可能发生分解。这些物质的提取可用水蒸气蒸馏。

4. 蒸馏操作的注意事项

（1）蒸馏烧瓶中装入液体的体积不得超过蒸馏烧瓶的 2/3，同时加碎瓷片防止爆沸。

（2）温度计插入高度适当，与通入冷凝器的支管在一个水平或略低一点为宜。

（3）蒸馏有机溶剂的液体时应使用水浴，并注意安全。

（4）冷凝器的冷凝水应由低向高逆流。

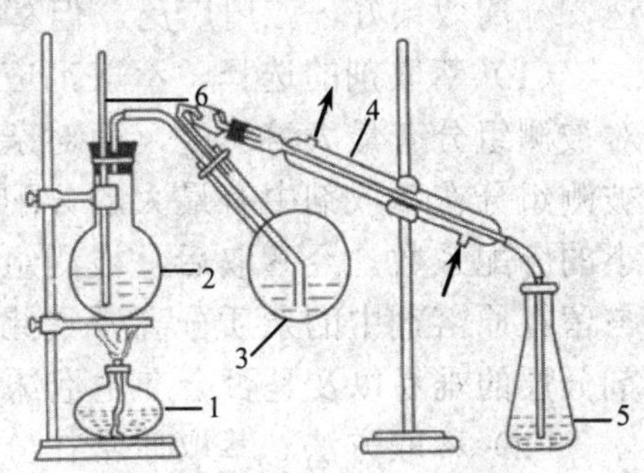

图 1-5　水蒸气蒸馏装置

1—酒精灯；2—蒸馏烧瓶；3—反应室；4—冷凝管；5—接收瓶；6—安全管

（三）溶剂提取法

同一溶剂中，不同的物质有不同的溶解度，同一物质在不同溶剂中的溶解度也不同。利用混合物中各组分在某一溶剂中溶解度的不同，将样品中各组分完全或部分地分离的方法称为“溶剂提取法”。根据样品的性质和采用的方法不同，溶剂提取法又分为浸泡提取法和溶剂萃取法。

1. 浸泡提取法

浸泡提取法简称“浸提法”，又称“液-固萃取法”，是利用适当的溶剂将固体样品中的某种待测成分浸提出来的方法。

1）提取剂的选择

浸泡提取法的分离效果往往依赖于提取剂。提取剂应根据被测提取物的性质来选择，提取效果遵从相似相溶的原则，可根据被提取成分的极性强弱选择提取剂。极性较强的成分（如黄曲霉毒素）可用极性大的溶剂（如甲醇和水的混合液）提取；极性较弱的成分（如有机氯农药）可用极性小的溶剂（如正己烷、石油醚）提取。选择的溶剂沸点应适当，太低易挥发，太高不易浓缩。为提高浸提效率，在浸泡过程中可进行加热和回流。

2）提取方法

提取方法有震荡浸渍法、捣碎法和索氏提取法 3 种。

（1）振荡浸渍法。其具体操作为：将样品切碎，置于合适的溶剂系统中，浸渍、振荡一定时间，即可从样品中提取出被测成分。此法简便易行，但回收率较低。

（2）捣碎法。其具体操作为：将切碎的样品放入捣碎机中，加提取剂捣碎一定时间，使被测成分被提取出来。此法回收率较高，但干扰杂质溶出较多。

（3）索氏提取法。其具体操作为：将一定量的样品放入索氏提取器中，加入提取剂，加热回流一定时间，将被测成分提取出来。此法的优点是提取剂用量少，提取完全，回收率高；但操作较麻烦，且需专用的索氏提取器。

2. 溶剂萃取法

溶剂法萃取法又叫“溶剂分层法”，是利用某组分在两种互不相溶的溶剂中分配系数的不同，使其从一种溶剂转移到另一种溶剂中，而与其他组分分离的方法。此法操作迅速，分离效果好，应用广泛。但萃取试剂通常易燃、易挥发，且有毒性。

（1）萃取剂的选择。萃取剂应与原溶剂互不相溶，对被测组分有最大溶解度，而对杂质有最小溶解度。即被测组分在萃取剂中有最大的分配系数，而杂质只有最小的分配系数。经萃取后，被测组分进入萃取剂中，即与留在原溶剂中的杂质分离开。此外，还应考虑两种溶剂分层的难易以及是否会产生泡沫等问题。

（2）萃取方法。萃取通常在分液漏斗中进行，一般需经 4～5 次萃取，才能达到完全分离的目的。用比水轻的溶剂从水溶液中提取分配系数小或振荡后易乳化的物质时，采用连续液体萃取器（见图 1-6）比分液漏斗效果更好。

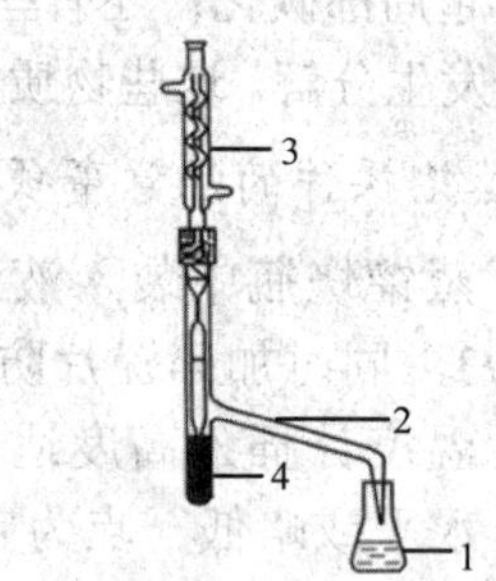

图 1-6　连续液体萃取器

1—三角瓶；2—导管；　3—冷凝器；4—欲萃取相

（四）化学分离法

1. 磺化法和皂化法

磺化法和皂化法是除去油脂或处理含脂肪样品时常用的方法，这两种方法也用于农药分析中样品的净化。操作示意图如图 1-7 所示。

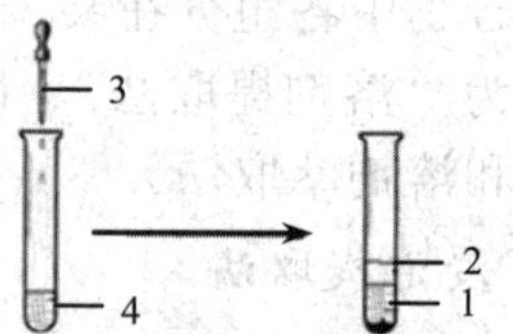

图 1-7　磺化法和皂化法示意图

1—有机溶剂层；2—水层；3—浓硫酸或氢氧化钠；4—含脂肪溶液

（1）硫酸磺化法。此方法的原理是油脂遇到浓硫酸就发生磺化，浓硫酸与脂肪和色素中的不饱和键起加成作用，形成可溶于硫酸和水的强极性化合物，不再被弱极性的有机溶剂所溶解，从而使脂肪被分离出来，达到分离净化的目的。用浓硫酸处理样品提取液，再用水清洗，可有效除去脂肪、色素等干扰杂质。

（2）皂化法。此方法是用热碱溶液处理样品提取液，以除去脂肪等干扰杂质。其原理是利用氢氧化钾-乙醇溶液将脂肪等杂质皂化除去，以达到净化目的。此方法仅适用于对碱稳定的农药（如狄氏剂、艾氏剂）提取液的净化。在用荧光光度法测定肉、鱼、禽类及其熏制品的 3,4-苯并芘时，也可使用皂化法（向样品中加入氢氧化钾回流皂化 2 h）除去样品中的脂肪。

2. 沉淀分离法

沉淀分离法是利用沉淀反应进行分离的方法。操作示意图如图 1-8 所示。此方法的具体操作是在试样中加入适当的沉淀剂，使被测组分沉淀下来，或将干扰组分沉淀下来，经过过滤或离心将沉淀物与母液分开，从而达到分离目的。

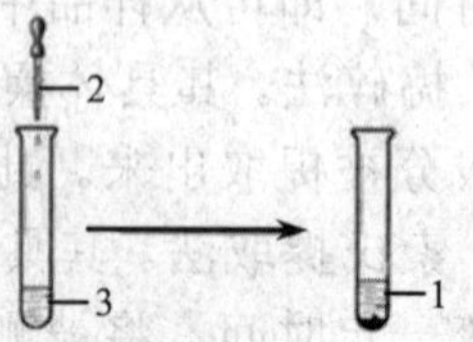

图 1-8　沉淀分离法示意图

1—蛋白质沉淀；2—碱性硫酸铜；3—糖精钠溶液

3. 掩蔽法

掩蔽法是利用掩蔽剂与样品溶液中的干扰成分作用，使干扰成分转变为不干扰测定状态，即被掩蔽起来。

操作示意图如图 1-9 所示。运用这种方法可以不经过分离干扰成分的操作而消除其干扰作用，简化分析步骤，因而在食品分析中应用十分广泛，常用于金属元素的测定。如用双硫腙比色法测定铅时，在测定条件（pH 值=9）下，Cu^{2+}、Ca^{2+}等离子对测定有干扰，可加入氰化钾和柠檬酸铵进行掩蔽，消除它们的干扰。

（五）色谱分离法

色谱分离法又称“色层分离法”，是在载体上进行物质分离的一系列方法的总称。根据分离原理的不同，色谱分离法可分为吸附色谱分离法、分配色谱分离法和离子交换色谱分离法等。

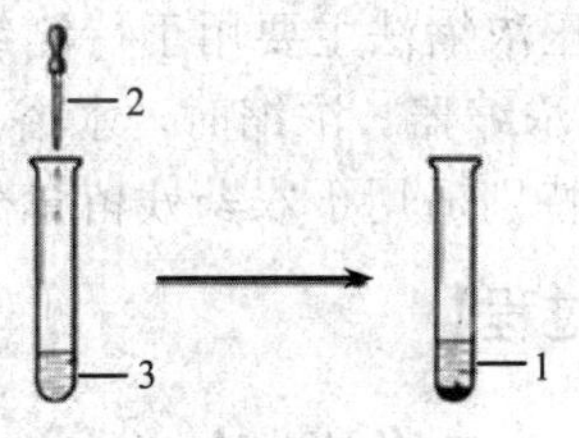

图 1-9　掩蔽法示意图

1—掩蔽铜离子和镉离子；
2—氰化钾和柠檬酸铵；
3—含铅溶液

1. 吸附色谱分离法

吸附色谱分离法是利用聚酰胺、硅胶、硅藻土、氧化铝等吸附剂经活化处理后所具有的适当的吸附能力，对被测成分或干扰组分进行选择性吸附而使之分离的方法。例如：聚酰胺对色素有强大的吸附力，而其他组分则难于被其吸附，在测定食品中色素含量时，常用聚酰胺吸附色素，经过过滤洗涤，再用适当溶剂解吸。可以得到较纯净的色素溶液，供测试用。

2. 分配色谱分离法

分配色谱分离法是以分配作用为主的色谱分离法，它是根据不同物质在两相间的分配比不同所进行的分离方法。两相中的一相是流动的（称流动相），另一相是固定的（称固定相）。被分离的组分在流动相中沿着固定相移动的过程中，由于不同物质在两相中具有不同的分配比，当溶剂渗透在固定相中并向上渗展时，这些物质在两相中的分配作用反复进行，从而达到分离的目的。例如，多糖类样品的纸上层析。

3. 离子交换色谱分离法

离子交换色谱分离法是利用离子交换剂与溶液中的离子之间所发生的交换反应来进行分离的方法。它分为阳离子交换和阴离子交换两种。交换作用可用下列反应式表示：

$$\text{阳离子交换：}\quad R—H+M^{+}X^{-} \longrightarrow R—M+HX$$

$$\text{阴离子交换：}\quad R—OH+M^{+}X^{-} \longrightarrow R—X+MOH$$

式中　R——离子交换剂的母体；

MX——溶液中被交换的物质。

当将被测离子溶液与离子交换剂一起混合振荡，或将样液缓慢通过离子交换剂时被测离子或干扰离子留在离子交换剂上，被交换出的 H^{+}或 OH^{-}以及不发生交换反应的其他物质留在溶液内，从而达到分离的目的。在食品分析中，可应用离子交换色谱分离法制备无氨水、无铅水。离子交换色谱分离法还常用于分离较为复杂的样品。

（六）浓缩法

食品样品经提取、净化后，有时净化液的体积较大，在测定前需进行浓缩，以提高被测成分的浓度。常用的浓缩方法有常压浓缩法和减压浓缩法两种。

1. 常压浓缩法

常压浓缩法是最常用的方法，主要用于待测组分为非挥发性的样品净化液的浓缩。通常采用蒸发皿直接挥发，若要回收溶剂，则可用一般蒸馏装置或旋转蒸发器。该法的优点是简便、快速、易推广。

2. 减压浓缩法

减压浓缩法主要用于待测组分为热不稳定性或易挥发的样品净化液的浓缩，通常采用 K-D 浓缩器。浓缩时，水浴加热并抽气减压。此法浓缩温度低、速度快、被测组分损失少，特别适用于农药残留量分析中样品净化液的浓缩。

【工作过程】

一、工作课时

要求本单元的“理论+实训”课时为“4+4”课时。

二、具体工作过程

（一）用干法灰化法处理乳粉样品，测定样品中铁含量的工作过程

（1）配制盐酸（1+1）。

（2）将坩埚清洗干净，然后置于 500～550 ℃的高温炉中灼烧至恒重，冷却，称重。

（3）称取均匀乳粉样品 10.00～20.00 g 于坩埚中，将其小心碳化直至无黑烟产生。

（4）碳化完全后移入 550 ℃的高温马弗炉中灰化。

（5）灰化完全后取出置于干燥器中冷却。

（6）向灰分中加入 2 mL 盐酸（1+1）后再在水浴上蒸干。

（7）加入 5 mL 水，加热煮沸（注意防止溅出）。

（8）将溶液移入 100 mL 容量瓶中，用水定容，摇匀待测定。

（9）同时做空白实验（坩埚中不加样品，操作同样品的处理）。

（二）用湿法消化法处理乳粉样品，测定样品中锌含量的工作过程

（1）取样品 5.00～10.00 g（称样量视含锌量而定）于 500 mL 或 250 mL 凯氏烧瓶中，先加少许水润湿。

（2）在烧瓶中加入 20 mL 浓硝酸、20 mL 硫酸、数粒玻璃珠。

（3）先以小火加热，剧烈反应停止后，加大火力，分 4 次加入 20 mL 双氧水直至溶液透明或呈淡绿色为止。

（4）继续加热数分钟至冒白烟，冷却。

（5）加 25 mL 饱和草酸铵溶液，继续加热到冒白烟后 20 min，冷却内容物，移入 50 mL 容量瓶中，以二次蒸馏水稀释至刻度，摇匀后待测定。

（6）同时做空白实验。

三、操作注意事项

1. 干法灰化的操作注意事项

（1）坩埚在使用前要作恒重处理。

（2）称样量不可过多或过少，以免影响碳化时间。

2. 湿法消化的操作注意事项

（1）在消化过程中，有机物快速氧化常产生大量有害气体，因此操作需在通风橱内进行。

（2）消化初期，易产生大量泡沫外溢，故操作人员须随时照管。

【质量检测】

1. 实验仪器操作检测

本次任务主要使用的仪器有电炉、高温马弗炉以及消化装置。使用前要仔细阅读仪器操作说明书，严格按照说明书操作，正确执行安全技术操作。仪器使用完毕后，清洁干净并归位。

2. 工作过程检测

（1）正确进行样品碳化操作，碳化完全后才能将坩埚置于高温马弗炉中进行灰化。

（2）湿法消化时要在通风橱内进行，并要求时时转动蒸馏烧瓶，消化结束后，消化液应清澈透明。

（3）操作过程要严格按照操作说明进行，并注意安全操作。

【知识与技能检测】

一、理论知识检测

（一）填空题

1. 干法灰化是把样品放入高温灰化炉灼烧至____________。湿法消化是在样品中加入____________并加热消煮，使样品中____________物质分解、氧化，而使________物质转化为无机状态存在于消化液中。

2. 浸泡提取法是指_______，又称为____________。溶剂萃取法是在样品液中加入一种_______溶剂，这种溶剂称为_______，使待测成分从_______中转移到_______中而得到分离。

3. 蒸馏法的蒸馏方式有______、______、______等。

4. 化学分离法主要有______________、______________和______________。

5. 样品经处理后的处理液体积较大，待测试成份浓度太低，此时应进行浓缩，以提高被测组分的浓度，常用的浓缩方法有______________和______________。

（二）单项选择题

1. 使空白测定值较低的样品处理方法是（　　）。

A. 湿法消化　B. 干法灰化　C. 萃取　D. 蒸馏

2. 常压干法灰化的温度一般是（　　）。

A．100～150 ℃　　B．500～600 ℃
C．200～300 ℃　　D．700～800 ℃

3．湿法消化方法通常采用的消化剂是（　　）。

A．强还原剂　　B．强萃取剂
C．强氧化剂　　D．强吸附剂

4．选择萃取的试剂时，萃取剂与原溶剂（　　）。

A．以任意比混溶　　B．必须互不相溶
C．能发生有效的络合反应　　D．能相溶

5．当蒸馏物受热易分解或沸点太高时，可选用（　　）方法从样品中分离。

A．常压蒸馏　　B．减压蒸馏
C．高压蒸馏　　D．水蒸气蒸馏

6．防止减压蒸馏暴沸现象产生的有效方法是（　　）。

A．加入暴沸石　　B．插入毛细管与大气相通
C．加入干燥剂　　D．加入分子筛

（三）简答题

1．什么是样品的预处理？为什么要对样品进行预处理？选择预处理方法的原则是什么？

2．预处理的方法有哪些？

3．干法灰化与湿法消化的优缺点有哪些？

4．简述溶剂提取法的分类与特点。

5．简述蒸馏法的分类与适用范围。

二、技能检测

若要测定罐头食品中的汞含量，应选择哪种样品预处理方法？为什么？请写出具体的操作步骤。

工作任务四　实验数据处理

【任务描述】

数据处理是食品分析的最后一个程序，通过对误差和有效数字的讲解，使学生掌握有关概念，同时掌握数据处理的方法，理解误差的概念，能够对检验数据进行误差计算处理，并填写处理报告单。

【作业质量要求】

（1）正确进行误差的计算。

（2）正确进行检验数据的处理。

（3）正确、准确地填写检验报告单。

【学习目标】

（1）了解误差、偏差、准确度和精密度的概念。

（2）正确计算检验数据的误差和偏差。

（3）了解有效数字的概念。

【技能目标】

（1）掌握数据处理的方法，理解误差的概念。

（2）能够正确进行检验数据的处理和误差的计算。

（3）正确、准确地填写检验报告单，并对检验数据作出评价。

【所需仪器和试剂】

所需仪器只有计算器。

【相关知识】

一、分析检验结果的准确度和精密度

在食品检验中，误差是客观存在的，有必要先了解实验过程中误差产生的原因及误差出现的规律。

（一）误差的分类

误差是指测定结果与真实值之间的差值，根据误差产生的原因和性质，误差可以分为系统误差和偶然误差两类。

1. 系统误差

系统误差是指在一定实验条件下的数次测定中，由于某种固定的原因或某些经常出现的因素而引起的误差。

系统误差在每次测定时均重复出现，其大小在同一实验中是恒定的，或在实验条件改变时，按照某一确定规律变化。系统误差具有单向性，即大小、正负都有一定的规律性，可预先估计。

根据系统误差的性质及产生的原因，它可分为方法误差、仪器误差、试剂误差和个人误差四种。

（1）方法误差：由于实验方法本身不够完善而引起的误差。例如，在质量分析中，由于沉淀溶解损失而产生的误差；在滴定分析中，由于化学反应不完全、指示剂选择不当以及干扰离子等造成的误差。

（2）仪器误差：由于仪器本身的缺陷造成的误差。例如，天平两臂长度不相等，砝码、滴定管、容量瓶等未经校正而引起的误差。

（3）试剂误差：由于试剂不纯、蒸馏水中有被测物质或干扰物质造成的误差。

（4）个人误差：由于操作人员的主观原因造成的误差。例如，个人对颜色的敏感程度不同，在辨别滴定终点颜色时，偏深或偏浅等都会引起误差。

2. 偶然误差

偶然误差是指在分析过程中由于某些偶然的原因而造成的误差，也叫“随机误差”或“不可定误差”。偶然误差的大小和正负都不固定，在操作中不能完全避免。

（二）误差的表示方法

误差有两种表示方法：统计量准确度和统计量精密度。统计量准确度反映系统误差，而统计量精密度反映偶然误差。准确度和精密度是对某一检验结果的可靠性进行综合性评价的常用指标。

1. 准确度与误差

准确度表示分析结果与真实值接近的程度。准确度的大小用绝对误差或相对误差表示。若以 x 表示测量值，以 μ 代表真实值，则绝对误差和相对误差的表示方法如下。

$$\text{绝对误差} = x - \mu$$

$$\text{相对误差} = \frac{x-\mu}{\mu} \times 100\%$$

绝对误差和相对误差都有正值和负值。正值表示实验结果偏高，负值表示实验结果偏低。

2. 精密度与偏差

对于不知道真实值的实验，可以用偏差的大小来衡量测定结果的好坏。偏差是指测定值 x_i 与测定的平均值 $\bar{x}$ 之差，它可以用来衡量测定结果的精密度。精密度是指在同一条件下，对同一样品进行多次重复测定时，各测定值相互接近的程度，偏差愈小，说明测定的精密度愈高。

精密度可以用绝对偏差、相对平均偏差、标准偏差与相对标准偏差来表示。

（1）绝对偏差：指测量值与平均值之差。绝对偏差越大，精密度越低。若令 $\bar{x}$ 代表一组平行测定的平均值，那么单个测量值 x_i 的绝对偏差 d 为

$$d = x_i - \bar{x}$$

对于 n 个测量值，各绝对偏差的绝对值的平均值称为平均偏差 $\bar{d}$，即

$$\bar{d} = \frac{\sum_{i=1}^{n}|x_i - \bar{x}|}{n}$$

（2）相对平均偏差：指平均偏差在平均值中所占的百分率，即

$$\frac{\bar{d}}{\bar{x}} \times 100\% = \frac{\sum_{i=1}^{n}|x_i - \bar{x}| \big/ n}{\bar{x}} \times 100\%$$

（3）标准偏差（S）：计算公式为

$$S = \sqrt{\frac{\sum_{i=1}^{n}(x_i - \bar{x})^2}{n-1}}$$

使用标准偏差是为了突出较大偏差的存在对测量结果的影响。

（4）相对标准偏差（*RSD*）：又称为“变异系数”，其计算公式为

$$RSD = \frac{S}{\bar{x}} \times 100\%$$

3．误差的减免

减免误差的措施有如下几种。

1．选择恰当的分析方法

样品中待测成分的分析方法往往有多种，但各种分析方法的准确度和灵敏度是不同的。例如，重量分析及容量分析虽然灵敏度不高，但对常量组分的测定一般能得到比较满意的分析结果，相对误差在千分之几；相反，重量分析及容量分析对微量成分的检测却达不到要求。仪器分析方法灵敏度较高、绝对误差小，但相对误差较大，而微量组分的测定常允许有较大的相对误差，所以这时采用仪器分析是比较合适的。在选择分析方法时，需要了解不同方法的特点及适宜范围，要根据分析结果的要求、被测组分含量以及伴随物质等因素来选择适宜的分析方法。

2．减小测量误差

重量分析和滴定分析允许的相对误差不超过 0.1%。

（1）减小称量误差。一般分析天平的绝对误差为±0.000 1 g，称取一份样品可能造成的最大误差是±0.000 2 g。因此，根据误差要求，称取样品的最低质量应该是 0.000 2 g/0.1%=0.2 g。

（2）减小体积测量误差。一般滴定管的读数误差为±0.01 mL，完成一次滴定可能造成的最大误差是±0.02 mL。因此，根据误差要求，用滴定管滴定时消耗滴定剂的最低用量应该是 0.02 mL/0.1%=20 mL，一般控制在 20～40 mL。

3．减少偶然误差

增加平行测定次数，取多次测定值的平均值作为分析结果，可以减小甚至消除偶然误差。在食品检验中，一般试样的平行测定次数通常为 2～4 次。

4．消除测量中的系统误差

消除测量中系统误差的措施有如下几种。

（1）校正方法。有些方法误差可以用其他方法进行校正。例如，重量分析下未全沉淀出来的被测组分可以用其他方法（通常用仪器分析）测出，测出的这个结果加入重量分析结果内，即可得到可靠分析结果。

（2）检定、标定或校正计量器具、试剂、仪器。将计量器具、试剂、仪器等定期送计量管理部门鉴定，以保证仪器的灵敏度和准确性。用做标准容量的容器或移液管等，最好经过标定，按校正值使用。各种标准溶液应按规定定期标定。

（3）做对照实验。用含量已知的标准试样或纯物质以同一方法对其进行定量分析，由分析结果与已知含量的差值，求出分析结果的系统误差。以此误差对实际样品的定量结果进行校正，便可减免系统误差。

（4）做空白实验。在不加样品的情况下，用与测定样品相同的方法、步骤进行定量

分析，把所得结果作为空白值，从样品的分析结果中扣除。这样可以消除由于试剂不纯或溶剂等干扰造成的系统误差。

（5）做回收实验。在样品中加入已知量的标准物质，然后进行对照实验，看加入的标准物质能否定量回收，根据回收率的高低可检验分析方法的准确度，并判断分析过程是否存在系统误差。

（6）标准曲线回归。在用比色、荧光、色谱等方法进行分析时，常配制一定浓度梯度的标准样品溶液，测定其参数（吸光度、荧光强度、峰高），绘制参数与浓度之间的关系曲线，这种关系直线称为“标准曲线”。在正常情况下，标准曲线应是一条穿过原点的直线。但在实际工作中，标准曲线常出现偏离直线的情况，此时可用回归法求出该直线方程，代表最合理的标准曲线。

二、有效数字及其处理规则

（一）有效数字的概念

有效数字是指在分析工作中实际上能测量到的数字，通常包括全部准确数字和一位不确定的可疑数字，即在有效数字中，只有最后一位数字是可疑的。

（二）有效数字的位数

（1）数字中有 0 时，0 可以是有效数字，也可以是非有效数字。

（2）分数中分母或倍数中系数为自然数时，为非测量所得，它不表示有效数字位数。

（3）计算有效数字的位数时，若第一位数字是 8 或 9 时，其有效数字的位数应多算一位。

（4）有效数字的位数与量的使用单位无关。

（5）化学中常遇到的 pH、pK 等，其有效数字的位数取决于小数部分的位数，其整数部分只说明原数值的方次。

有效数字的位数见表 1-5。

表 1-5　有效数字位数

序　号	数　字	有数数字位数
1	1.000 1；2.020 5 ；$2.202\,3\times10^{2}$	五位有效数字
2	0.550 0；25.05%；8.610×10^{-5}	四位有效数字
3	0.045 0；0.100%	三位有效数字
4	0.004 5；0.40%；5.0	二位有效数字
5	0.4；0.001%；pH 值=2.0	一位有效数字
6	1 200；200；1/5	有效数字位数不定

（三）有效数字的修约

在修约有效数字时，应遵循以下规则。

（1）若被舍弃的第一位数字大于 5，则其前一位加 1。

（2）若被舍弃的第一位数字等于 5，而其后数字全部为 0，则视被保留的末位数字为奇数或偶数而决定进或舍，末位是奇数时进 1，末位为偶数时舍弃。例如，将 28.175 和 28.165 处理成四位有效数字，则分别为 28.18 和 28.16。

（3）若被舍弃的第一位数字为 5，而其后的数字不全为 0，无论前面数字是偶或奇，皆进 1。

（4）若被舍弃的数字包括几位有效数字时，不得对该数进行连续修约，而应根据以上规则仅作一次处理。

（四）有效数字的运算规则

1. 加减运算

在加减运算时，应以参加运算的各数据中绝对误差最大（即小数点后位数最少）的数据为标准，决定结果（和或差）的有效位数。

2. 乘除运算

在乘除运算中，应以参加运算的各数据中相对误差最大（即有效数字位数最少）的数据为标准，决定结果（积或商）的有效位数。中间算式中可多保留一位。遇到首位为 8 或 9 时，可多算一位有效数字。

三、可疑值的取舍

在一组平行测定数值中，常发现有个别测定值比其余测定值明显偏大或偏小，这种明显偏大或偏小的数值称为可疑值。取舍可疑值的方法有多种，各有其优缺点，比较简单的处理方法有 Q 检验法和 $4d$ 法。

1. Q 检验法

Q 检验法又叫“舍弃商法”。其具体步骤是：将多次测定的数据，按其数据的大小顺序排列，设 x_n 或 x_1 为可疑值，根据统计量 Q 进行判断，确定可疑值的取舍。Q 的计算公式为

$$Q=\frac{x_2-x_1}{x_n-x_1} \text{或} \ Q=\frac{x_n-x_{n-1}}{x_n-x_1}$$

式中分子为可疑值与相邻的一个数值之差，分母为整组数据的极差。Q 值越大，说明可疑值偏离其他值越远。将 Q 计算值与 Q 理论值进行比较，若大则应舍弃可疑值，否则应予保留。

2. $4d$ 法

$4d$ 法即四倍于平均偏差法，也叫“四倍法”，适用于4～6个平行数据的取舍。方法如下。

（1）除可疑值外，将其余数据相加求算术平均值 $\bar{x}$ 及平均偏差 d。

（2）将可疑值与平均值相减，若（可疑值-$\bar{x}$）≥$4\bar{d}$，则可疑值应舍弃；若（可疑值-$\bar{x}$）＜$4\bar{d}$，则可疑值应保留。

【工作过程】

一、工作课时

要求本单元的“理论+实训”课时为“2+2”课时。

二、具体工作过程

有一检验员采用电位滴定法对酱油中氨基酸态氮含量进行了 5 次测定，结果分别为 0.49%、0.36%、0.50%、0.52%和 0.48%。

现需对以上检验数据进行评价，同时填写完整的检验报告单。操作过程如下。

（1）将以上实验数据从小到大进行排列：0.36%、0.48%、0.49%、0.50%和 0.52%。

（2）由以上数据可以看出 0.36%与其他各次结果偏离太远，应确定为可疑值。

（3）计算 $\bar{x}$：$\bar{x}$=（0.48%+0.49%+0.50%+0.52%）/4=0.50%。

（4）计算 $\bar{d}$：$\bar{d}$=|0.48%−0.50%|+|0.49%−0.50%|+|0.50%−0.50%|+|0.52%−0.50%|/4 =0.0125%。

（5）将可疑值与平均值相减：|0.36%−0.50%|=0.14%。

（6）比较（可疑值−$\bar{x}$）与 4$\bar{d}$：0.14%>4×0.0125%，因此 0.36%须舍去。

（7）计算标准偏差与相对标准偏差：

$$S=\sqrt{\frac{\sum_{i=1}^{n}(x_i-\bar{x})^2}{n-1}}=0.017\%$$

$$RSD=\frac{s}{x}\times 100\%=\frac{0.017\%}{0.50\%}\times 100\%=3.4\%$$

（8）填写检验报告单如下。

食品检验报告单

样品名称	酱　油	生产厂家	笑厨酱油厂
样品批号	××××	受检单位	笑厨酱油厂
样品数量	500 mL	代表数量	5.0 mL
样品包装	塑料袋	收检日期	××××
检验目的	测定氨基酸态氮	检验起止日期	××××
检验依据	电位滴定法		
检验项目及结果如下。 项目：氨基酸态氮含量。 结果：酱油中氨基酸态氮含量为 0.50%； 标准偏差为 0.017%，相对标准偏差为 3.4%。			
评价意见： 四次测定值的相对标准偏差为 3.4%，可认为测定结果是可靠的；被测酱油的氨基酸态氮含量为 0.50%。			

检测人：×××

报告日期：××××年××月××日

三、操作注意事项

工作过程要注意对公式的理解和运用，计算结果严格按照有效数字的修约法则和运算规则进行。

【质量检测】

1. 计算公式检测

能够正确区分误差与偏差，公式的选择要正确、无误。

2. 检验数据处理检测

按照有效数字运算规则处理检验数据，实验数据处理合理、准确。

3. 检验报告检测

检验报告填写规范、合理，能够准确评价检验结果。

【知识与技能检测】

一、理论检测

（一）单项选择题

1. 在滴定分析中，一般利用指示剂颜色的突变来判断化学计量点的到达，在指示剂变色时停止滴定，这一点称为（　　）。

A. 化学计量点　　B. 滴定终点

C. 滴定　　D. 滴定误差

2. 在滴定分析中，指示剂变色时停止滴定的点，与化学计量点的差值，称为（　　）。

A. 滴定终点　　B. 滴定

C. 化学计量点　　D. 滴定误差

3. $\frac{0.0234\times4.303\times71.07}{127.5}$的计算结果是（　　）。

A. 0.056 125 9　　B. 0.056　　C. 0.056 1　　D. 0.056 13

4. 由计算器算得$\frac{2.236\times1.1124}{1.036\times0.2000}$的结果为12.004 471，按有效数字运算规则，应将结果修约为（　　）。

A. 12.00　　B. 12.004 5　　C. 12　　D. 12.0

5. 12.26、7.21、2.134 1 相加，由计算器所得结果为21.604 1，按有效数字运算规则，应将结果修约为（　　）。

A. 21　　B. 21.6　　C. 21.60　　D. 21.604

6. 当煤中水的质量分数在5%～10%之间时，规定平行测定结果的允许绝对偏差不大于0.3%，对某一煤试样进行3次平行测定，其结果分别为7.17%、7.31%及7.72%，应弃去的是（　　）。

A. 7.72%　　B. 7.17%　　C. 7.72%　　D. 7.31%

7. 用称量法测定黄铁矿中硫的质量分数，称取样品0.385 3 g，下列结果合理的是（　　）。

A. 36%　　B. 36.41%　　C. 36.4%　　D. 36.413 1%

（二）简答题

1. 准确度与紧密度有什么关系？

2．说明下列各种误差是系统误差还是偶然误差。

（1）砝码被腐蚀。

（2）容量瓶和移液管不配套。

（3）在称量时试样吸收了少量水分。

（4）试剂里含有微量的被测成分。

（5）滴定管读数时，最后一位数字估计不准。

3．要提高分析结果的准确度，应当采取哪些方法？所采用的方法中，哪些是消除系统误差的方法？哪些是减少偶然误差的方法？

4．有效数字的处理原则是什么？

5．某分析天平的称量误差为±0.2 mg，如果称取试样 0.05 g，相对误差是多少？如果称样 1 g，相对误差是多少？这些值说明了什么问题？

二、技能检测

1．对同一样品分析，采取同样的方法，测得的结果为 37.44%、37.20%、37.30%、37.50%和 37.30%，请列式计算此次分析的相对平均偏差。

2．采用重量法测定脂肪的含量结果分别是 37.40%、37.20%、37.30%、37.50%和 37.30%，请列式计算此组数据的绝对平均偏差。

3．对同一样品分析，采取一种相同的分析方法，每次测得的结果依次为 31.27%、31.26%和 31.28%，计算第一次测定结果的相对偏差。

4．测定某样品含氮的质量分数，6 次平行测定的结果是 20.48%、20.55%、20.58%、20.60%、20.53%和 20.50%。

要求：

（1）计算这组数据的平均值、平均偏差、标准偏差和变动系数。

（2）若此样品是标准样品，含氮的质量分数为 20.45%，计算以上结果的绝对误差和相对误差。

学习情境二　食品质量的感官检验

工作任务　罐头食品的感官检验

【任务描述】

食品的感官特征是食品的重要质量指标，各种食品都具有各自的感官特征，食品感官检验往往是食品检验内容的第一项，通过对感官检验的类型以及常用感官检验方法的讲解，要求学生能够熟练运用常用的感官检验法对食品进行正确的感官评价。

【作业质量要求】

（1）能够对罐头的外观、密封性、容器内外表面以及内容物的色泽、气味、滋味、组织形态等各方面进行正确评定。

（2）能够检验出样品与标准品、样品与样品之间的差异和差异程度，并进行客观评价。

（3）遵守操作规程，操作现场整洁。

（4）正确执行安全技术操作规程。

【学习目标】

（1）认识感官检验的重要性，了解食品感官的评价方法。

（2）了解感官检验的类型、方法及基本要求。

（3）掌握感官评价的方法。

【技能目标】

（1）正确进行食品的感官评价。

（2）熟练运用常用的感官检验法。

【所需仪器和试剂】

所需仪器有开罐刀、不锈钢圆筛（丝的直径 1 mm，筛孔尺寸 2.8 mm×2.8 mm）、白瓷盘、刀叉餐具等。

【相关知识】

一、食品感官检验的特点

食品感官检验是根据感觉器官对食品的各种质量特征进行“感觉”，如味觉、嗅觉、视觉、听觉等，并用语言、文字、符号或数据进行记录，再运用概率统计原理进行统计分析，从而得出结论，对食品的色、香、味、形、质地、口感等各项指标作出评价的方法。食品感官检验是食品分析检验的一个重要组成部分，是食品进行理化分析的前期首要工作。其特点如下。

（1）能对食品的质量特性进行综合性评价，有利于对食品的可接受性作出判断。

（2）能及时检查出食品的优劣与真伪，准确鉴别出食品质量有无异常，以便于早期发现问题并及时进行处理，避免发生食品安全性事故。

（3）能觉察出食品质量发生的变化或特殊性污染，如食品中混有杂质、异物，发生霉变、沉淀等，并能据此提出必要的理化检验和微生物检验项目。

（4）不需要专门仪器和设备就能进行检验，方法简便、直观。

（5）能反映消费者对食品的偏爱倾向，有利于进行食品的研究开发和改进。

食品感官检验往往作为食品检验中的第一项目，如果感官检验不合格，即可判定产品不合格，不需要再进行其他项目的检验。

二、感官检验的类型

感官检验根据不同的作用可分为分析型感官检验和偏爱型感官检验两大类型。根据实验目的，明确选定其中一种类型，防止混用。

（一）分析型感官检验

分析型感官检验是把人的感觉器官作为一种检验测量的工具，来评定样品的质量特性或鉴别多个样品之间的差异等。例如，原辅料的质量检查、半成品和产品的质量检查以及产品评优等均属于这种类型。

由于分析型感官检验是通过人的感觉来进行检测的，因此，为了降低个人感觉之间差异的影响，提高检测的重现性，以获得高精度的测定结果，必须注意评价基准的标准化、实验条件的规范化和检验人员的素质选定。

（二）偏爱型感官检验

偏爱型感官检验与分析型感官检验正好相反，它是以样品为工具，来了解人的感官反应及倾向。例如，在新产品开发中对试制品的评价，或在市场调查中使用的感官检查均属此类型。偏爱型感官检验不需要统一的评价标准及条件，而依赖于人们的生理及心理上的综合感觉，即人的感觉程度和主观判断起着决定性作用，其检验结果受生活环境、生活习惯、审美观点等多方面因素的影响，因人、因时、因地而异。

可见，分析型感官检验是检验人员对食品的客观评价，而偏爱型感官检验完全是一种主观的行为，它反映的是不同群体的偏爱倾向，故有助于食品的开发、研制和生产。总之，感官检验对食品工业原辅材料、半成品和成品的质量检验、生产过程的控制、产品品质的研究、市场调查以及新产品开发等方面都具有重要的指导意义。

三、感觉的相关概念

（一）感觉的定义

感觉是客观事物的各种特征和属性通过刺激人的不同感觉器官引起兴奋，经神经传

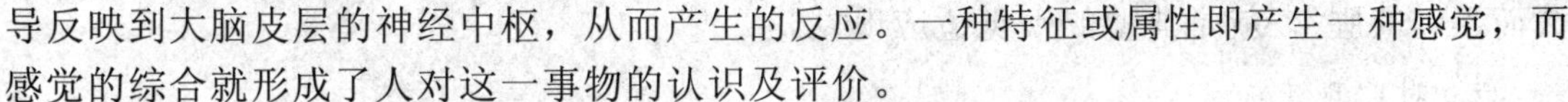

导反映到大脑皮层的神经中枢，从而产生的反应。一种特征或属性即产生一种感觉，而感觉的综合就形成了人对这一事物的认识及评价。

（二）感觉的分类及敏感性

食品作为一种刺激物，能刺激人的各种感官从而使其产生多种感官反应。通常，人有5种基本感觉，即视觉、听觉、触觉、嗅觉和味觉。除此之外，人可辨认的感觉还有温度觉、痛觉、疲劳觉、口感等多种感官反应。

感觉的敏感性是指人的感觉器官对刺激的感受、识别和分辨能力。感觉的敏感性因人而异，某些感觉通过训练或强化可以获得特别的发展，即敏感性增强。

（三）感觉阈

感觉的产生需要有适当的刺激，而刺激强度太大或太小都产生不了感觉，即必须有适当的刺激强度才能引起感觉，这个强度范围即为感觉阈。它是指从刚好能引起感觉，到刚好不能引起感觉的刺激强度范围。例如，人的眼睛只能对波长范围在380～780 nm的光波刺激产生视觉，在此范围以外的光刺激，均不能引起视觉，这个波长范围的光被称为可见光，这个范围就是人的视觉阈。因此，对各种感觉来说，都有一个感受体所能接受的外界刺激变化范围。感觉阈值就是指感官或感受体对所能接受的刺激变化范围的上、下限以及对这个范围内最微小变化感觉的灵敏程度。感觉阈包含以下几种概念。

（1）绝对感觉阈。绝对感觉阈是指以产生一种感觉的最低刺激量为下限，到导致感觉消失的最高刺激量为上限的刺激强度范围值。

（2）察觉阈值。察觉阈值是指刚刚能引起感觉的最小刺激量，也称“感觉阈值下限”。

（3）识别阈值。识别阈值是指能引起明确感觉的最小刺激量。

（4）极限阈值。极限阈值是指刚好导致感觉消失的最大刺激量，也称“感觉阈值上限”。

（5）差别阈。差别阈是指所能感受到的刺激的最小变化量，如人对光波变化产生感觉的波长差是10 nm。差别阈不是一个恒定值，它随环境、生理或心理等因素的变化而变化。

（四）感觉的基本规律

在大脑中产生的不同感觉之间会产生相互影响，使不同的感觉或增强或减弱。当同一类感觉以不同的刺激作用于同一感受器时，会引起感觉的适应、对比、协同、拮抗和掩蔽等现象。在感官检验中，这种不同刺激之间的相互作用和对感受器的影响，应引起充分的重视，特别是在样品制备、检验程序和实验环境的设立时，不应忽视这些作用或现象的存在，应予充分考虑，以消除对评价结果的影响。

1. 适应现象

适应现象也称“感觉疲劳”，是指感觉在同一刺激物的持续或重复作用下敏感性发生变化的现象。通常强刺激的持续作用会使敏感性降低，微弱刺激的持续作用则会使敏感性增强。适应现象多表现在嗅觉和听觉上。“入芝兰之室，久而不闻其香；入鲍鱼之肆，久而不闻其腥”，就是典型的嗅觉适应现象。

2. 对比现象

对比现象指两个不同的刺激物同时或相继存在时，导致敏感性产生变化的现象。同时给予两种刺激时，称为同时对比；先后连续给予两个刺激时，称为相继对比或先后对比。例如，在15%的蔗糖溶液中加入0.017%的食盐，会感觉到其甜味比不加食盐时要甜，这是同时对比效应；吃过糖后再吃橘子，会觉得甜橘子变酸，这是先后对比效应。各种感觉都存在对比现象。在进行感官检验时，应尽可能避免对比效应的发生。例如，在品尝每种食品前，都应彻底漱口；品尝不同浓度的食品时应先淡后浓，刺激强度应从弱到强，以避免对比效应所带来的影响。

3. 协同效应和拮抗效应

协同效应也称“相乘效应”，是指两种或多种刺激同时存在时，引起的感觉水平超过单种刺激单独作用效果叠加的现象。如谷氨酸与氯化钠共存时，使谷氨酸的鲜味加强；0.02%谷氨酸与0.02%肌苷酸共存时，鲜味显著增强，且超过两者鲜味的加和；麦芽粉添加到饮料或糖果中会使甜味增强。

与协同效应相反的是拮抗效应，也称“相抵效应”。它是指因一种刺激的存在而使另一种刺激强度减弱的现象。

4. 掩蔽现象

掩蔽现象也称“阻碍现象”或“消杀作用”，是指两种强度相差较大的刺激物同时存在时，往往只能感觉到其中的一种刺激，即一种刺激掩盖了另一种刺激。例如，当两个强度相差很大的声音传入双耳，我们只能感觉到强度较大的一个声音；加入葱、姜、酒等调味料，可使鱼、肉的腥味减轻。

四、食品感官检验的种类

食品感官检验可分为视觉检验、嗅觉检验、味觉检验和触觉检验四种。

（一）视觉检验

食品的色泽是人们评价食品品质的一个重要因素。不同的食品显现各不相同的颜色，并常与该食物的成熟程度或煮熟程度相联系，亦与香气和风味的变化相联系。食物的颜色对人的心理影响是显而易见的。相关研究发现，在给糖浆甜度打分时，即使深色蔗糖溶液的蔗糖含量比浅色蔗糖溶液的含量低1%，但前者的甜度打分可能会高出后者2%～10%。1974年，Maga发现黄色溶液的甜味阈值要明显高于无色溶液，而绿色溶液的甜味阈值却又明显低于无色溶液。绿色和黄色溶液与无色溶液相比，有较高的苦味阈值。这可能是因为绿色和黄色容易与“未成熟的水果”相联系，人们因此认为该溶液甜味较低，从而需要更多的甜味来达到甜味阈值。

视觉检验包括观看产品的外观形态和颜色特征。产生视觉的刺激物质是光波，只有波长在380～780 nm的光波才能被人眼所感知。当可见光聚焦于人眼视网膜时，感光细胞接收光刺激，产生讯号。感光细胞中最重要的有锥体细胞和杆体细胞，它们分别执行着不同的视觉功能。前者是明视觉器官，在光亮条件下，能够分辨颜色和物体的细节；后者是暗视觉器官，只能在较暗条件下起作用，适用于微光视觉，但不能分辨颜色与细节。

颜色有明度、色调和饱和度 3 个属性，人眼也只能观察物体颜色的这 3 个属性。正常的锥体细胞中含有 3 种感光色素，每一种分别对红、绿或蓝光最为敏感，如果缺乏这些色素中的任何一种，人就会患有各种色盲症。食品感官检验员不应有色盲病症。

（二）嗅觉检验

食品的正常气味是人们是否能够接受该食品的一个决定因素。食品的气味常与该食物的新鲜程度、加工方式、调制水平有很大关联。

人的嗅觉非常灵敏，用仪器不一定能检查出来的极轻微的变化用嗅觉鉴别却能够发现。例如，鱼、肉等食品或食品材料发生轻微的变质时，其理化指标变化不大，但灵敏的嗅觉可以察觉到异味的产生。

食品的气味是一些具有挥发性的物质形成的，它们对温度的变化非常敏感，因此在进行嗅觉检验时，可把样品稍加热，但最好是在 15～25 ℃下进行，因为食品中的气味挥发物质常随温度的高低而增减。在鉴别食品的异味时，液态食品可滴在清洁的手掌上摩擦，以加快气味的挥发；识别畜肉等大块食品时，可将尖刀稍微加热刺入深部，拔出后立即嗅闻气味。

感觉器官长时间接触浓气味物质的刺激会产生感觉疲劳，因此检验时应先鉴别气味淡的，后鉴别气味浓的，检验一段时间后，应休息一段时间。鉴别前禁止吸烟。

由于气味没有确定定义，而且很难定量测定，所以气味分类比较混乱，目前尚未有一个公认的分类方法。气味的表达在语言上也同样存在很大的困难。

现在发现有些人患有嗅盲，即嗅觉缺失症。食品感官检验员不应有嗅觉缺失症。

（三）味觉检验

通过被检验物作用于味觉器官所引起的反映评价食品的方法称为味觉检验。

味觉是可溶性呈味物质溶解在口腔中对味感受体进行刺激后产生的反应。基本味觉有酸、甜、苦、咸 4 种，其余味觉都是由基本味觉组成的混合味觉。从实验角度讲，纯粹的味感应是堵塞鼻腔后，将接近体温的试样送入口腔内而获得的感觉。味感往往是味觉、嗅觉、温度觉和痛觉等几种感觉在口腔内的综合反应。

口腔内舌头上隆起的部分称为乳头，它是味觉感受器，在乳头上分布有味蕾，味蕾是味的受体，呈纺锤状，中间含有味细胞。由于舌表面的味蕾、乳头分布不均匀，而且对不同味道所引起刺激的乳头数目不相同，因此造成舌头各个部分感觉味道的灵敏度有所差别。例如，舌前部容易感觉甜味和咸味，苦味在舌后部较易感觉，而酸味则在舌两侧较易感觉。

味觉与温度有关，一般在 10～45 ℃时较适宜，以 30 ℃时最为敏锐。影响味觉的因素还与呈味物质所处介质有关，介质的黏度会影响味感物质的扩散，黏度增加会使人的味道辨别能力降低。味道与呈味物质的组合以及人的心理也有微妙的相互组合。例如，谷氨酸钠（味精）只有在食盐存在时才呈现出鲜味；食盐和砂糖以相当的浓度混合，砂糖的甜味会明显减弱等。由于味之间的相互作用受多种因素的影响，呈味物质相混合并不是味道的简单叠加，需要检验人员经过训练，并在实践中认真感觉才能获得比较可靠的结果。

味觉同样会有疲劳现象，并受身体疾病、饥饿状态、年龄等个人因素影响。味觉的灵敏度存在着广泛的个体差异，特别是对苦味物质。这种对某种味觉的感觉迟钝，也被称做味盲，苯硫脲（PTC）是最典型的苦味盲物质。

在作味觉检验时，也应按照刺激性由弱到强的顺序依次鉴别，最后鉴别味道强烈的食品。每鉴别一种食品之后必须用温开水漱口，并注意适当休息。

（四）触觉检验

通过被检验物作用于触觉感受器官所引起的反应来评价食品的方法称为触觉检验。

触觉检验主要借助手、皮肤等器官的触觉神经来检验食品的弹性、韧性、紧密程度、稠度等。例如，根据鱼体肌肉的硬度和弹性可以判断鱼是否新鲜；对谷物，可以用手抓起一把，凭手感评价其水分；对饴糖和蜂蜜，用掌心或指头揉搓时的润滑感可鉴定其稠度。此外，在品尝食品时，除了味觉、嗅觉外，还可评价其脆性、黏度、松化、弹性、硬度、冷热、油腻性和接触压力等触感。

进行感官检验时，通常先进行视觉检验，再依次进行嗅觉、味觉及触觉检验。

五、食品感官检验的基本要求

在食品感官检验过程中，其结果往往受许多条件的影响。客观条件包括外部环境和样品的制备，主观条件则涉及检验人员的基本条件和素质。因此，外部环境、检验人员和样品制备是感官评价得以顺利进行并获得理想结果的 3 个必备要素。做好这些工作将有助于得到有效的数据和正确的结果。

（一）感官检验实验室的要求

感官检验实验室应建在环境清净、交通便利的地区，应尽量创造有利于感官检验顺利进行和检验人员正常评价的良好环境，尽量减少检验人员的精力分散以及可能引起的身体不适或心理因素的变化。另外根据感官检验的特殊要求，实验室应有 3 个独立的区域，即样品准备室、检验室和集中工作室。

1. 样品准备室

样品准备室用于准备被检验的样品。样品准备室应与检验室完全隔开，目的是不让检验员见到样品的准备过程。准备室的大小与设施格局取决于检验的项目内容。另外室内应设有排风系统。

2. 检验室

检验室用于进行感官检验。室内墙壁宜用白色涂料，颜色太深会影响检验人员的情绪。检验室大小可按参加人员数量与例行分析规模而定。为了避免检验人员互相之间的干扰（如交谈、面部表情），室内应用隔板分隔成若干个适宜个人品评的独立空间。其内应有良好的自然采光与补充光源，检验台上应有传递样品的小窗口和简易的通信装置，检验台上应有漱洗杯和上下水装置，用来冲洗品尝后吐出的样品。

3. 集中工作室

集中工作室用于集中检验和综合讨论。室内应设有利于集中讨论的工作台，以便于检验人员进行集中工作。

（二）检验人员的选择

分析型感官检验和偏爱型感官检验对检验人员的要求有较大的不同。

分析型感官检验以进行工艺检查、判断原料或半成品及成品是否合格、检查几种样品的质量是否有差别为目的，要求检验人员能对样品之间的微妙差异敏感，在重复同样检验时仍可得出相同结果，并能准确无误地用文字表达其判断的结论。因此检验人员必须具备一定的条件并经过培训挑选。

偏爱型感官检验以了解该食品是否为一般人所喜好为目的，对食品进行可接受性评价。检验人员不需要具备特别的感觉敏感性，可由任意的未经训练的人组成，人数不少于 100 人，这些人必须在统计学上能代表消费者总体，以保证实验结果具有代表性和可靠性。

因此，在选择分析型感官检验人员时，应确保其符合一定的基本条件并能通过测试。其具体内容如下。

1. 分析型检验人员的基本条件

（1）年龄在 20～50 岁之间，男女不限。

（2）对烟酒无嗜好，无食品偏爱习惯。

（3）健康状况良好，感觉器官健全，具有良好的分辨能力。

（4）对感觉内容与程度有确切的表达能力。

2. 检验人员技能测试

检验人员的技能测试包括味觉测试和嗅觉测试两部分。

（1）味觉鉴别能力的测试。分别用砂糖溶液、柠檬酸溶液、咖啡因溶液、食盐溶液（见表 2-1）测试检验人员对甜、咸、酸、苦 4 种基本味觉的鉴别能力。

表 2-1　鉴别不同味觉实验溶液浓度

口　味	特 征 物 质	实验储备液（g/100 mL）	实验液（g/L）
甜	蔗糖	20	4；8
咸	氯化钠	10	0.8；1.5
酸	一水柠檬酸	1	0.2；0.3
苦	咖啡因	0.5	0.2；0.3

（2）嗅觉鉴别能力的测试。要求能准确辨认出丁酸、醋酸、香草香精、草莓香精和柠檬香精的气味。评分标准见表 2-2。

表 2-2　气味辨别评分标准

	丁　酸	醋　酸	香草香精	草莓香精	柠檬香精
5 分	丁酸，干酪臭	醋酸，醋	香草	草莓	柠檬
4 分	刺激臭、酸臭	酸	—	—	明显的柑橘类
3 分	臭的	酸的	—	刨冰	—
2 分	—	—	水果糖	葡萄	—
1 分	氨	—	甜的	甜的	—

五种标准品辨认总得分在 18 分以上者为嗅觉测试合格。

（3）辨别能力的测试。以上两项测试均合格者，再按二点法测试其在味觉和嗅觉上辨别不同浓度样品的微细差别的能力。测试用的标准品如下：

味觉测试：甜味（A）2%白砂糖溶液；（B）3%白砂糖溶液

酸味（A）0.04%柠檬酸溶液；（B）3%白砂糖溶液

嗅觉测试：（A）牛奶；（B）牛奶+酸奶酪香精（0.04 mL/L）

（4）测试结果整理。

（三）样品的准备

1. 样品数量

每种样品应该有足够的数量，保证有 3 次以上的品尝次数，以提高实验结果的可靠性。

2. 样品温度

样品温度应恒定和适当，通常由该食品的饮食习惯来决定，以利于获得稳定的评价结果。例如，评价啤酒的最佳温度为 11～15 ℃，食用油为 55 ℃。因此，在实验中，可事先制备好样品保存在恒温箱内，然后统一呈送，以保证样品温度的恒定和均一。表 2-3 列出了几种样品呈送时的最佳温度。

表 2-3　几种食品作为感官鉴评样品时的最佳呈送温度　　（单位：℃）

品　种	最佳温度	品　种	最佳温度
啤酒	11～15	乳制品	15
白葡萄酒	13～16	冷冻浓橙汁	10～13
红葡萄酒、餐末葡萄酒	18～20	食用油	55

3. 器皿

盛放样品所用器皿应符合实验要求，同一实验内所用器皿最好具有相同的外形、颜色和大小，器皿本身应无气味或异味。通常采用玻璃或陶瓷器皿，也可采用一次性塑料（或纸塑）杯、盘。实验器皿和用具的清洗应慎重选择洗涤剂，不应使用会遗留气味的洗涤剂。清洗时应小心清洗干净并用不会给器皿留下毛屑的布或毛巾擦拭干净，以免影响下次使用。

4. 样品编号

所有呈送给检验人员的样品都应当编号。样品编号工作应由实验组织者或样品制备工作人员进行，实验前不能告知检验人员编号的含义或给予任何暗示。可以用数字、拉丁字母或字母和数字结合的方式对样品进行编号。用数字编号时，最好采用三位数的随机数字（如 467、503、384 等)。用字母编号时应避免按字母顺序编号或选择喜好感较强的字母（如最常用字母、相邻字母等)。同次实验中所用编号位数应相同。同一样品应编几个不同号码，保证每个检验人员所拿到的样品编号不重复。

5. 样品的摆放顺序

呈送给检验人员的样品的摆放顺序也会对感官评价实验结果产生影响。这种影响涉及两个方面：一是在比较两个与客观顺序无关的刺激时，常常会过高地评价最初刺激或第二刺激，即所谓顺序效应；二是在检验人员较难判断样品间差别时，往往会多次选择放在特定位置上的样品，如在三点检验法中选择摆在中间的样品。因此，在给检验人员呈送样品时，应注意让样品在每个位置上出现的概率相同或采用圆形摆放法。

6. 其他

还应为检验人员准备一杯温水，用于漱口，以便除去口中余味。

此外，感官评价的实验时间宜在饭后 2～3 h 内进行，以避免过饱或饥饿状态。并要求检验人员在实验前 30 min 内不得吸烟和吃刺激性强的食物。

六、食品感官检验常用的方法

食品感官检验的方法很多。在选择适宜的检验方法之前，首先要明确检验的目的和要求等。根据检验的目的、要求及统计方法的不同，常用的感官检验方法可以分为 3 类：差别检验法、标度与类别检验法和分析与描述性检验法。

（一）差别检验法

差别检验是要求检验人员对两个或两个以上的样品，得出是否存在感官差别的结论。差别检验通常不允许检验人员作出“无差异”的回答（即强制选择)，最后以作出不同结论的检验人员的数量及检验次数为基础，进行概率统计分析。常用方法有：两点检验法、三点检验法和“A—非 A”检验法等。

1. 两点检验法

两点检验法又称“成对检验法”或“配对检验法”，即以随机顺序同时出示两个样品给检验人员，要求检验人员对这两个样品进行比较，判断两个样品之间是否存在某种差异（差异识别）及其差异方向（如某些特征强度的顺序）的一种检验方法。这是最简单的一种感官检验方法。每次实验中，每个样品猜测性（有差别或无差别）的概率为 1/2。如果增加实验次数至 n 次，那么这种猜测性的概率将降低至 $1/2^n$。因此，在合理范围内应该尽可能增加实验次数。

2. 三点检验法

三点检验法又称“三角检验法”，即同时提供三个样品，其中两个是相同的，要求检验人员从中挑选出有差别的那个样品。

为使三个样品的排列次序、出现次数的概率相等，可运用以下 6 组组合：BAA、ABA、AAB、ABB、BAB、BBA。在检验时，6 组出现的概率也应相等。当检验人员人数不为 6 的倍数时，可舍去多余的样品组，或向每个检验人员提供 6 组样品作重复检验。

此法适用于鉴别两个样品的细微差异，如品质控制或检验仿制品，也可用于挑选和培训检验人员。

3. “A—非 A” 检验法

“A—非 A” 检验法即让检验人员熟悉样品 “A” 后，再将一系列样品提供给检验人员，其中有 “A” 也有 “非 A”，要求检验人员指出哪些是 “A”，哪些是 “非 A”。

此检验适用于确定由于原料、加工、处理、包装和储藏等各环节的不同所造成的产品感官特性的差异，特别适用于检验具有不同外观的样品，也适用于确定检验人员对一种特殊刺激的敏感性。

实际检验时，分发给每个检验人员的样品数应相同，但样品 “A” 的数目与样品 “非 A” 的数目不必相同。

（二）标度与类别检验法

标度与类别检验法是要求检验人员对两个以上的样品进行评价，判定出哪个样品好、哪个样品差以及样品之间的差异大小和差异方向，并以此排出差异排序，或将样品归划类别或等级的方法。选择何种方法进行数据分析，取决于实验目的及样品数量。常用方法有分类检验法、排序检验法和评分检验法。

1. 分类检验法

将样品以随机顺序出示给检验人员，让检验人员评价后，划出样品应属的预先定义的类别。统计每一个样品被划入每一类别的频数，然后用 x^2 检验比较两种或多种样品落入不同类别的分布，从而得出每一种样品应属的类别。

当对样品进行打分有困难时，可用此法评价样品的好坏差别，得出样品的优劣和级别。此法也可用于鉴定样品的缺陷等。

2. 排序检验法

排序检验法也称 “顺序检验法”，即比较数个样品，针对某一质量特征按其强度或嗜好程度排出顺序，但不评价样品之间差异的大小。实验中，根据检验结果按某种指标（如咸度、甜度、风味、喜爱等）按强弱排出顺序，并记上 1、2、3、4 等数字。此法具有简单并且能够同时判断两个以上样品的特点。

此法可用于进行消费者接受性调查及确定消费者嗜好顺序，选择或筛选产品，确定由于不同原料、加工工艺、包装等环节造成的对产品感官特性的影响，也可用于更精细的感官检验前的初步筛选。在评价少数样品（6 个以下）的复杂特征（如质地、风味等）或多数样品（20 个以上）的外观时，此法迅速而有效。

3. 评分检验法

评分检验法即要求检验人员把样品的质量特征以数字标度形式来评价。在评分法中，所使用的数字标度为等距标度或比率标度。它不同于其他检验方法的是所谓的绝对性判断，即根据检验人员各自的评价基准进行判断，它出现的粗糙评分现象可由增加检验人员人数来克服。

此法可同时评价一种或多种产品的一个或多个指标的强度及其差别，应用较为广泛，尤其适用于评价新产品。

检验前，首先应确定所使用的标度类型，使检验人员对每一个评分点所代表的意义有共同的认识。

例如，可用标尺法表示（见图 2-1），亦可用数值法，如非常喜欢=9、非常不喜欢=1 的 9 分制评分法。

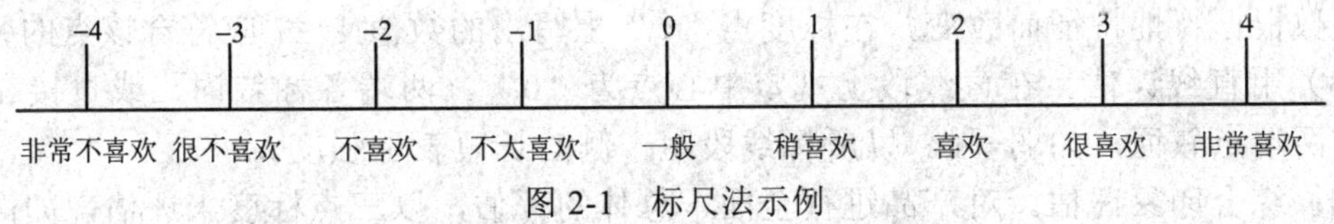

图 2-1　标尺法示例

（三）分析与描述性检验法

分析与描述性检验法要求检验人员对一个或多个样品的某些质量特征进行定性、定量的分析，从而得出样品各个特征的强度或样品的全部感官特征。常用方法为简单描述性检验法和定量描述性检验法。

1. 简单描述性检验法

简单描述性检验法即要求检验人员对构成样品质量特征的各个指标用合理、清楚的文字尽量完整、准确地进行定性的描述，以评价样品的质量。此法用于识别或描述某一特殊样品或许多样品的特殊指标，或将感觉到的特性指标建立一个序列。此法常用于质量控制，产品在储存期间的变化或描述已经确定的差异检测，也可用于培训检验人员。它通常有自由式描述和界定式描述两种评价形式。

（1）自由式描述：由检验人员用任意的词汇，对样品的特性进行描述。

（2）界定式描述：提供指标评价表，检验人员按评价表中列出的描述各种质量特征的专用词汇进行评价。例如，①色泽：深、浅、有杂色、有光泽、暗淡、苍白、褪色等；②风味：一般、正常、焦味、苦味、涩味、不新鲜味、金属味、腐味等；③口感：黏稠、粗糙、细腻、油腻、润滑、酥、脆等；④组织结构：致密、疏松、厚重、薄弱、易碎、断面粗糙、不规则、蜂窝状、层状等。

检验人员完成评价后进行统计，根据每一描述性词汇使用的频数得出评价结果，最后集中检验人员对评价结果作公开讨论。

2. 定量描述性检验法

定量描述性检验法要求检验人员对构成样品质量特征的各个指标的强度，进行完整、准确的评价。可在简单描述性检验所确定的词汇中选择适当的词汇，单独或结合地用于评价气味、风味、外观和质地。此法对质量控制、质量分析、确定产品之间差异的性质、新产品研制、产品品质的改良等最为有效，并且可以提供与仪器检验数据对比的感官参考数据。

进行定量描述性检验，通常有以下几种检验内容。

1）质量特性、特征的鉴定

这种鉴定就是用叙词或适当的词汇评价感觉到的特性特征。

2）感觉顺序的确定

感觉顺序的确定就是记录显现及察觉到的各质量特性、特征所出现的先后顺序。

3）特性特征强度评估

评估特性特征强度就是对所感觉到的每种质量特性、特征的强度作出评估。特性特征强度可由以下多种标度来评估。

（1）用数字评估。例如，不存在=0，很弱=1，弱=2，中等=3，强=4，很强=5。

（2）标度点“○”评估。在每个标度的两端写上相应的叙词，如弱、强。其中间级数或点数根据特性特征而改变，在标度点“○”上写出的数值 1～7 应符合该点的强度。

（3）用直线评估。在直线段上规定中心点为“0”，两端各标叙词，或直接在直线段规定两端点叙词，如弱-强。以所标线段距一侧的长短表示强度。

（4）综合印象评估。对产品进行全面、总体的评估，以三点标度来评估，如高=3、中=2、低=1。

（5）强度评估。例如，用“时间-感觉”强度曲线表现从感觉到样品刺激到刺激消失的感觉强度变化，如食品中的甜味、酸味、苦味等的感觉强度随时间的变化曲线。

【工作过程】

一、工作课时

要求本单元的“理论+实训”课时为“4+2”课时。

二、具体工作过程

罐头食品的感官检验过程如下。

1. 外观和外包装检验

检查容器的密封完整性，有无泄漏及胖听现象。容器外表有无锈蚀，开罐后的空罐内壁涂料有无脱落及腐蚀等。

2. 组织、形态与色泽检验

（1）将午餐肉罐头内容物倒入白瓷盘中，观察其组织、形态和色泽是否符合标准。

（2）在常温下将橘子罐头打开，先滤去汤汁，然后将内容物倒入白瓷盘中观察组织、形态和色泽是否符合标准。将汤汁倒在烧杯中，观察是否清亮透明，有无夹杂物及引起混浊的果肉碎屑。

（3）在室温下将苹果酱罐头打开后，用匙取果酱 20 g 置于干燥的白瓷盘上，在 1 min 内观察酱体有无流散和汁液分泌现象，并观察色泽是否符合标准。

3. 气味和滋味检验

（1）午餐肉罐头要检验其是否具有该产品应有的气味和滋味，观察有无异味。

（2）橘子罐头和苹果酱罐头要检验其是否具有与橘子和苹果相似的香味。

4. 结果评定

对照产品的感官指标，对实验样品进行感官评定并记录。午餐肉罐头、橘子罐头和苹果酱罐头的感官指标评价标准参见表 2-4～表 2-6。

表 2-4 午餐肉罐头的感官要求

项目	优级品	一级品	合格品
色泽	表面色泽正常；切面呈粉红色	表面色泽正常，无明显变色；切面呈淡粉红色，稍有光泽	表面色泽正常，允许带浅黄色；切面呈浅粉红色
滋味与气味	具有午餐肉罐头浓郁的滋味与气味	具有午餐肉罐头较好的滋味与气味	具有午餐肉罐头应有的滋味和气味
组织	组织紧密、细嫩，切面光洁；夹花均匀，无明显的大块肥肉、夹花和大蹄筋；富有弹性，允许存在极少量的小气孔	组织较紧密、细嫩，切面较光洁；夹花均匀，稍有大块肥肉、夹花或大蹄筋；有弹性，允许存在少量的小气孔	组织尚紧密，切片完整；夹花尚均匀；略有弹性，允许存在小气孔
形态	表面平整，无收腰，缺角不超过周长的 10%，接缝处略有黏罐	表面较平整，稍有收腰，缺角不超过周长的 30%，黏罐面积不超过管内壁总面积的 10%	表面尚平整，略有收腰，缺角不超过周长的 60%，黏罐面积不超过罐内壁总面积的 20%
析出物	脂肪和胶冻析出量不超过净含量的 0.5%；净含量为 198 g 的析出量不超过 1.0%；无析水现象	脂肪和胶冻析出量不超过净含量的 1.0%；净含量为 198 g 的析出量不超过 1.5%；无析水现象	脂肪和胶冻析出量不超过净含量的 2.5%；无析水现象

表 2-5 橘子罐头的感官要求

项目	优级品	一级品	合格品
色泽	囊胞呈金黄色至橙黄色；汤汁清	囊胞呈橙黄色至黄色，汤汁较清	囊胞呈黄色；汤汁尚清，允许有少量白色沉淀
滋味与气味	具有囊胞罐头应有的良好风味，无异味	具有橘子囊胞罐头应有的风味，无异味	具有橘子囊胞罐头应有的风味，无异味
组织形态	囊胞饱满，颗粒分明；橘核质量不超过固形物的 1%；破囊胞和瘪子质量不超过固形物的 10%	囊胞饱满，颗粒较分明；橘核质量不超过固形物的 2%；破囊胞和瘪子质量不超过固形物的 20%	囊胞尚饱满，颗粒尚分明；橘核质量不超过固形物的 3%；破囊胞和瘪子质量不超过固形物的 30%

表 2-6 苹果酱罐头的感官要求

项目	优级品	一级品	合格品
色泽	酱体呈红褐色或琥珀色，有光泽	酱体呈红褐色或琥珀色	酱体呈红褐色或黄褐色
滋味与气味	具有苹果酱罐头应有的滋味与气味，无异味	具有苹果酱罐头应有的滋味与气味，无异味	具有苹果酱罐头应有的滋味与气味，允许有轻微焦糊味
块状酱组织形态	酱体呈软胶凝状，徐徐流散；酱体保持部分块状，无汁液析出；无糖的结晶	酱体呈软胶凝状，徐徐流散；酱体保持部分块状，无汁液析出；无糖的结晶	酱体呈软胶凝状；酱体保持部分块状，允许有少量汁液析出；无糖的结晶
泥状酱组织形态	酱体细腻均匀，胶黏适度，徐徐流散；无汁液析出；无糖的结晶	酱体较细腻均匀，胶黏较适度，徐徐流散；无汁液析出；无糖的结晶	酱体尚细腻均匀；允许有少量汁液析出；无糖的结晶

三、操作注意事项

（1）进行感官检验时，通常先进行视觉检验，再依次进行嗅觉、味觉及触觉检验。

（2）在进行嗅觉检验时先识别气味淡的，后鉴别气味浓的，检验一段时间后，应休息一会儿。鉴别前禁止吸烟。

（3）在作味觉检验时，应按照刺激性由弱到强的顺序。每鉴别一种食品之后必须用温开水漱口，并注意适当的中间休息。

（4）感官评价的实验时间宜在饭后 2～3 h 内进行，避免过饱或饥饿状态。

【质量检测】

按照感官检验程序对三种罐头进行评价，评价过程独立完成，不能互相交换意见，要求评语准确、客观。感官评价结束后及时清洗实验用具并归位。

【知识与技能检测】

一、理论知识检测

1．说明食品感官检验的概念和感官检验的类型。

2．感觉是怎样产生的？它有哪些规律？

3．解释感觉阈、察觉阈值、识别阈值、极限阈值。

4．什么是感觉的适应现象、对比现象、协同效应、掩蔽现象？其对食品的感官评价有何影响？应如何避免？

5．说明各种感官评价在食品质量检验中的应用。

6．影响味觉、嗅觉的主要因素有哪些？应如何注意它们在食品感官评价中的影响？

7．食品感官评价的实验结果受那些因素的影响？怎样消除它们的不利影响？

8．进行食品的感官检验有哪些基本要求？

9．什么是差别检验法？它有哪些主要的方法？如何进行差别检验，请举例说明。

10．什么是排序检验法？如何进行排序检验，请举例说明。

11．如何选择和应用各种感官检验方法？

二、技能检测

蔗糖、氯化钠、柠檬酸、硫酸奎宁的味觉检验。

要求：

（1）通过实验学会判别基本味觉。

（2）掌握味觉检验的方法。

（3）将检验结果记录于表 2-7。

表 2-7　味觉实验记录

第　一　次		第　二　次	
试液号	味觉	试液号	味觉

学习情境三　食品的物理检验

工作任务一　牛乳相对密度的测定

【任务描述】

通过对牛乳相对密度的测定，让学生掌握密度瓶的正确使用方法和操作技能，同时掌握酒精计、波美计、锤度计和乳稠计的使用方法和数值的校正方法。

【作业质量要求】

（1）正确使用密度瓶。

（2）正确使用酒精计、波美计、锤度计和乳稠计。

（3）正确使用分析天平。

（4）正确称重与读数。

（5）遵守操作规程，操作现场整洁。

（6）正确执行安全技术操作规程。

【学习目标】

（1）了解食品物理检验的意义。

（2）掌握密度与相对密度的概念。

（3）理解液体食品与相对密度的关系。

（4）掌握相对密度的测定方法和测定原理。

【技能目标】

（1）掌握密度瓶的操作技能。

（2）掌握波美计、酒精计、锤度计和乳稠计的使用方法和操作技能。

【所需仪器和试剂】

使用的仪器主要有精密密度瓶（带温度计）和密度计。

【相关知识】

根据食品的相对密度、折光率、旋光度等物理常数与食品的组分含量之间的关系进行检测的方法即为食品的物理检测法。物理检测法是食品分析及食品工业生产中常用的检测方法之一。

一、物理检验的意义

相对密度、折光率和旋光度与物质的熔点和沸点一样，也是物理特性。由于这些物理特性的测定比较便捷，故它们是食品生产中常用的工艺控制指标，也是防止假冒伪劣食品进入市场的监控手段。通过测定液态食品的这些特性，可以指导生产过程，保证产品质量以及鉴别食品组成，确定食品浓度，判断食品的纯净程度及品质。

二、密度与相对密度

密度是指物质在一定温度下单位体积的质量，以符号 d 表示，其单位是 g/mL 或 g/cm^3。由于物质具有热胀冷缩的性质，密度值会随温度的改变而改变，因此密度应标示出测定时物质的温度，表示为 d_t。4 ℃时 1 cm^3 的水具有一个质量单位，即 4 ℃时水的绝对密度为 1 g/cm^3。物质在 20 ℃时的质量与同体积纯水在 4 ℃时的质量之比称为相对密度，以符号 d_4^{20} 表示。

$$d_4^{20}=\frac{20℃时物质的质量}{4℃时同体积水的质量}$$

当用密度计或密度瓶测定液体的相对密度时，以测定溶液对同温度水的密度比较方便，即通常测定液体在 20 ℃时对水在 20 ℃时的相对密度，以 d_{20}^{20} 表示。对于同一溶液而言，$d_{20}^{20}>d_4^{20}$，这是因为水在 4 ℃时的密度比在 20 ℃时大。d_{20}^{20} 和 d_4^{20} 之间可按下式换算：

$$d_4^{20}=d_{20}^{20}\times 0.998\ 23$$

式中　0.998 23——20 ℃时水的密度，g/cm^3。

水的密度与温度的关系见表 3-1。

表 3-1　水的相对密度与温度的关系

t（℃）	密度（g/mL）	t（℃）	密度（g/mL）	t（℃）	密度（g/mL）
0	0.999 868	11	0.999 623	22	0.997 797
1	0.999 927	12	0.999 525	23	0.997 565
2	0.999 968	13	0.999 404	24	0.997 323
3	0.999 992	14	0.999 271	25	0.997 071
4	1.000 000	15	0.999 126	26	0.996 81
5	0.999 992	16	0.998 97	27	0.996 539
6	0.999 968	17	0.998 801	28	0.996 259
7	0.999 929	18	0.998 622	29	0.995 971
8	0.999 876	19	0.998 432	30	0.995 673
9	0.999 808	20	0.998 23	31	0.995 367
10	0.999 727	21	0.998 019	32	0.995 052

同理，若测定时水的温度不在 20 ℃，而在 t ℃时，d_t^{20} 可换算为 d_4^{20} 的数据：

$$d_4^{20}=d_t^{20}\times d_t$$

式中　d_t——t ℃时水的密度，g/cm^3。

不同的液态食品均有其一定的相对密度，且其浓度或纯度发生改变时，其相对密度也随之改变。当液态食品的水分被完全蒸发至恒重时，所得到的剩余物质称为干物质或固形物，液态食品的相对密度与其固形物含量具有一定的数学关系。例如，蔗糖溶液的相对密度随蔗糖浓度的增加而增高；酒精溶液的相对密度随酒精浓度的增加而降低；牛乳掺水后因其总乳固体含量减少而使相对密度降低。因此，可通过测定液态食品的相对密度来检验食品的纯度、浓度以及可溶性固形物的含量。

三、密度测定的意义

密度是物质的重要物理常数，常作为某些食品如牛乳、白酒、食用植物油脂、蜂蜜等的质量指标，用以鉴别食品的纯度、浓度、新鲜度等。

下面列举了一些食品的相对密度情况。

（1）牛乳的相对密度与其脂肪含量、总乳固体含量有关，脱脂乳相对密度升高，掺水乳相对密度降低。正常牛乳的相对密度为 1.028～1.032。

（2）白酒掺水后酒精度下降，相对密度升高。酒精含量与相对密度的对应关系已被制成表格，只要测得相对密度就可由专门的表格查出其对应浓度（蔗糖水溶液浓度与相对密度的对应关系也已被制成表格，同样可查表得出其对应浓度）。

（3）纯蜂蜜浓度在 42°Bé 以上，掺水蜂蜜相对密度降低。

（4）油脂的相对密度与其脂肪酸的组成有密切关系，不饱和脂肪酸含量越高，脂肪酸不饱和程度越高，脂肪的相对密度越高；游离脂肪酸含量越高，相对密度越低。菜籽油的相对密度为 0.909 0～0.914 5，花生油相对密度为 0.911 0～0.917 5。

（5）鲜蛋的相对密度为 1.08～1.09，陈旧蛋则减轻，可用相对密度在 1.050～1.080 之间的阶梯食盐溶液来鉴别变质蛋、次蛋、新鲜蛋和最新鲜蛋。

此外，密度还可用于鉴别青豌豆成熟度、山核桃成熟度及葡萄干等产品质量的优劣。可见，测定相对密度是检验液体食品某些质量指标、食品是否变质或掺假的一种快速而有效的方法。

四、相对密度的检测方法

（一）密度瓶法

密度瓶（见图 3-1）具有一定的容积，在一定温度下，用同一密度瓶分别称量等体积的液态食品和蒸馏水的质量，两者之比即为液态食品的相对密度。

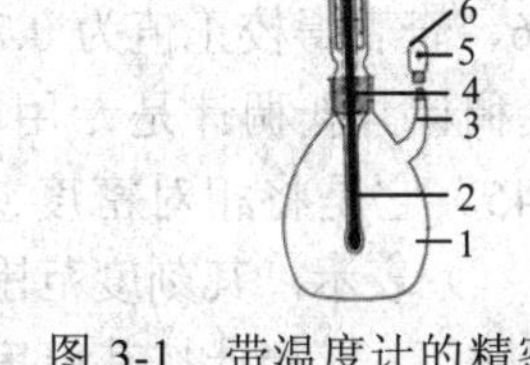

图 3-1　带温度计的精密密度瓶

1—密度瓶主体；2—温度计（0.1 ℃）；3—支管；4—磨口；5—支管磨口帽；6—出气孔

（二）密度计法

1. 实验原理

密度计是根据阿基米得原理制成的。结构分为三部分：头部呈球形或圆锥形，里面灌有铅珠、水银或其他重金属，使其能立于溶液中；中部是胖肚空腔，内有空气，故能浮起；尾部是一细长管，内附有刻度标记，刻度是利用各种不同密度的液体标度的。

2. 仪器

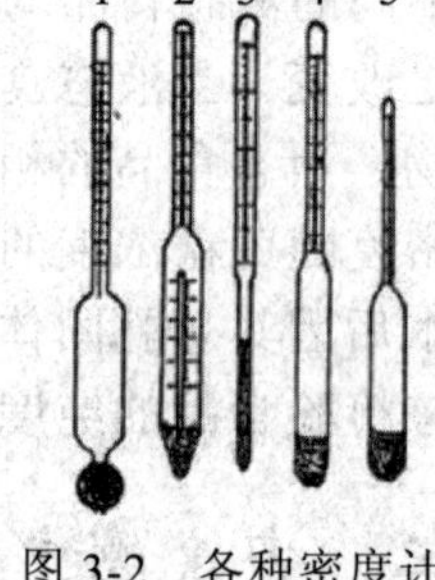

图 3-2　各种密度计

1—锤度计；2—附温锤度计；3、4—波美计；5—酒精计

食品工业中常用的密度计按其标度方法的不同，可分为波美计、酒精计、锤度计、乳稠计等，如图 3-2 所示。

（1）波美计。波美计是以波美度（以°Bé 表示）来表示液体浓度大小。按标度方法的不同分为多种类型，常用波美计的刻度方法是以 20 ℃为标准，在蒸馏水中为 0 °Bé；在 15%的氯化钠溶液中为 15 °Bé；在纯硫酸（相对密度为 1.842 7）中为 66 °Bé；其余刻度等分。

波美计分轻表和重表两种，分别用于测定相对密度小于 1 的和相对密度大于 1 的液体。

$$\text{轻表：}{}^\circ\text{Bé}=\frac{145}{d_{20}^{20}}-145\text{ 或 }d_{20}^{20}=\frac{145}{145+{}^\circ\text{Bé}}$$

$$\text{重表：}{}^\circ\text{Bé}=145-\frac{145}{d_{20}^{20}}\text{ 或 }d_{20}^{20}=\frac{145}{145-{}^\circ\text{Bé}}$$

（2）酒精计。酒精计按其测量范围可分为 0—30、30—60、60—100 三种，20 ℃下标示，从酒精计上可直接读数，表示酒精的体积分数。

当测定温度为 20 ℃时，读数即是酒精的体积分数。

当测定温度不为 20 ℃时，读数应校正：查酒精计温度换算表（见附表十三），换算为 20 ℃时酒精的实际浓度。例如，25.5 ℃时直接读数为 96.5%，查换算表，20 ℃时实际含量为 95.35%。

（3）锤度计。锤度计主要用来测定糖液中蔗糖的百分含量。20 ℃下标示，从锤度计上可直接读数，1 Bx 表示蔗糖的百分含量为 1%。

当测定温度为 20 ℃时，读数即是蔗糖的百分含量浓度。

当测定温度不在标准温度 20 ℃时，必须根据观测锤度温度改正表（见附表十四）进行校正：当测定温度高于 20 ℃时，因糖液体积膨胀导致相对密度减小，即锤度降低，故应加上相应的温度校正值；反之，则应减去相应的温度校正值。例如，在 17 ℃时观测锤度为 22，查附表得校正值为 0.18，则标准温度 20 ℃时糖锤度为 22−0.18=21.82（Bx）；在 24 ℃时观测锤度为 16，查表得校正值为 0.24，则标准温度 20 ℃时糖锤度为 16+0.24=16.24（Bx）。

（4）乳稠计。乳稠计是专用于测定牛乳相对密度的密度计，测量相对密度的范围为 1.015～1.045。它是将相对密度减去 1.000 后再乘以 1 000 作为刻度，以度（符号：数字右上角标“°”）表示，其刻度范围为 15°～45°。使用时把测得的读数按上述关系换算为相对密度值即可。乳稠计按其标度方法不同分为两种：一种是按 20°/4° 标定的，另一种是按 15°/15° 标定的。两者的关系是：

后者读数=前者读数+2

即

$$d_{15}^{15}=d_4^{20}+0.002$$

使用乳稠计时，若测定温度不是标准温度，应将读数校正为标准温度下的读数。对于 20°/4° 乳稠计，在 10～25 ℃范围内，温度每升高 1 ℃，乳稠计读数平均下降 0.2，即相当于相对密度值平均减小 0.000 2。故当乳温高于标准温度 20 ℃时，每高 1 ℃应在得出的乳稠计读数上加 0.2；若乳温低于 20 ℃时，则每低 1 ℃应减去 0.2。

例如，16 ℃时 20 ℃/4 ℃乳稠计读数为 31，换算为 20 ℃应为：

$$31-(20-16)\times0.2=31-0.8=30.2$$

即牛乳相对密度 $d_4^{20}=1.030\,2$，而 $d_{15}^{15}=1.030\,2+0.002=1.032\,2$。

又如，25 ℃时 20 ℃/4 ℃乳稠计读数为 29.8，换算为 20 ℃应为：

$$29.8+(25-20)\times0.2=29.8+1.0=30.8$$

即牛乳相对密度 $d_4^{20}=1.030\,8$，而 $d_{15}^{15}-1.030\,8+0.002=1.032\,8$。

若用 15 ℃/15 ℃乳稠计，其温度校正可查乳稠计读数换算表（见附表十一）。

例如，18 ℃时用 15 ℃/15 ℃乳稠计，测得读数为 30.6，查表换算为 15 ℃为 30.0，即牛乳的相对密度为 1.030 0。

更准确的校正应该使用乳稠计读数换算表（见附表十二）。

【工作过程】

一、工作课时

要求本单元的“理论+实训”课时为“4+2”课时。

二、具体工作过程

（一）用密度瓶法测定牛乳相对密度的工作过程

1. 称空瓶

先把密度瓶洗干净，再依次用乙醇、乙醚洗涤，烘干并冷却后，精密称重，得空瓶质量为 m_0。

2. 称牛乳

装满牛乳，盖上瓶盖，于 20 ℃的水中浸 30 min，使内容物的温度达到 20 ℃，用滤纸条吸去支管标线上的样液，盖上侧管帽后取出。用滤纸把瓶外擦干，置天平室内 30 min 后称重，得密度瓶和牛乳的质量 m_2。

3. 称蒸馏水

将样液倾出，洗净密度瓶，装入煮沸 30 min 并冷却到 20 ℃以下的蒸馏水，按上法操作。测出同体积蒸馏水和密度瓶的质量 m_1。

4. 牛乳相对密度的计算

$$d_{20}^{20}=\frac{m_2-m_0}{m_1-m_0}$$

$$d_4^{20}=d_{20}^{20}\times0.998\,23$$

式中　m_0——空密度瓶质量，g；

m_1——密度瓶和水的质量，g；

m_2——密度瓶和样品的质量，g；

0.998 23——20 ℃时水的密度，g/cm^3。

（二）用密度计法测定牛乳相对密度的工作过程

（1）将混合均匀的被测牛乳沿筒壁徐徐注入适当容积的清洁量筒中，注意避免起泡沫。

（2）将密度计洗净擦干，缓缓放入样液中，待其静止后，再轻轻按下少许，然后待其自然上升，静止并无气泡冒出后，从水平位置读取与液平面相交处的刻度值。

（3）同时用温度计测量样液的温度，如测得温度不是标准温度，应对测得值加以校正。

三、操作注意事项

1. 密度瓶法的操作注意事项

（1）密度瓶法适用于各种液体食品尤其是样品量较少的食品，对挥发性样品也适用，测定结果准确，但操作较烦琐。

（2）测定较黏稠的样液时，宜使用具有毛细管的密度瓶。

（3）水及样品必须注满密度瓶，并注意瓶内不得有气泡。

（4）不得用手直接接触已达恒温的密度瓶球部，以免液体受热流出。

（5）水浴中的水必须清洁无油污，以防瓶外壁被污染。

（6）天平室温度不得高于 20 ℃，以免液体膨胀流出。

2. 密度计法的操作注意事项

（1）根据被测溶液的相对密度或浓度的大小选择刻度范围适当的密度计。

（2）待测溶液要注满量筒，以便观察液面。量筒应与桌面垂直，密度计不能触及量筒内壁。

（3）拿取密度计时要轻拿轻放，非垂直状态下或倒立时不能手持尾部，以免折断密度计。

（4）待溶液气泡上升完毕、温度一定时方可读数。读数时视线应与液面保持水平。

（5）读数时，两眼平视，并与液面保持水平，观察液面所在处的刻度值，以弯月面下缘最低点为准；若液体颜色较深，不易看清弯月面下缘，则以观察弯月面两侧最高点为准，如图 3-3 所示。

（6）要同时测定溶液的温度，进行温度校正。

（7）密度计法不适用于极易挥发的样品的测定。

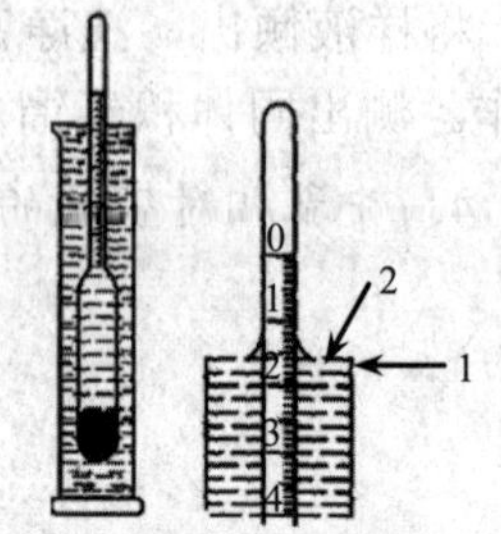

图 3-3　密度计读数示意图

1—视线；2—液面

【质量检测】

1. 工作过程检测

依照说明书，检查密度瓶与密度计在使用过程中是否严格按照操作说明使用。仪器使用完后及时清洗并归位，同时将操作现场清扫干净。

2．读数检测

读数时要求两眼平视，与液面保持水平，不得仰视或俯视读数。读数要准确。

【知识与技能检测】

一、理论知识检测

（一）填空题

1．密度是指______________________，相对密度（比重）是指______________________。

2．相对密度的测定方法有____________和____________。

3．乳稠计是专用于测定牛乳相对密度的密度计，按其标定方法不同分为两种，一种是按______标定的，另一种是按______标定的，两者的关系是__________________。

（二）单项选择题

1．物质在某温度下的密度与物质在同一温度下对 4 ℃水的相对密度的关系是（　　）

A．相等　　B．数值上相同　　C．可换算　　D．无法确定

2．下列仪器属于物理法所用的仪器是（　　）

A．烘箱　　B．酸度计　　C．比重瓶　　D．阿贝折光计

（三）简答题

1．相对密度的测定在食品理化检验与分析中有什么意义？密度瓶和密度计测定样品密度有什么区别？

2．密度计有哪些类型？各有什么用途？如何正确使用密度计？

3．温度变化对溶液的密度有什么影响？

4．简述密度瓶的测定步骤及使用注意事项。

5．简述密度计的测定步骤和使用注意事项。

二、技能检测

现有一罐牛乳，厂家怀疑牛乳掺水，请设计一实验验证牛乳是否掺水，并写出具体的实验步骤以及在实验过程中的注意事项。

工作任务二　果蔬汁中可溶性固形物含量的测定

【任务描述】

通过讲解原理及演示实验，让学生理解折光率与样品溶液浓度的关系，了解阿贝折光仪的结构组成和原理，掌握阿贝折光仪和手提折光仪的正确使用方法和操作技能。

【作业质量要求】

（1）正确校正并使用阿贝折光仪。

（2）正确校正并使用手提折光仪。

（3）遵守操作规程，保持操作现场整洁。

（4）正确执行安全技术操作规程。

【学习目标】

（1）了解测定折光率的意义。

（2）理解样品溶液浓度与折光率的关系。

（3）了解阿贝折光仪的结构、原理和校正方法。

（4）掌握阿贝折光仪和手提折光仪的使用方法。

【技能目标】

（1）掌握阿贝折光仪的操作技能。

（2）掌握手提折光仪的操作技能。

【所需仪器和试剂】

所需仪器和试剂有阿贝折光仪、手提折光仪、果蔬汁。

【相关知识】

通过测量物质的折光率来鉴别物质组成，确定物质的纯度、浓度及判断物质品质的方法称为“折光法”。在食品分析中，折光法主要用于油脂、乳品的分析和果汁、饮料中可溶性固形物含量的测定。

一、测定折光率的意义

折光率是物质的一种物理性质。它是食品生产中常用的工艺控制指标，通过测定液态食品的折光率，可以鉴别食品的组成，确定食品的浓度，判断食品的纯净程度及品质。

折光率可用于食用油的定性鉴定。各种油脂由一定的脂肪酸构成，每种脂肪酸均有其特定的折光率。含碳原子数目相同时，不饱和脂肪酸的折光率比饱和脂肪酸的折光率大得多；不饱和脂肪酸分子量越大，折光率也越大；酸度高的油脂折光率低，因此测定折光率可鉴别油脂的纯度和品质。油脂的折光率还与密度有关，密度大的油脂其折光率也高。

20 ℃时菜籽油的折光率为 1.471 0～1.475 5，40 ℃时棕榈油的折光率为 1.456～1.459，在菜籽油中掺入棕榈油后折光率降低。也可用折光仪来测定牛乳中乳糖的百分含量，正常牛乳乳清的折光率为 1.341 99～1.342 75，牛乳掺水后折光率降低，如折光率低于 1.341 28，即掺水无疑。

蔗糖溶液的折光率随浓度增大而升高。通过测定折光率可以确定糖液的浓度及饮料、糖水罐头等食品的糖度，还可以测定以糖为主要成分的果汁、蜂蜜等食品的可溶性固形物的含量。

当这些液态食品因掺杂、浓度改变或品种改变等原因而引起食品的品质发生了变化时，折光率常会发生变化，所以测定折光率可以初步判断某些食品是否正常。

二、折光率与样液浓度的关系

1. 光的折射现象

光线从一种透明介质射到另一种透明介质时会产生折射现象（见图 3-4），光的折射是由于光线在各种介质中的传播速度不同而造成的。

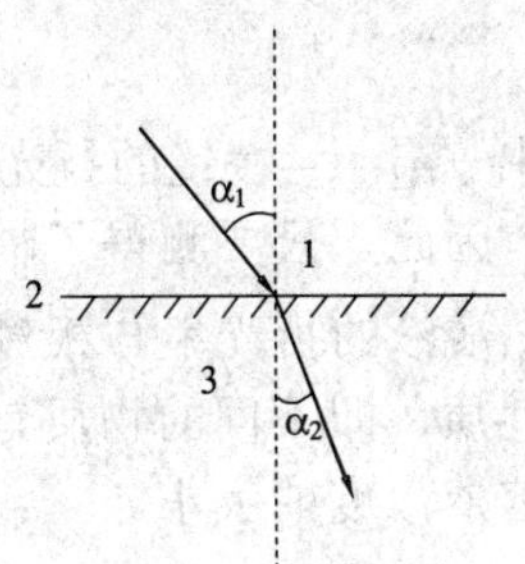

图 3-4　光的折射

1—光疏介质；2—交界面；3—光密介质

2. 折光率

无论入射角怎样改变，入射角正弦与折射角正弦之比恒等于光在两种介质中的传播速度之比，此值称为该介质的折光率（n）。

$$n=\frac{\sin\alpha_1}{\sin\alpha_2}=\frac{v_1}{v_2}$$

式中　v_1——光在第一种介质中的传播速度；

v_2——光在第二种介质中的传播速度；

α_1——入射角；

α_2——折射角。

3. 绝对折光率

光在真空中的速度 c 和在介质中的速度 v 之比叫做介质的绝对折光率，简称“折光率”，以 n 表示，即：

$$n=\frac{c}{v}$$

显然：

$$n_1=\frac{c}{v_1}\qquad n_2=\frac{c}{v_2}$$

式中　n_1——第一介质的绝对折光率；

n_2——第二介质的绝对折光率。

故折射定律可表示为

$$\frac{\sin\alpha_1}{\sin\alpha_2}=\frac{v_1}{v_2}=\frac{n_2}{n_1}$$

4. 反射与全反射

当光从光密介质射入光疏介质时，若当入射角增大到某一角度，使折射角达 90° 时，折射光完全消失，只剩下反射光，这种现象称为全反射（见图 3-5）。

使光发生全反射的入射角称为“临界角”。因为发生全反射时折射角等于 90°，

$$n_1\sin\alpha_1=n_2\sin\alpha_{临}$$

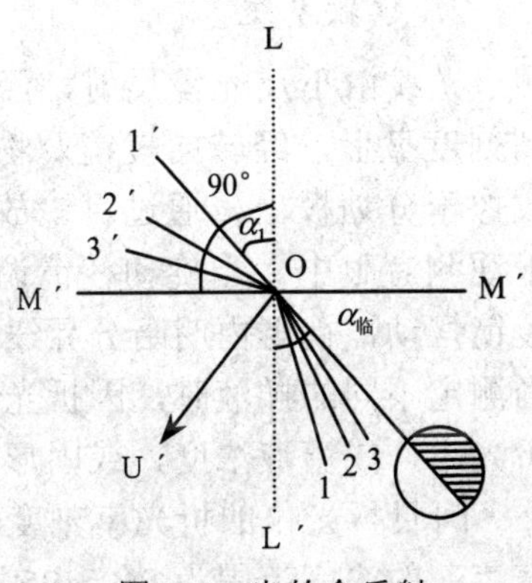

图 3-5　光的全反射

$$\sin\alpha_1=\sin 90^\circ=1$$

$$n_1=n_2\sin\alpha_{临}$$

式中　n_2——棱镜的折光率。

因此，只要测得了临界角 $\alpha_{临}$，就可求出被测样液的折光率 n_1。

溶液的折光率与相对密度一样，随着浓度的增大而递增。折光率的大小取决于物质的性质，即不同的物质有不同的折光率；对于同一种物质，其折光率的大小取决于该物质溶液浓度的大小。

三、折光仪的原理及常用折光仪

折光仪是利用光的全反射原理测出临界角而得出物质折光率的仪器，其中数字折光仪和自动温度补偿型手提折光仪比较先进。数字折光仪采用光传感器进行自动浓度测量，并通过内置的微信息处理器对温度误差进行自动校正，测量准确度高达±0.2%；自动温度补偿型手提折光仪则通过内置的机构进行温度补偿。我国食品工业中最常用的是阿贝折光仪和手提折光计，测定结果须进行温度校正（见附表十五）。

（一）阿贝折光仪

阿贝折光仪的构造如图 3-6 所示，其光学系统由观测系统和读数系统两部分组成。

1. 观测系统

光线由反光镜反射，经进光棱镜、折射棱镜及其间的样液薄层折射后射出，再经色散补偿器消除由折射棱镜及被测样品所产生的色散，然后由物镜将明暗分界线成像于分划板上，经目镜放大后成像于观测者眼中。

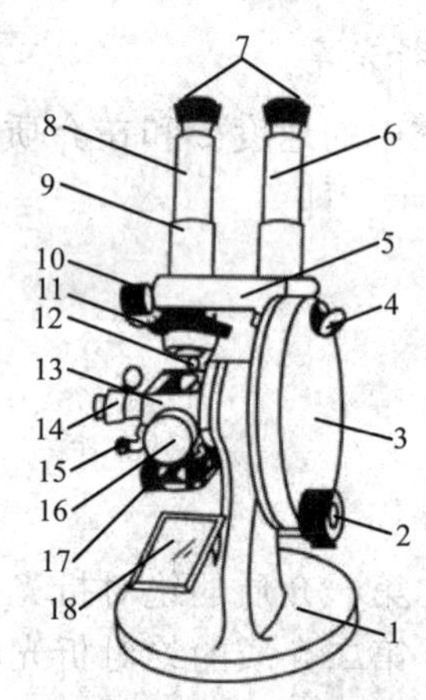

图 3-6　阿贝折光仪

1—底座；2—棱镜调节旋钮；3—圆盘组（内有刻度板）；4—小反光镜；5—支架；6—读数镜筒；7—目镜；8—观测镜筒；9—分界线调节旋钮；10—消色调节旋钮；11—色散刻度尺；12—棱镜锁紧扳手；13—棱镜组；14—温度计插座；15—恒温器接头；16—金属保护罩；17—主轴；18—反光镜

2. 读数系统

光线由小反光镜反射，经毛玻璃射到刻度盘上，经转向棱镜及物镜将刻度成像于分划板上，通过目镜放大后成像于观测者眼中。当旋动棱镜调节旋扭时棱镜摆动，视野内明暗分界线通过十字交叉点，表示光线从棱镜入射角达到了临界角。当测定不同的样液时，因折光率不同，故临界角的数值也不同，在读数镜筒中即可读取折光率，或糖液浓度，或固形物含量。

阿贝折光仪的折光率刻度范围为 1.300 0～1.700 0，测量精确度为±0.000 3，可测量糖溶液的浓度范围为 0%～95%（相当于折光率 1.333～1.531），测定温度为 10～50 ℃内的折光率。

（二）手提折光仪（手持测糖仪）

1. 结构

由棱镜、棱镜保护盖、橡胶握把、接目镜护罩等组成，如图 3-7 所示。

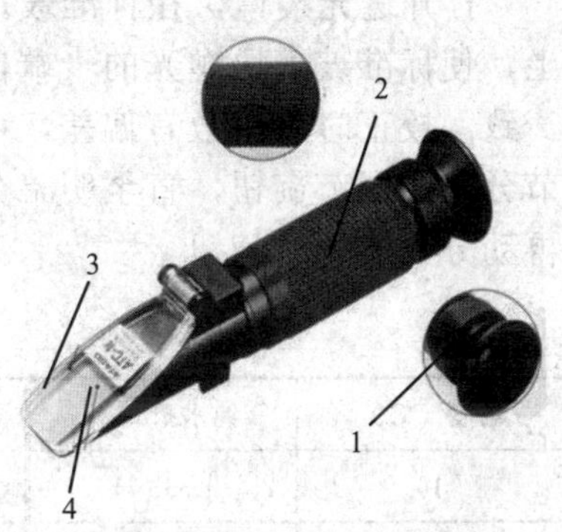

图 3-7　手提折光仪

1—接目镜护罩；2—橡胶握把；3—保护盖；4—棱镜

2. 使用方法

使用时打开棱镜保护盖，用擦镜纸仔细将折光棱镜擦净，取一滴蒸馏水置于棱镜上调节零点，用擦镜纸擦净。再取一滴待测样液置于棱镜上，将溶液均布于棱镜表面，合上保护盖，将光窗对准光源，调节目镜视度圈，使视场内分划线清晰可见，视场中明暗分界线相应读数即为样液糖量的百分数。

3. 测定范围

手提折光仪的测定范围通常为 0%～90%，分左右刻度，左刻度的刻度范围为 50%～90%，右刻度的刻度范围为 0%～50%。

当被测糖液浓度低于 50%时，旋转换档旋钮，使目镜半圆视场中的“0～50”可见，即可观测读数；若被测糖液浓度高于 50%时，旋转换档旋钮，使目镜半圆视场中的“50～80”可见，即可观测读数。

测量时若温度不是 20 ℃，应进行数值修正。修正的情况分为以下两种。

（1）仪器在 20 ℃调零而在其他温度下进行测量时，应进行校正，校正的方法是：温度高于 20 ℃时，加上相应校正值，即为糖液的准确浓度数值；温度低于 20 ℃时，减去相应校正值，即为糖液的准确浓度数值。

（2）仪器在测定温度下调零则不需要校正。操作方法是：测试纯蒸馏水的折光率，看视场中的明暗分界线是否对正刻线 0%，若偏离，则可用小螺丝刀旋动校正螺钉，使分界线正确指示 0%处，然后对糖液进行测定，读取的数值即为正确数值。

【工作过程】

一、工作课时

要求本单元的“理论+实训”课时为“2+2”课时。

二、具体工作过程

（一）用阿贝折光仪法测定果蔬汁中可溶性固形物含量的工作过程

1. 阿贝折光仪的校正

通常用测定蒸馏水折光率的方法进行校正，即在标准温度 20 ℃下，折光仪应表示出折光率为 1.332 99 或可溶性固形物为 0。若校正时温度不是 20 ℃，应查蒸馏水的折光率表（见表 3-2），以该温度下蒸馏水的折光率进行核准。对于高刻度值部分，用具有一定折光率的标准玻璃块（仪器附件）来校正，具体方法如下。

打开进光棱镜，在标准玻璃块的抛光面上滴上一滴溴化萘，将其粘在折射棱镜表面上，使标准玻璃块抛光的一端向下以接受光线，读出的折光率应与标准玻璃块的折光率一致。校正时若读数有偏差，可先使读数指示于蒸馏水或标准玻璃块的折光率值，再调节分界线调节旋钮，直至明暗分界线恰好通过十字交叉点。在以后的测定过程中，不能再动分界线调节旋钮。

表 3-2　蒸馏水的折光率表

温度（℃）	纯水折光率	温度（℃）	纯水折光率	温度（℃）	纯水折光率
10	1.333 71	17	1.333 24	24	1.332 63
11	1.333 63	18	1.333 16	25	1.332 53
12	1.333 59	19	1.333 07	26	1.332 42
13	1.333 53	20	1.332 99	27	1.332 31
14	1.333 46	21	1.332 90	28	1.332 20
15	1.333 39	22	1.332 81	29	1.332 08
16	1.333 32	23	1.332 72	30	1.331 96

2. 样品溶液测定

（1）用脱脂棉蘸取乙醇擦净两棱镜表面，挥干乙醇。滴 1～2 滴样液于下面棱镜的中央，迅速旋转棱镜锁紧扳手，调节小反光镜和反光镜至光线射入棱镜，使两镜筒内视野明亮。

（2）由目镜观察，转动棱镜旋钮，使视野呈现明暗两部分。

（3）旋转色散补偿器旋钮，使视野中只有黑白两色。

（4）旋转棱镜旋钮，使明暗分界线恰好通过十字线交叉点。

（5）在棱镜玻璃面上滴 2 滴果蔬汁，进行观测。

（6）在读数镜筒读出折光率或质量百分浓度。

（7）同时记录测定时的温度。

（8）打开棱镜，若所测定的是水溶性样液，用脱脂棉吸水将棱镜擦拭干净。

（二）用手提折光仪法测定果蔬汁中可溶性固形物含量的工作过程

（1）打开手提折光仪盖板，用干净的纱布或卷纸小心擦干棱镜玻璃面。

（2）在棱镜玻璃面上滴 2 滴蒸馏水，盖上盖板。

（3）于水平状态，从接眼部处观察，检查视野中明暗交界线是否处在刻度的零线上。若与零线不重合，则旋动刻度调节螺旋，使分界线面刚好落在零线上。

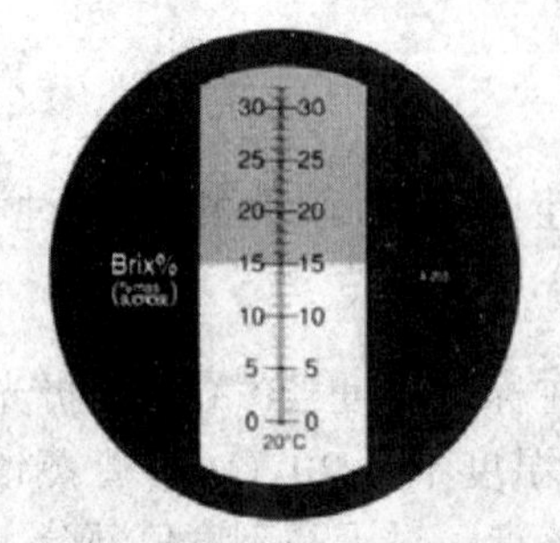

图 3-8　手提折光仪视野示意图

（4）打开盖板，用纱布或卷纸将水擦干，然后如上法在棱镜玻璃面上滴 2 滴果蔬汁，进行观测。视野中明暗交界线上的刻度（见图 3-8），即为果蔬汁中可溶性固形物含量（%）（糖的大致含量）。

三、操作注意事项

1. 阿贝折光仪的操作注意事项

（1）折光仪上的刻度是在标准温度 20 ℃下刻制的，因此折光率测定最好在 20 ℃下进行。若测定温度不是 20 ℃，应对测定结果进行温度校正。随着温度的升高，溶液的折光率减小；温度降低，则折光率增大。因此，当测定温度高于 20 ℃时，应加上校正数；低于 20 ℃则减去校正数。例如，在 25 ℃下测得果汁的可溶性固形物含量为 15%，查糖液折光锤度温度改正表（见附表十五）得校正值为 0.37，则该果汁可溶性固形物的准确含量为 15%+0.37%=15.37%。

（2）仪器应放在干燥、空气流通的室内，防止受潮后光学零件发霉。

（3）仪器使用完毕须进行清洁，挥干后放入贮有干燥剂的箱内，防止湿气和灰尘侵入。

（4）严禁油手或汗手触及光学零件，如光学零件不清洁，先用汽油后用二甲苯擦干净。切勿用硬质物料触及棱镜，以防损伤。

（5）仪器应避免强烈振动或撞击，以免光学零件损伤而影响精度。

2. 手提折光仪的操作注意事项

（1）测量前将棱镜盖板、折光棱镜清洗干净并拭干。

（2）滴在折光棱镜面上的液体要均匀分布在棱镜面上，并保持水平状态合上盖板。

（3）使用换档旋钮时应旋到位，以免影响读数。

（4）要对仪器进行校正才能得到正确结果。

【质量检测】

1. 工作过程检测

在使用阿贝折光仪和手提折光仪前要先进行校正，使用过程按照操作说明书进行，不得有违规操作。实验过程保持现场整洁，仪器使用完后及时清洗并归位。

2. 实验数据检测

实验数据处理合理、准确。实验报告书写合理、规范，结果评价准确，能够反应样品的真实情况。

【知识与技能检测】

一、理论知识检测

1. 折光法是通过____________________的分析方法。它测得的成分是____________含量。常用的仪器有____________。

2. 绝对折光率是指光线在空气（真空）中传播的速度与在其他介质中传播速度的（　　）。

A．比值　　　B．差值　　　C．正弦值　　　D．平均值

3．说明折光法在食品分析中的应用。

4．简述用阿贝折光仪测定折光率的操作步骤。

二、技能测定

用阿贝折光仪测定番茄酱中可溶性固形物的含量。

工作任务三　味精纯度的测定

【任务描述】

味精的主要成分是L-谷氨酸钠，其分子中具有不对称碳原子，故具有旋光性，可用旋光仪测定其旋光度，计算味精中谷氨酸钠的百分含量。通过原理讲解和旋光仪使用的操作演示，使学生掌握旋光仪的使用方法和操作技能。

【作业质量要求】

（1）正确使用自动旋光仪。

（2）遵守操作规程，保持操作现场整洁。

（3）正确执行安全技术操作规程。

【学习目标】

（1）了解旋光法的测定原理。

（2）了解旋光度、比旋光度和变旋光作用的概念。

（3）掌握自动旋光仪的使用方法。

【技能目标】

掌握旋光仪的操作技能。

【所需仪器和试剂】

需用仪器有WZZ-2B自动旋光仪和温度计。

【相关知识】

用旋光仪测量旋光性物质的旋光度以确定其含量的分析方法称“旋光法”。在食品分析中，旋光法主要用于糖品、味精、氨基酸的分析以及谷类食品中淀粉含量的测定，其准确性和重现性均较好。

一、概述

1．自然光与偏振光

光是一种电磁波，是横波，即光波的振动方向与其前进方向互相垂直。自然光有无数个与光线前进方向互相垂直的光波振动面。若光线前进的方向是由纸内指向纸外，则与之互相垂直的光波振动平面可表示为图3-9中的左图，图中箭头表示光波振动方向。

若使自然光通过尼克尔棱晶，由于尼克尔棱镜只能让振动面与尼克尔棱镜光轴平行的光波通过，所以通过尼克尔棱镜的光只有一个与光线前进方向垂直的光波振动面，如图 3-9 中的右图。这种只在一个平面上振动的光叫偏振光。

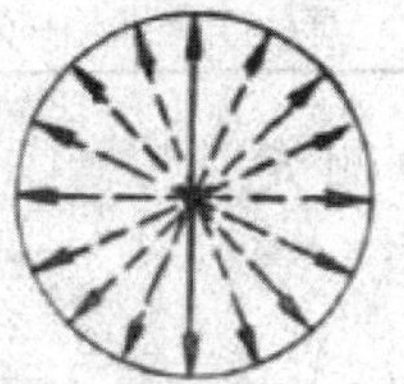

图 3-9　自然光与偏振光

2. 旋光性

具有光学活性的物质，由于其分子结构的不对称而使分子和镜像不能叠合，当偏振光通过这一类物质时，偏振面旋转了一个角度。偏振面向右旋转为右旋（+）物质，反之为左旋（–）物质。光学活性物质的这种性质称旋光性。许多食品成分如单糖、低聚糖、淀粉以及大多数氨基酸和羟酸等均具旋光性。旋光法就是利用专门的仪器（旋光仪）测量偏振面向右或向左旋转的角度数来求出旋光性物质的含量。

3. 旋光度与比旋光度

偏振光通过光学活性物质的溶液时，其振动平面所旋转的角度叫做该物质溶液的旋光度，以 α 表示：

$$\alpha=KcL$$

式中　K——比例常数；

c——样液浓度，g/mL；

λ——样液厚度或旋光管长度，dm；

α——旋光度。

当旋光性物质的浓度为 1g/mL、液层厚度为 1dm 时所测得的旋光度称为“比旋光度”，表示为 $[\alpha]_\lambda^t$。

$$[\alpha]_\lambda^t=\frac{100\alpha}{Lc} \quad 或\ c=\frac{100\alpha}{[\alpha]_\lambda^t\times L}$$

式中　$[\alpha]_\lambda^t$——比旋光度；

t——测定温度，℃；

λ——光源波长，nm；

α——旋光度；

L——液层厚度或旋光管长度，dm；

c——样液浓度，g/mL。

在一定条件下比旋光度是已知的，故测得了旋光度就可计算出旋光质溶液中的浓度。

比旋光度与光的波长及测定温度有关。通常规定用钠光 D 线（波长 589.3 nm）在 20℃时测定，在此条件下，比旋光度用 $[\alpha]_D^{20}$ 表示。几种主要糖类的比旋光度见表 3-3。

表 3-3　糖类的比旋光度

糖　类	$[\alpha]_D^{20}$	糖　类	$[\alpha]_D^{20}$	糖　类	$[\alpha]_D^{20}$	糖　类	$[\alpha]_D^{20}$
葡萄糖	+52.3	转化糖	−20.0	乳　糖	+53.3	糊　精	+194.8
果　糖	−92.5	蔗　糖	+66.5	麦芽糖	+138.5	淀　粉	+196.4

二、旋光度的测定

（一）旋光仪

旋光仪的构造如图 3-10 所示。

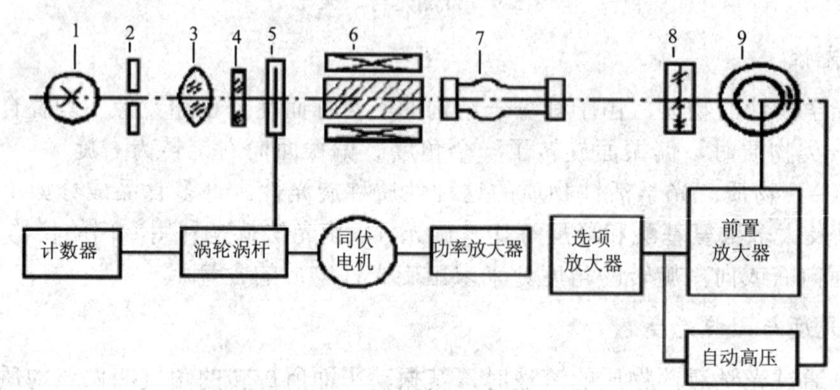

图 3-10　WZZ-2 型自动旋光仪工作原理

1—光源；2—小孔光栏；3—物镜；4—滤色片；5—起偏镜；
6—磁旋线圈；7—试样；8—检偏镜；9—光电倍增管

（二）旋光度在食品检验中的应用

具有旋光性的物质刚配制成溶液后，旋光度逐渐增加或减少，最后达到一个恒定值，此现象称“变旋光作用”。这是由于有的糖（如葡萄糖、果糖、乳糖、麦芽糖等）存在两种异构体，即 α 型和 β 型，它们的比旋光度不同。这两种环形结构及中间的开链结构在构成一个平衡体系过程中，即显示变旋光作用。蜂蜜、葡萄糖等含还原糖的样品，在通常的分析条件下，会发生变旋光作用。

【工作过程】

一、工作课时

要求本单元的“理论+实训”课时为“2+2”课时。

二、具体工作过程

用旋光法测定味精纯度的工作过程如下。

1. 味精溶液的配制

准确称取于（98±1）℃干燥 5 h 的味精样品 10.000 g，加 20 mL 蒸馏水溶解，搅拌均匀后加入 40 mL 浓盐酸（1+1），使其全部溶解，冷却至室温，用水定容至 100 mL。混匀备用。

2. 试样测定

（1）用少量味精溶液洗涤旋光管 3 次，然后注满旋光管，旋紧两端的螺帽（以不漏为准），把旋光管内的气泡排至旋光管的凸出部分，擦干管外壁。

（2）打开电源，稳定后校正零点。

（3）将旋光管放入旋光仪内测定旋光度。

（4）记录旋光度的读数，并记录样液的温度。

3. 味精纯度的计算

$$w=\frac{\alpha\times 100}{[25.16+0.047\times(20-t)]\times L\times m}\times 100\%$$

式中　w—— 味精纯度，%；

α——实测试液的旋光度；

t——测量时样液的温度，℃；

L——旋光管的长度，dm；

m——味精样品的质量，g；

25.16——谷氨酸钠的比旋光度；

0.047——温度校正系数。

三、操作注意事项

（1）温度对旋光度有很大影响，如测定时样品溶液的温度不是 20 ℃，应进行矫正。

（2）淀粉中除了蛋白质对测定结果有影响外，其他可溶性糖及糊精均有影响，用此法测定淀粉含量时应充分注意。

（3）蔗糖样品中若蔗糖是唯一光学活性物质，用一次旋光法可得到满意的分析结果；若样品中含有较多的其他光学活性物质，如葡萄糖（+52.5°）、果糖（−92.5°）等，则应采用二次旋光法。

（4）应用旋光法测定时，样品配成溶液后，宜放置过夜再行读数。若需立即测定，可将中性溶液（pH 值为 7）加热至沸后再稀释定容；若溶液已经稀释定容，则可加入碳酸钠干粉直至石蕊试纸刚显碱性。在碱性溶液中变旋光作用迅速，很快达到平衡。为了解变旋光作用是否完成，应每隔 15～30 min 进行一次旋光度读数，直至读数恒定为止。但需注意，微碱性溶液不可放置过久，温度也不可太高，以免破坏果糖。

【质量检测】

1. 工作过程检测

自动旋光仪在使用前须预热。校正完成后进行样品测定，同时记录样品溶液的温度。测定结束后，及时清洗旋光管，归位。

2. 实验数据检测

实验数据处理合理、准确；实验报告书写合理规范，结果评价准确，能够反应样品的真实情况。

【知识与技能检测】

一、理论知识检测

（一）填空题

1. 旋光法是利用________测量旋光性物质的旋光度而确定被测成分含量的分析方法。

2. 当旋光物质溶液的质量浓度为 1g/ mL，L=1 dm 时，所测得的旋光度为_______，用符号_______表示

3. 比旋光度具有右旋性时，表示的符号为_________，具有左旋性时，表示的符号为_______。

（二）简答题

1. 简述旋光度、比旋光度和变旋光作用的概念。
2. 影响旋光度的因素有哪些？
3. 旋光物质的左旋和右旋是如何定义和划分的？

二、技能检测

用自动旋光仪测定白砂糖中蔗糖分含量并写出计算公式。

工作任务四　脱脂牛乳黏度的测定

【任务描述】

通过对毛细管黏度计和旋转黏度计结构的讲解以及实验的演练，使学生了解测定液态食品黏度的操作原理，掌握旋转黏度计的使用方法和操作技能。

【作业质量要求】

（1）正确使用旋转黏度计。
（2）遵守操作规程，保持操作现场整洁。
（3）正确执行安全技术操作规程。

【学习目标】

（1）了解黏度测定的意义。
（2）掌握黏度的分类和测定方法。
（3）了解毛细管黏度计的使用方法。
（4）掌握旋转黏度计的使用方法和测定原理。

【技能目标】

（1）掌握旋转黏度计的操作技能。
（2）了解黏度计维护的技能。

【所需仪器和试剂】

1. 实验仪器

旋转黏度计（见图 3-11，测量范围为 0.01～100 Pa・s）。

2. 实验试剂

脱脂牛乳等。

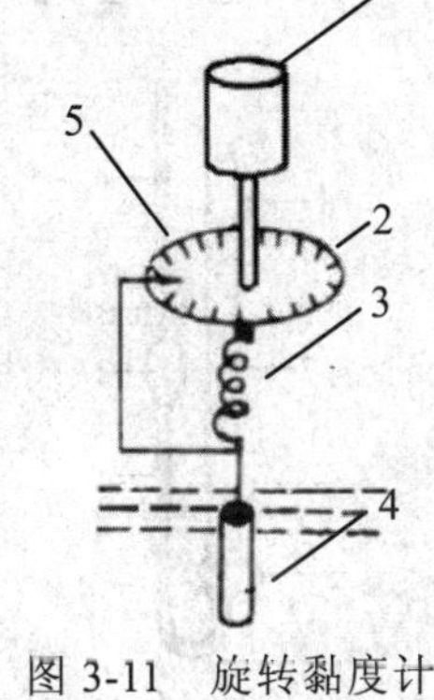

图 3-11　旋转黏度计

1—同步电机；2—刻度圆盘；3—游丝；4—转子；5—指针

【相关知识】

一、黏度的概念与分类

（一）黏度的定义

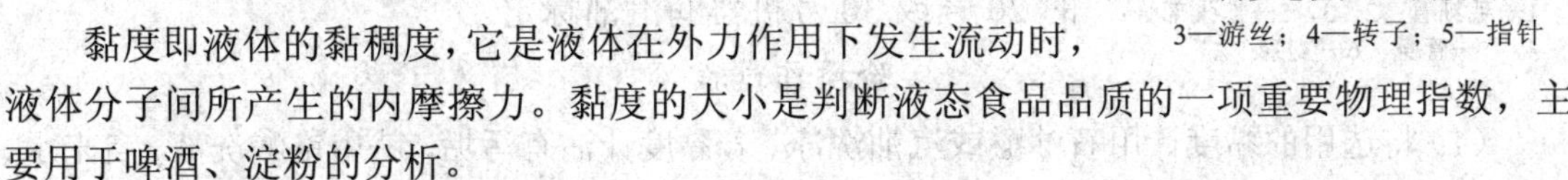

黏度即液体的黏稠度，它是液体在外力作用下发生流动时，液体分子间所产生的内摩擦力。黏度的大小是判断液态食品品质的一项重要物理指数，主要用于啤酒、淀粉的分析。

（二）黏度的分类

黏度分为绝对黏度、运动黏度和条件黏度。

1. 绝对黏度

绝对黏度也称“动力黏度”，以 η（μ）表示，是指液体以 1cm/s 的流速流动时，在每平方厘米液面上所需切向力的大小，以帕・秒（Pa・s）为单位。

$$1\ \text{Pa}\cdot\text{s}=10\ \text{g/(cm}\cdot\text{s)}$$

2. 运动黏度

运动黏度也称动态黏度，以 v 表示，是指在相同温度下液体的绝对黏度与其密度的比值，以平方米每秒（m^2/s）为单位。

$$1\ \text{m}^2/\text{s}=10^4\ \text{cm}^2/\text{s}=10^{3}\ \text{Pa}\cdot\text{s}\cdot\text{cm}^3/\text{g}$$

3. 条件黏度

条件黏度是在规定温度下，在指定的黏度计中，一定量液体流出的时间或将此时间与规定温度下同体积水流出时间之比。相对黏度是在 t ℃时液体的绝对黏度与另一液体的绝对黏度之比，用以比较的液体通常是水或适当的液体。

黏度的大小随温度的变化而变化。温度愈高，黏度愈小。纯水在 20 ℃时的绝对黏度为 10^{-3} Pa·s。

测定液体黏度可以了解样品的稳定性，亦可揭示物质的量与其相应的浓度。黏度的数值有助于解释生产、科研的结果。

二、黏度的检测方法

黏度的测定方法按测试手段分为毛细管黏度计法、旋转黏度计法等。本次任务只介绍毛细管黏度计法和旋转黏度计法。

（一）毛细管黏度计法

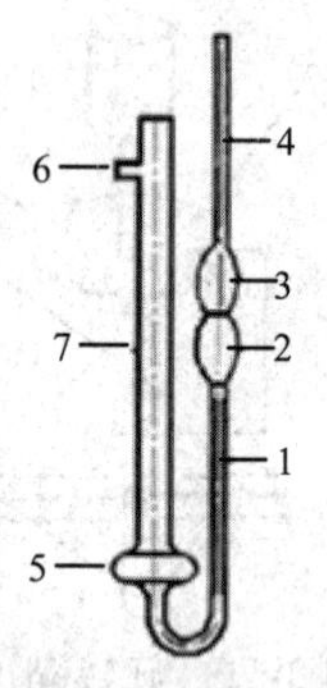

图 3-12 毛细管黏度计

1—毛细管；2，3，5—扩张部分；4，7—管身；6—支管

运动黏度通常用毛细管黏度计来进行测定，在食品检验中，常用于啤酒等液态食品黏度的测定，也可用于啤酒生产过程中麦汁黏度的测定。

1. 实验原理

由样液通过一定规格的毛细管所需的时间求得样液的黏度。

常用的毛细管黏度计如图 3-12 所示。其毛细管内径有 0.8 mm、1.0 mm、1.2 mm、1.5 mm 等 4 种。不同的毛细管黏度计有其不同的黏度常数，若无黏度常数时可用已知黏度的纯净的 20 号或 30 号机器润滑油标定。

2. 实验操作过程

（1）将选用的黏度计用石油醚或汽油洗净。若黏度计沾有污垢，就用铬酸洗液、自来水、蒸馏水和乙醇依次洗涤，然后放入烘箱中烘干，或用通过棉花过滤的热空气吹干，备用。

（2）在毛细管黏度计支管 6 上套上橡皮管，并用手指堵住管口，同时倒置黏度计，将管身 4 插入样液中，用吸耳球从支管 6 的橡皮管中将样液吸到上标线处，注意不要使管身扩张部分 3 中的样液出现气泡或裂隙（如出现气泡或裂隙需重新吸入样液），迅速提起黏度计并使其恢复至正常状态，同时擦掉管身管端外壁所黏附的多余样液，并从支管上取下橡皮管套在管身的管端上。

（3）把盛有样液的黏度计浸入预先准备好的（20±0.1）℃恒温水浴中，使其扩张部分 2 和 3 完全浸没在水浴中，将其垂直固定在支架上。

（4）恒温 10 min 后，用吸耳球从管身的橡皮管中将样液吸起吹下搅拌样液，然后吸起样液使充满扩张部分 3，使下液面稍高于上标线。

（5）取下吸耳球，观察样液的流动情况。当液面正好到达上标线时，立即按下秒表计时，待样液继续流下至下标线时，再按下秒表停止计时。

（6）重复操作 4～6 次，记录每次样液流经上、下标线所需的时间。

3. 计算公式

$$v_{20} = Kt_{20}$$

式中 v_{20}——20 ℃时样液的运动黏度，cm^2/s；

K——黏度计常数，cm^2/s^2；

t_{20}——样液平均流出时间，s。

4. 操作注意事项

粮食黏度的测定也多采用毛细管黏度计法。方法是将粉碎的试样在微沸状态下充分糊化，过滤后在 50 ℃条件下测定糊化液的黏度。

（二）旋转黏度计法

旋转黏度计的实验原理如下所述。

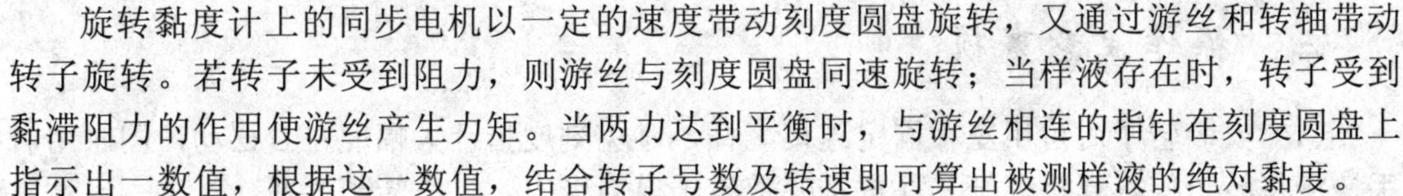

旋转黏度计上的同步电机以一定的速度带动刻度圆盘旋转，又通过游丝和转轴带动转子旋转。若转子未受到阻力，则游丝与刻度圆盘同速旋转；当样液存在时，转子受到黏滞阻力的作用使游丝产生力矩。当两力达到平衡时，与游丝相连的指针在刻度圆盘上指示出一数值，根据这一数值，结合转子号数及转速即可算出被测样液的绝对黏度。

【工作过程】

一、工作课时

要求本单元的“理论+实训”课时为“2+2”课时。

二、具体工作过程

用旋转黏度计法测定脱脂牛乳黏度的工作过程如下。

（1）调节仪器水平。调整仪器的水平调节螺丝，使仪器处于水平状态。根据检测容器的高低，转动仪器升降夹头旋钮使仪器升降至合适的高度，然后用六角螺纹扳头紧固升降夹头。

（2）安装转子。估算被测脱脂牛乳的黏度范围，根据表 3-4 选择适当的转子及转子转速，小心安装仪器的连接螺杆。

（3）测定脱脂牛乳时把样品浸入直径不小于 70 mm 的烧杯或试筒（仪器自备），使转子尽量置于容器中心部位并浸入待测样品直至液面达到转子的标志刻度为止。选择合适的转速，接通电源开始检测。

（4）读取黏度数据。待转子在样液中转动一定时间、指针趋于稳定时，压下操作杆，同时中断电源，使指针停留在刻度盘，读取刻度盘中指针所指示的数值。当读数过高或过低时，可通过调整测定转速或转子型号，使刻度数值落在 30～90。

（5）脱脂牛乳黏度的计算公式为

$$\eta = ks$$

式中　η——绝对黏度，Pa·s；

s——圆盘指针指示数值；

k——换算系数（见表 3-4）。

表 3-4　换算系数

换算系数 转数 / 转子号	60	30	12	6
0	0.1	0.2	0.5	1.0
1	1	2	5	10
2	5	10	25	50
3	20	40	100	200
4	100	200	500	1000

三、操作注意事项

（1）安装转子时可用左手固定连接螺杆，避免刻度指针大幅度左右摆动，同时用右手慢慢将转子旋入连接螺杆，注意不要使转子横向受力，以免转子弯曲。

（2）需选用仪器配备的试筒检测样品，可按以下操作：安装转子后，用套筒固定螺丝把固定套筒装于黏度计刻度下方，把一定量样品倒入测试筒，然后将装有样品的测试筒垂直向上套入固定套筒，通过螺丝使之与固定套筒相连接，即可进行黏度测定。

（3）量程、系数、转子及转速的选择可按下列方法进行：先估计被测液体的黏度范围，然后根据量程表选择适当的转子和转速，原则是高黏度的液体选用小转子和慢转速，低黏度的液体选用大转子和快转速。

（4）黏度测定时应保证液体的均匀性，测定前应将转子浸于被测液体足够长的时间，使其与被测液体温度一致，以获得较精确的数值。

（5）装上“0”号转子后不得在无液体的情况下“旋转”，以免损坏轴尖。

（6）每次使用完毕后应及时清洗转子（不得在仪器上进行转子清洗），清洗后转子要妥善安放于转子架中。

（7）不得随意拆动、调整仪器的零件，不要自行加注润滑油。

【质量检测】

1．工作过程检测

旋转黏度仪在使用前要先调整水平，并确定转子的型号。在测定过程中要保证液体的均匀性。测定结束后，及时清洗转子并将其归位。

2．实验数据检测

实验数据处理合理、准确；实验报告书写合理、规范，结果评价准确，能够反应样品的真实情况。

【知识与技能检测】

一、理论知识检测

1．黏度是指______________________________。黏度可分为__________、__________和__________。

2．黏度的测定方法按测试手段分为__________、__________和__________等。

3．说明液态食品黏度的测定有哪几种类型？

4．要提高液态食品黏度测定的准确性，实验操作过程中应注意哪些事情？

5．如何维护旋转黏度计？

二、技能检测

使用毛细管黏度计来检测啤酒黏度，写出具体操作步骤以及实验过程中的注意事项。

学习情境四　食品中水分含量的测定

工作任务一　乳粉、味精、香辛料中水分含量的测定

【任务描述】

通过对不同食品中水分含量的检测，了解不同水分检测方法的差异和使用范围，掌握干燥箱和干燥器的正确使用方法，同时掌握直接干燥法、减压干燥法及蒸馏法的操作技能。

【作业质量要求】

（1）正确使用天平称量样品。

（2）正确使用干燥箱和干燥器。

（3）正确使用减压干燥装置。

（4）正确进行恒重操作。

（5）遵守操作规程，保持操作现场整洁。

（6）正确执行安全技术操作规程。

【学习目标】

（1）理解蒸发、干燥、恒重的概念和知识。

（2）掌握天平称量操作，熟练掌握干燥箱、干燥器的正确使用方法。

（3）掌握减压干燥法以及蒸馏法测定水分的操作方法。

（4）熟练掌握常压烘箱干燥法测定水分的操作技能。

【技能目标】

能够熟练掌握常压干燥法测定食品中水分含量的操作技能。

【所需仪器和试剂】

使用的仪器有常压干燥箱、干燥器、减压干燥装置和水分测定器。

【相关知识】

一、水在食品中的作用

水是维持动植物和人类生存必不可少的物质之一。它不但是生物体内化学反应的介质，本身也是生物化学反应的反应物。水还是动物体内各器官、肌肉、骨骼的润滑剂，是体内物质运输的载体，没有水就没有生命。

二、水分的存在状态

根据食品中水分的存在状态，可将食品中的水分为结合水和自由水。

1. 结合水

结合水又称“束缚水”、“固定水”，通常是指存在于溶质或其他非水组分附近的、与溶质分子之间通过化学键结合的那部分水。根据被结合的牢固程度的不同，结合水也有几种不同的形式：化合水、邻近水和多层水。

结合水的量与食品中有机大分子的极性基团的数量有比较固定的比例关系，它不易结冰（冰点约为-40 ℃），不能作为溶质的溶剂。

2. 自由水

自由水又称“体相水”，是指没有被非水物质化学结合的水。它又可分为三类：不移动水或滞化水、毛细管水、自由流动水。自由水与组织结合松散，所以很容易用干燥法从食品中分离出去，同时，此类水能为微生物所利用。

三、水分测定的意义

控制食品的水分含量，对于保持食品良好的感官形状，维持食品中各组分的平衡关系，保证食品具有一定的保存期，都起着重要作用。此外，测定生产原料中的水分含量，对于它们的品质和保存，进行成本核算，提高经济效益等均有重大意义。

四、测定方法

（一）干燥法

在一定的温度和压力下，通过加热方式将样品中的水分蒸发完全并根据样品加热前后的质量差来计算水分含量的方法，称为干燥法。

1. 干燥法的前提条件

应用干燥法测定水分的样品应当符合下述三个条件。

（1）水分是样品中唯一的挥发物质。这是因为食品中挥发组分的损失会造成测量误差，如醋酸、丙酸、丁酸、醇、酯和醛等。

（2）可以较彻底地去除水分。如果食品中含有较多的胶态物质，就很难通过直接干燥法来排除水分。

（3）在加热过程中，如果样品中其他组分之间发生化学反应，由此而引起的质量变化可以忽略不计。在分析过程中，样品中的水分含量与干燥温度和持续的时间有关，但当干燥时间持续太久、温度太高时，食品中其他的组分就会产生分解。水分检测存在的主要问题仍在于如何蒸发要去除的水，同时又不能因为其他成分分解释放出水分而使得结果偏高；同样，食品中有的成分的化学反应（如蔗糖的水解）却要利用食品中的水分，这会使其测得的水分含量偏低。所以，如果当这些变化产生的影响很小时，可考虑使用烘箱干燥法。

2. 操作条件选择

（1）称样数量。样品的称取量一般以干燥后残留质量保持在 1.5～3 g 为宜。对于水分含量较低的固态、浓稠态样品，称样量应控制在 3～5 g；而对于水分含量较高的果汁、牛乳等液态食品，通常每份样品的称样量在 15～20 g 为宜。

（2）称量瓶规格。用于水分测定的称量瓶有各种不同的形状，从材料看有玻璃称量瓶和铝制称量瓶两种。玻璃称量瓶（见图 4-1）耐酸碱，不受样品性质的限制；铝制称量瓶质量轻，导热性强，但对酸性食品不大适宜，常用于减压干燥法。称量瓶的盖子对防止样品因溢散而造成的损失有着重要意义，在蒸发水分时，盖子需斜靠在一边，这样可避免加热时样品溢出而造成损失。如果使用的是一次性称量皿，可选择使用玻璃纤维做的盖子。这种盖子既可防止液体的飞溅，同时又不阻碍表面的透气，能有效提高水分蒸发的效果。

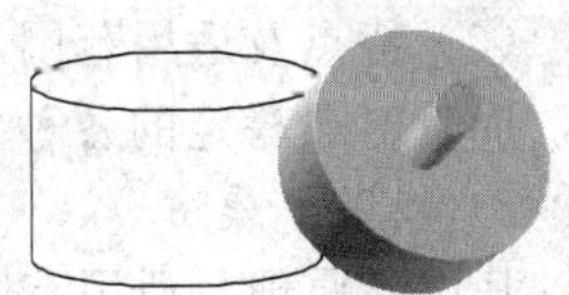
图 4-1　玻璃称量瓶

称量瓶在使用之前需要进行预处理操作，而且在移动称量瓶时应该使用钳子，因为指纹也会对称量的结果产生影响。称量瓶的预处理可用 100 ℃的烘箱进行重复干燥，以使其达到恒重。所谓恒重，是指两次烘烤后称量的质量差不超过规定的毫克数（一般不超过 2 mg）。预处理后的称量瓶需要存放在干燥器中。玻璃纤维盖子在使用前不需要干燥。

（3）干燥设备。在进行烘箱干燥时，除了使用特定的温度和时间条件外，还应考虑由于不同类型的烘箱而引起的温差变化。在对流型、强力通风型、真空烘箱中，温差最大的是对流型，这是因为它没有安装风扇，空气循环缓慢，烘箱中的称量瓶会进一步阻碍空气的流动。当烘箱门关闭后，温度上升通常比较慢，其温差最大可达 10 ℃。若要得到较高准确度和精密度的数据，对流烘箱就显得不适用了。

强力通风型烘箱的温差是所有烘箱中最小的，通常不超过 1 ℃，其箱内空气由风扇强制在烘箱内做循环运动，这也使其具有了更多的优点，例如，在空气沿水平方向通过支架时，无论上面是否装满称量瓶，测得的结果都是一致的。

（4）干燥条件。温度一般控制在 95～105 ℃。对热稳定的谷物等，可提高到 120～130 ℃进行干燥；对含还原糖较多的食品应先用低温（50～60 ℃）干燥 30 min，然后再在 100～105 ℃的条件下进行干燥。

干燥时间的确定有两种方法，一种是干燥到恒重，另一种是规定一定的干燥时间。前者基本能保证水分蒸发完全；后者则以测定对象的不同而规定不同的干燥时间。比较而言，后者的准确度不如前者，故一般均采用恒重法。只有那些对水分测定结果准确度要求不高的样品，如各种饲料中水分含量，可采用第二种方法测定。

在干燥过程中，一些食品原料可能易形成硬皮或结块，从而造成不稳定或错误的水分测量结果。为了避免这种情况，可以使用清洁、干燥的海砂和样品一起搅拌均匀，再将样品加热干燥直至恒重。加入海砂的作用有两个：①防止表面硬皮的形成；②可以使样品分散减少样品水分蒸发的障碍。海砂的用量依样品量而定，一般每 3 g 样品加入 20～30 g 的海砂就可以使其充分分散。除了海砂之外，也可使用其他对热稳定的惰性物质，如硅藻土等。

3. 干燥法的分类

干燥法包括直接干燥法和减压干燥法两种。

1）直接干燥法

其试验原理、特点及适用范围如下所述。

（1）实验原理。食品中的水分一般是指在（100±5）℃直接干燥的情况下所失去物质的总量。利用水分本身的物理性质和化学性质去掉样品中的水分，如采用烘干、化学干燥、蒸馏、提取或其他物理-化学方法去掉样品中的水分，再通过称量或其他手段获得分析结果。

（2）特点及适用范围。此法适用于在 95～105 ℃范围内不含或含有极微量挥发性成分，而且对热稳定的各种食品。

2）减压干燥法

其试验原理、适用范围、实验仪器及装置如下所述。

（1）实验原理。利用在低压下水的沸点降低的原理，将取样后的称量瓶置于真空烘箱内，在选定的真空度与加热温度下干燥到恒重。干燥后样品所失去的质量即为水分含量。

（2）适用范围。适用于在较高温度下易热分解、变质或不易除去结合水的食品，如糖浆、果糖、味精、麦乳精、高脂肪食品、果蔬及其制品等。

（3）实验仪器及装置。装置图如图 4-2 所示。装置中各部分功能为：①真空泵用于抽气，降低烘箱内压强；②安全瓶用于调节烘箱内外气压平衡，起缓冲作用，防止固体颗粒吸入真空泵；③干燥瓶的内装硅胶起吸收水分的作用，内装苛性钠起吸收酸气的作用；④真空烘箱用于烘干样品。

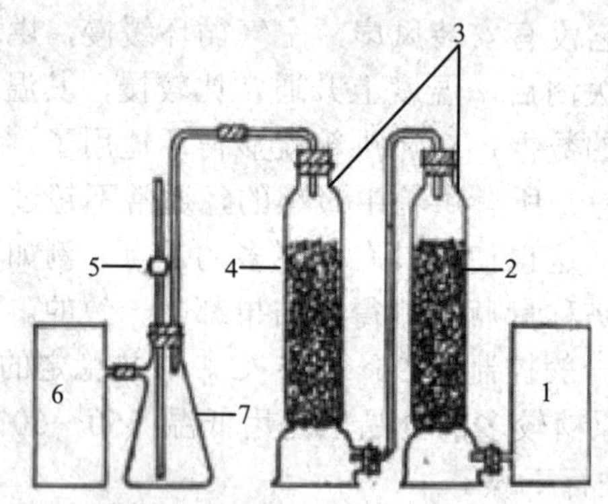

图 4-2 减压干燥工作流程

1—真空烘箱；2—粒状苛性钠；3—干燥瓶；4—硅胶；
5—二通活塞；6—真空泵；7—安全瓶

（二）蒸馏法

1. 实验原理

根据两种互不相溶的液体二元体系的沸点低于各组分的沸点这一原理，将食品中的水分与甲苯、二甲苯或苯共沸蒸出，冷凝并收集馏出液，由于密度不同，馏出液在接收管中分层，根据馏出液中水的体积，即可计算出样品中的水分含量。

2. 特点及适用范围

蒸馏法由于采用了一种高效的换热方式，水分可被迅速移去。此外，因测定过程在密闭容器中进行，加热温度比直接干燥法低，故对易氧化、分解、热敏性以及含有大量挥发性组分的样品的测定准确度明显优于干燥法。

该法设备简单，操作方便，现已广泛用于谷类、果蔬、油类、香料等多种样品的水分测定，特别对于香料，此法是唯一公认的水分含量标准分析法。

3. 实验试剂

蒸馏法使用的试剂是甲苯或二甲苯。实验前，取甲苯或二甲苯，先以水饱和，分去水层，进行蒸馏，收集馏出液备用。

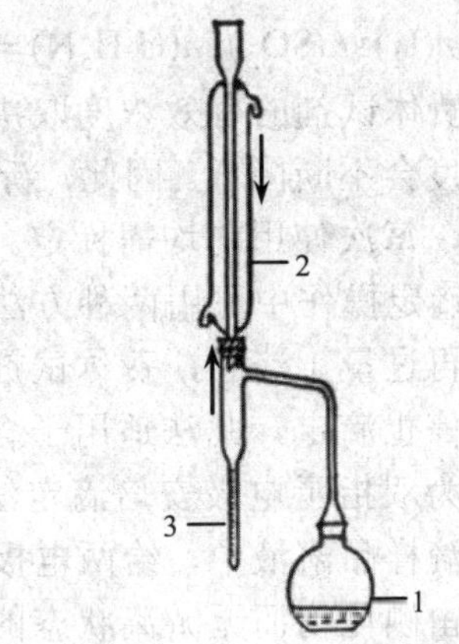

图 4-3　蒸馏式水分测定仪

1—平底烧瓶；2—冷凝管；3—水分接收管

4. 实验仪器

蒸馏法使用的仪器是蒸馏式水分测定仪，如图 4-3 所示。

（三）卡尔·费休法

卡尔·费休法简称“费休法”或“K-F 法”，是一种以容量法测定水分含量的化学分析法，属于碘量法，是测定水分最专一、最准确的方法之一。

卡尔·费休法是一种既迅速又准确的测定水分含量的方法，广泛应用于各种固体、液体及一些气体样品的水分含量的测定。该法也常被作为水分特别是痕量水分的标准分析法，用来校正其他测定方法。在食品检验中，凡是普通烘箱干燥法得到的异常样品，或是以真空烘箱干燥法进行的样品，都可采用该法进行测定。

1. 实验原理

卡尔·费休法的基本原理是利用碘（I_2）氧化二氧化硫（SO_2）时，需要有定量的水参加反应。

$$SO_2 + I_2 + 2H_2O \longrightarrow H_2SO_4 + 2HI$$

此反应具可逆性，当硫酸浓度达 0.05%以上时，即能发生逆反应，要使反应顺利地向右进行，需要加入适当的碱性物质以中和反应过程中生成的酸。

经实验证明，采用吡啶（C_5H_5N）做溶剂可满足此要求。但此时，生成的硫酸吡啶很不稳定，能与水发生副反应，消耗一部分水而干扰测定，因此，可加入甲醇（CH_3OH），生成稳定的甲基硫酸氢吡啶（$C_5H_5N \cdot HSO_4OH_3$）。

滴定操作所用的标准溶液是含有碘、二氧化硫、吡啶及甲醇的混合溶液，此溶液称为“费休试剂”。

费休法的滴定总反应式可写为：

$$I_2 + SO_2 + 3C_5H_5N + CH_3OH + H_2O \longrightarrow 2C_5H_5N \cdot HI + C_5H_5N \cdot HSO_4CH_3$$

由上式可知，1mol 水需要 1mol 碘、1mol 二氧化硫和 3mol 吡啶及 1mol 甲醇。但实际使用的费休试剂，其中的二氧化硫、吡啶、甲醇的用量都是过量的。例如，对于常用的费休试剂，若以甲醇为溶剂，试剂浓度每毫升相当于 3.5 mg 水，则试剂中各组分摩尔

比为 $n(I_2):n(SO_2):n(C_5H_5N)=1:3:10$。

费休试剂的有效浓度取决于碘的浓度。新鲜配制的试剂由于各种不稳定因素，其有效浓度会不断降低。因此，新鲜配制的费休试剂，混合后需放置一定的时间后才能使用，而且，每次使用前均需标定。

滴定操作中可用两种方法确定终点：一种是当用费休试剂滴定样品达到化学计量点时，再过量1滴时，费休试剂中的游离碘即会使体系呈现浅黄甚至棕黄色，即可视为终点而停止滴定，此法适用于含有 1%以上水分的样品，其产生的终点误差不大；另一种方法为双指示电极安培滴定法，又称“永停滴定法”，其原理是将两根相似的铂电极插在被滴样品溶液中，给两电极间施加 10～25 mV 的电压，在开始滴定至终点前，因体系中存留碘化物而无游离状态的碘，电极间的极化作用使外电路中无电流通过（即微安表指针始终不动），而过量的 1 滴费休试剂滴入体系后，游离碘的出现使溶液开始导电，外路有电流通过，微安表指针偏转一定刻度并稳定不变，即为终点，该法适用于测定含微量、痕量水分的样品或测定深色样品。

2. 适用范围

卡尔·费休法适用于含有 1%或更多水分的样品，如砂糖、可可粉、糖蜜、茶叶、乳粉、炼乳及香料等食品中的水分测定，其测定准确性比直接干燥法要高，它也是测定脂肪和油类物品中微量水分的理想方法。

3. 主要实验仪器

使用的主要实验仪器是 KF—1 型水分测定仪或 SDY—84 型水分测定仪。

4. 实验试剂

使用的实验试剂有无水甲醇、无水吡啶（蒸馏得到）、碘、无水硫酸钠、硫酸、二氧化硫、5A 分子筛和费休试剂。其中，费休试剂由碘、二氧化硫、吡啶组成。新配制的费休试剂不太稳定，混匀后需放置一段时间后再用，且每次用前都需标定。配制好的试剂应避光、密封，置于阴凉干燥处保存，以防止水分吸入。

费休试剂的标定可用重蒸馏水进行标定，也可采用水合盐中的结晶水进行标定。

5. 实验操作过程

对于固体样品，一般每份被测样品中含水 20～40 mg 为宜，准确称取 0.3～0.5 g 样品置于称样瓶中。

在水分测定仪的反应器中加入 50 mL 无水甲醇，使其完全淹没电极并用费休试剂滴定 50 mL 甲醇中的痕量水分，滴定至微安表指针的偏转程度与标定费休试剂操作中的偏转情况相当并保持 1 min 不变时（不记录试剂用量），打开加料口迅速将称好的试样加入反应器中，立即塞上橡皮塞，开动电磁搅拌器使试样中的水分完全被甲醇所萃取，用费休试剂滴定至原设定的终点并保持 1 min 不变，记录试剂的用量（mL）。

6. 结果计算

$$水分含量=\frac{TV}{W\times 1000}\times 100\%=\left(\frac{TV}{10W}\right)\%$$

式中　T——费休试剂对水的滴定度，mg/mL；

V——滴定所消耗的费休试剂体积，mL；

W——样品质量，g。

7. 说明及注意事项

（1）固体样品细度以 40 目为宜。最好用破碎机处理而不用研磨机，以防水分损失，另外粉碎样品时保证其含水量均匀也是获得准确分析结果的关键。

（2）5A 分子筛供装入干燥塔或干燥管中干燥氮气或空气使用。

（3）无水甲醇及无水吡啶宜加入无水硫酸钠保存。

（4）对于含有如 Vc 等强还原性组分的样品不宜用此法测定。

（5）卡尔·费休法不仅可测定样品中的自由水，而且还可测定样品中的结合水，即此法所得结果能更客观地反映出样品的总水分含量。

（6）卡尔·费休法是测定食品中微量水分的方法，如果食品中含有氧化剂、还原剂、碱性氧化物、氢氧化物、碳酸盐、硼酸等，都会与费休试剂所含组分起反应，干扰测定；含有强还原性物质的物料（如抗坏血酸）会与费休试剂产生反应，使水分含量测定值偏高，而且这个反应也会使终点消失；不饱和脂肪酸和碘的反应也会使水分含量测定值偏高。

【工作过程】

一、工作课时

要求本单元的“理论+实训”课时为“6+6”课时。

二、具体工作过程

（一）用直接干燥法测定乳粉中水分含量的工作过程

1. 铝盒的恒重

（1）取洁净铝盒，置于（100±5）℃的干燥箱中，瓶盖斜支于瓶边，加热 30～60 min。

（2）取出铝盒，盖好，置干燥器内冷却 30 min，称量，并重复干燥至恒重。

2. 样品的干燥

（1）称取 4.00 g 左右混合均匀的乳粉样品，放入此铝盒中。加盖，精密称量后，置（100±5）℃的干燥箱中，瓶盖斜支于瓶边，干燥 2～4 h。

（2）干燥后，盖好取出，放入干燥器内冷却 30 min 后称量。

（3）再次将样品放入（100±5）℃干燥箱中干燥 1h 左右，取出，放入干燥器内冷却 30 min 后再称量，至前后两次质量差不超过 2 mg 为止。

3. 数据记录及处理

（1）数据记录。将数据记录于表 4-1。

表 4-1 数据记录表 (单位：g)

序号	铝盒质量	干燥前铝盒+乳粉的质量	干燥后铝盒+乳粉的质量
1			
2			
3			

（2）按下式计算乳粉中的水分含量

$$X=\frac{m_1-m_2}{m_1-m_3}\times 100$$

式中 X—— 样品中水分的含量，g/100 g；

m_1—— 铝盒和样品的质量，g；

m_2—— 铝盒和样品干燥后的质量，g；

m_3—— 铝盒的质量，g。

（二）用减压干燥法测定味精中水分含量的工作过程

（1）准确称取 4 g 左右混合均匀的味精样品于已烘至恒重的称量皿中，将称量皿放入真空烘箱内。

（2）连接好全套装置后，打开真空泵抽出烘箱内空气至所需压力为 40～53.3 kPa，并同时加热至所需温度（50～60 ℃）。

（3）关闭真空泵上的活塞，停止抽气，使烘箱内保持一定的温度和压力，经一定时间后，打开活塞使空气经干燥瓶缓缓进入烘箱内，待压力恢复正常后，再打开烘箱取出称量皿，放入干燥器中冷却 30 min 后称量，并重复以上操作至恒重。

（4）水分含量的计算。同直接干燥法。

（三）用蒸馏法测定香辛料中水分含量的工作过程

（1）称取适当香辛料样品（估计含水 2～5 mL），放入 250 mL 锥形瓶中，加入新蒸馏的甲苯（或二甲苯）75 mL。

（2）连接冷凝管与水分接收管，从冷凝管顶端注入甲苯，装满水分接收管。

（3）徐徐加热，慢慢蒸馏，使每秒钟得馏出液 2 滴，待大部分水分蒸出后，加速蒸馏约每秒钟 4 滴，当水分全部蒸出后，接收管内的水分体积不再增加时，从冷凝管顶端加入甲苯冲洗。

（4）如冷凝管壁附有水滴，可用附有小橡皮头的铜丝擦下，再蒸馏片刻至接收管上部及冷凝管壁无水滴附着为止。

（5）读取接收管水层的体积。

（6）计算水分含量。其计算公式为：

$$X_2=\frac{V}{m_4}\times 100$$

式中 X_2—— 样品中水分的含量，mL/100 g（或按水在 20 ℃ 时密度 0.9982 g/mL 计算质量含量）；

V—— 接收管内水的体积，mL；

m_4——样品的质量，g。

三、操作注意事项

1. 直接干燥法的操作注意事项

（1）对于水果、蔬菜样品，应先洗去泥沙，再用蒸馏水冲洗一次，然后用洁净纱布吸干表面的水分。

（2）在测定过程中，称量皿从烘箱中取出后，应迅速放入干燥器中进行冷却，否则，不易达到恒重。

（3）|燥器内一般用硅胶做丅燥剂，硅胶吸湿后效能会减低，故当硅胶蓝色减褪或变红时，需及时换出，置于 135 ℃左右高温下烘 2～3 h 使其再生后再用。硅胶若吸附油脂等，去湿能力会大大减低。

（4）对于果糖含量较高的样品，如水果制品、蜂蜜等，在高温下（>70 ℃）长时间加热，其果糖会发生氧化分解作用而导致明显误差，故宜采用减压干燥法测定水分含量。

（5）对于含有较多氨基酸、蛋白质及羰基化合物的样品，长时间加热则会发生羰氨反应析出水分而导致误差，对此类样品宜用其他方法测定水分含量。

（6）在水分测定中，恒重的标准一般定为 1～3 mg，具体需视食品种类和测定要求而定。

（7）对于含挥发性组分较多的样品，如香料油、低醇饮料等宜采用蒸馏法测定水分含量。测定水分后的样品，可供测脂肪、灰分含量用。

2. 减压干燥法的操作注意事项

（1）真空烘箱内各部位温度要求均匀一致，若干燥时间短，更应严格控制。

（2）第一次使用的铝质称量盒要反复烘干两次，求出恒重。第二次以后使用时，通常采用前一次的恒重值。

（3）操作中应力求被称量物与天平的温度相同后再称重，一般冷却时间为 30～60 min。

（4）减压干燥时，自烘箱内部压力降至规定真空度时起计算烘干时间。一般每次烘干时间为 2 h，但有的样品需 5 h；恒重一般以减量不超过 0.5 mg 时为标准，但对受热后易分解的样品则可以不超过 1～3 mg 的减量值为恒重标准。

3. 蒸馏法的操作注意事项

（1）蒸馏法与干燥法有较大的差别。干燥法是以经烘烤干燥后减失的质量为依据；而蒸馏法以蒸馏收集到的水量为准，避免了挥发性物质减失的质量对水分测定的误差及脂肪氧化对水分测定的误差。因此，蒸馏法适用于含水较多又有较多挥发性成分的蔬菜、水果、发酵食品、油脂及香辛料等食品的水分含量测定。

（2）蒸馏法采用专门的水分蒸馏器。食品中的水分与比水轻同水互不相溶的溶剂如甲苯（沸点 110 ℃）、二甲苯（沸点 140 ℃）、无水汽油（沸点 95～120 ℃）等有机溶剂共同蒸出，冷凝回流于接收管的下部，而有机溶剂在接收管的上部，当有机溶剂注入接收管并超过接收管的支管时就回流入锥形瓶中，待水分体积不再增加后，读取其体积。

（3）一般加热时要用石棉网，如样品含糖量高，用油浴加热较好。

（4）样品为粉状或半流体时，先将瓶底铺满干洁海沙，再加入样品及甲苯。

（5）所用甲苯必须无水。可将甲苯经过氯化钙或无水硫酸钠吸水，过滤蒸馏，弃去最初馏液，收集澄清透明溶液即为无水甲苯。

（6）为避免接收器和冷凝管壁附着水珠，仪器必须干净。

（7）对不同品种的食品，可以选择不同的蒸馏溶剂，如用正戊醇十二甲苯（129～134°C）（1+1）混合溶剂测定奶酪；甲苯用于测定大多数香辛料；己烷用于测定辣椒类、葱类、大蒜和其他含大量糖的香辛料。

【质量检测】

1. 工作过程检测

（1）样品称量时的温度应为室温。

（2）使用的铝盒或称量瓶应进行恒重操作，干燥前后两次重量之差不超过 2 mg。

（3）在干燥过程中，铝盒或称量瓶的盖子应瓶盖斜支于瓶边。

（4）样品干燥的时间应以恒重为标准，干燥前后两次重量之差不超过 2 mg。

（5）实验结束后应及时清洁器皿并归位。

2. 实验数据检测

实验数据处理合理、准确，两次测定的结果之差不超过平均值的 10%。实验报告书写合理、规范，结果评价准确，能够反应样品的真实情况。

【知识与技能检测】

一、理论知识检测

（一）填空题

1. 食品干燥、蒸发时去掉的水分主要为＿＿＿＿＿＿＿，很难用蒸发的方法分离除去＿＿＿＿＿。

2. 蒸馏法是基于两种互不相溶的液体二元体系的沸点低于各组分的沸点，将食品中的水分与＿＿＿＿、＿＿＿＿或＿＿＿＿共沸蒸出，冷凝并收集馏液，由于密度不同，馏出液在接收管中分层，根据馏出液中水的体积，计算样品中水分含量。

3. 卡尔·费休法测定水分的原理是基于＿＿＿＿存在时，＿＿＿＿和＿＿＿＿发生氧化还原反应。该反应是可逆的，体系中加入＿＿＿＿和＿＿＿＿，反应会顺利进行。

（二）单项选择题

1. 减压干燥常用的称量皿是（　　）。

A. 玻璃称量皿　B. 铝质称量皿　C. 锥形瓶　D. 烧杯

2. 常压干燥法一般使用的温度是（　　）。

A. 95～105 ℃　B. 120～130 ℃　C. 500～600 ℃　D. 300～400 ℃

3. 确定常压干燥法的时间的方法是（　　）。

A. 干燥到恒重　B. 95～105 ℃干燥 3～4 h

C. 95～105 ℃干燥约 1 h　D. 干燥 3～4 h

4. 水分测定中干燥到恒重的标准是（　　）。

A. 1～3 mg　B. 1～3 g　C. 1～3μg　D. 2～4μg

5. 下列样品中，可用常压干燥法的是（　　），应用减压干燥的样品是（　　），应用蒸馏法测定水分的样品是（ ）。

A．饲料　B．香料　C．味精　D．麦乳精

E．八角　F．面粉

6．样品烘干后，正确的操作是（ ）。

A．从烘箱内取出，放在室内冷却后称重

B．从烘箱内取出，放在干燥器内冷却后称量

C．在烘箱内自然冷却后称重

D．从烘箱内取出直接称重

7．蒸馏法测定水分时常用的有机溶剂是（ ）。

A．甲苯、二甲苯　B．乙醚、石油醚

C．氯仿、乙醇　D．四氯化碳、乙醚

8．减压干燥装置中，真空泵和真空烘箱之间连接装有硅胶、苛性钠干燥，其目的是（ ）。

A．用苛性钠吸收酸性气体，用硅胶吸收水分

B．用硅胶吸收酸性气体，苛性钠吸收水分

C．可确定干燥情况

D．可使干燥箱快速冷却

9．可直接将样品放入烘箱中进行常压干燥的样品是（ ）。

A．乳粉　B．果汁　C．糖浆　D．酱油

10．测定香料中水分含量所采用的方法是（ ）。

A．常压烘箱干燥法　B．真空烘箱干燥法

C．蒸馏法　D．卡尔·费休法

11．若要测定水的总含量，应采用（ ）。

A．常压烘箱烘干法　B．减压干燥法

C．卡尔·费休法　D．蒸馏法

12．水分测定时，铝盒在干燥器中的干燥时间一般为（ ）。

A．1 h　B．2 h　C．3 h　D．0.5 h

（三）简答题

1．食品中水分含量的检测方法有哪些？

2．应用烘箱干燥法测定水分含量的样品应符合哪几个条件？

3．干燥法测定水分的操作过程中最容易引起误差的地方是哪些？如何避免？

4．干燥器有何作用？怎样正确地使用和维护干燥器？

5．为什么经加热干燥的铝盒要迅速放入干燥器内？为什么要冷却后再称量？

6．解释恒量的概念。在水分测定的过程中应怎样进行恒量操作？

7．在下列情况下，水分测定的结果是偏高还是偏低？

（1）样品粉碎不充分。

（2）样品中含较多挥发性成分。

（3）脂肪氧化。

（4）样品的吸湿性较强。

（5）发生美拉德反应。

（6）样品表面结了硬皮。

（7）装有样品的干燥器未密封好。

（8）干燥器中硅胶受潮变色。

（四）计算题

1. 某检验员要测定某种面粉的水分含量，用干燥恒重为 24.360 8 g 的称量瓶称取样品 2.872 0 g，置于 100 ℃的恒温箱中干燥 3 h 后，置于干燥器内冷却称重为 27.032 8 g；重新置于 100 ℃的恒温箱中干燥 2 h，完毕后取出置于干燥器冷却后称重为 26.943 0 g；再置于 100 ℃的恒温箱中干燥 2 h，完毕后取出置于干燥器冷却后称重为 26.942 2 g。问被测定的面粉水分含量为多少？

2. 某检验员要测定某种奶粉的水分含量，用干燥恒重为 22.360 8 g 的称量瓶称取样品 2.672 0 g，置于 100 ℃的恒温箱中干燥 3 h 后，置于干燥器内冷却称重为 24.805 3 g；重新置于 100 ℃的恒温箱中干燥 2 h，完毕后取出置于干燥器冷却后称重为 24.762 8 g；再置于 100 ℃的恒温箱中干燥 2 h，完毕后取出置于干燥器冷却后称重为 24.763 5 g。问被测定的奶粉水分含量为多少？

二、技能检测

某厂新进一批面粉，在贮藏过程中发生霉变现象，厂家怀疑面粉水分含量偏高，请检测该批面粉的水分含量，并对检测数据进行分析，同时写出面粉水分的检测步骤。

工作任务二　果蔬中水分活度的测定

【任务描述】

通过对果蔬中水分活度的检测，了解水分活度的测定方法，重点掌握 A_w 测定仪的校正方法和使用方法，掌握水分活度的测定技能。

【作业质量要求】

（1）正确使用 A_w 测定仪。

（2）正确进行 A_w 测定仪的校正和测定。

（3）读数准确。

（4）遵守操作规程，保持操作现场整洁。

（5）正确执行安全技术操作规程。

【学习目标】

（1）了解水分活度的测定意义和原理。

（2）正确区分水分活度与水分含量的概念。

（3）掌握水分活度测定的方法。

（4）掌握 A_w 测定仪的使用方法。

【技能目标】

掌握 A_w 测定仪的基本操作技术。

【所需仪器和试剂】

1. 实验仪器

水分活度测定仪、恒温箱。

2. 实验试剂

氯化钡饱和溶液。

【相关知识】

一、测定水分活度的意义

在食品中水分具有不同的存在状态，而各种水分的测定方法只能定量地测定食品中水的总含量，它并不能完全说明是否有利于微生物生长，也不是表示食品稳定性的可靠指标。在存放过程中，食品经常会变质，其原因固然与食品中的水分含量有关，但变质程度并不与其正相关，因为相同含水量的食品却有不同的变质现象。从某种程度上来说，这是由于水分与食品中的其他成分结合强度的不同造成的。

因此，为了表示食品中所含水分作为微生物化学反应和微生物生长的可用价值，提出了水分活度概念。

水分活度定义为：在同一条件（相同的温度、湿度、压力、有效空间等）下，溶液中水的逸度与纯水逸度之比，也可近似表示为溶液中水蒸气分压与纯水蒸气压之比。

$$A_w = \frac{P}{P_0} = \frac{E_{RP}}{100}$$

式中　A_w——水分活度；

P——溶液或食品中的水蒸气分压；

P_0——纯水蒸气压；

E_{RP}——样品周围空气的平衡相对湿度，它是食品中水分蒸发达到平衡时，即单位时间内脱离食品的水的物质的量等于返回食品的水的物质的量时，食品上方恒定的水蒸气分压与在此温度下水的饱和蒸气压的比值（乘以100用整数表示）。

水分活度反应了食品与水亲和能力的程度，它的高低是不能按其水分含量来考虑的。例如，金黄色葡萄球菌生长要求的最低水分活度为0.86，而相当于这个水分活度的水分含量则随不同食品而异，如干肉为23%，乳粉为16%。所以按水分含量多少难以判断食品的保存性，只有测定并控制水分活度才对食品的贮藏性具有重要意义。

水分含量、水分活度是不同的两个概念。水分含量是指食品中水的总含量，即一定量的食品中水的质量分数。水分活度反映了食品中水分的存在状态，即水分与其他非水组分的结合程度或游离程度。结合程度越高，则水分活度值越低；结合程度越低，则水分活度值越高。在同种食品中，一般水分含量越高，其水分活度值越大；对不同种食品来说，即使水分含量相同，水分活度往往也不同。

另外，水分活度对食品的色、香、味、组织结构也有重要的影响。例如，在水果软糖中添加琼脂、主食面包中添加乳化剂、糕点生产中添加甘油等，对于调整食品水分活度、改善产品质构口感、延长保存期都起了很好的作用。因此食品中水分活度的测定已成为食品分析的重要项目之一。

二、水分活度的测定方法

在食品工业中，测定水分活度的方法很多，如蒸气压力法、电湿度计法、溶剂萃取法、近似计算法和 A_W 测定仪等，下面介绍几种常用的测定方法。

（一）A_W 测定仪法

1. 实验原理

在一定温度下，利用 A_W 测定仪装置中的传感器，根据食品中水的蒸气压力的变化，从仪器的表头上可读出指针所示的水分活度。在样品测定前须校正 A_W 测定仪。

（二）扩散法

1. 实验原理

样品在康威氏（Conway）微量扩散皿的密封和恒温条件下，分别在水分活度较高和较低的标准饱和溶液中扩散平衡后，根据样品质量的增加（即在较高水分活度标准溶液中平衡后）和减少（即在较低水分活度标准溶液中平衡后）的量，求出样品的水分活度。

2. 实验仪器

（1）康微氏微量扩散皿，如图 4-4 所示。

（2）分析天平：感量为 0.0001 g

（3）小铝皿或玻璃皿：直径为 25～28 mm、深度为 7 mm 的圆形小皿。

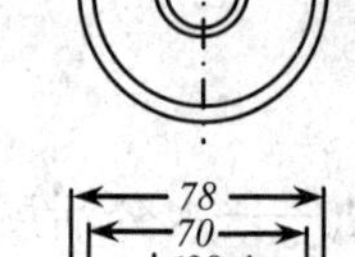

图 4-4　康威氏微量扩散皿

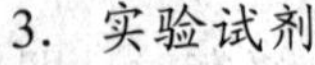

3. 实验试剂

标准水分活度试剂见表 4-2。

表 4-2　标准水分活度试剂及其在 25 ℃时的水分活度值

试剂名称	水分活度	试剂名称	水分活度
重铬酸钾（$K_2Cr_2O_7 \cdot 2H_2O$）	0.986	溴化钠（$NaBr \cdot 2H_2O$）	0.577
硝酸钾（KNO_3）	0.924	硝酸镁[$Mg(NO_3)_2 \cdot 6H_2O$]	0.528
氯化钡（$BaCl_2 \cdot 2H_2O$）	0.901	硝酸锂（$LiNO_3 \cdot 3H_2O$）	0.476
氯化钾（KCl）	0.842	碳酸钾（$K_2CO_3 \cdot 2H_2O$）	0.427
溴化钾（KBr）	0.807	氯化镁（$MgCl_2 \cdot 6H_2O$）	0.330
氯化钠（$NaCl$）	0.752	醋酸钾（$KAc \cdot H_2O$）	0.224
硝酸钠（$NaNO_3$）	0.737	氯化锂（$LiCl \cdot H_2O$）	0.110
氯化锶（$SrCl_2 \cdot 6H_2O$）	0.708	氢氧化钠（$NaOH \cdot H_2O$）	0.070

4．实验操作过程

（1）在预先准确称重过的铝皿或玻璃皿中，准确称取 1.00 g 均匀切碎的样品，将其迅速放入康威氏皿的内室中。在康威氏皿的外室先放入标准饱和试剂 5 mL，或标准的上述各式盐 5.0 g，加入少许蒸馏水润湿。一般进行操作时选择 2～4 份标准饱和试剂（每只皿装一种），其中 1～2 份的水分活度大于或小于试样的水分活度。

（2）在扩散皿磨口边缘均匀地涂上一层真空脂或凡士林，加盖密封。在（25±0.5）℃的温度下放置（2±0.5）h。

（3）取出铝皿或玻璃皿，用分析天平（最好是自动读数的）迅速称量，分别计算各样品每克质量的增减数。

（4）以各种标准饱和溶液在 25 ℃时的水分活度为横坐标、每克质量增减数为纵坐标在方格坐标纸上作图，将各点连接成一条直线，此线与横轴的交点即为所测样品的水分活度（见图 4-5）。

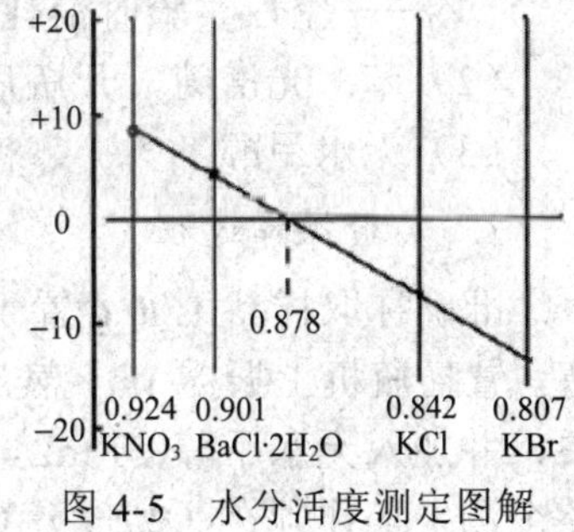

图 4-5　水分活度测定图解

5．说明及注意事项

（1）每个样品测定时应做平行实验。其测定值的平行误差不得超过 0.02。

（2）取样要在同一条件下进行，操作要迅速。

（3）试样的大小和形状对测定结果影响不大。

（4）康威氏微量扩散皿密封性要好。

（5）取样品的固体或液体部分，样品平衡后其结果没有差异。

（6）绝大多数样品可在 2 h 后测得水分活度，但米饭类、油脂类、油浸烟熏鱼类则需 4 d 左右时间才能测定。为此，须加入样品量 0.2%的山梨酸防腐，并以山梨酸的水溶液做空白实验。

（三）萃取法

1．实验原理

萃取法以苯为溶剂将水分从样品中萃取出来。水与苯不相溶，在一定温度下，苯所萃出的水量与样品的水分活度成正比。用卡尔·费休法测定苯从食品和纯水中萃取出的水量并求出两者之比值，即为样品的水分活度。

2．实验试剂

（1）费休试剂。由甲液、乙液混合而成。

甲液：在干燥的棕色玻璃瓶中加入 100 mL 无水甲醇、8.5 g 无水乙酸钠（在 120 ℃干燥 48 h 以上）、5.5 g 碘化钾，充分摇匀溶解后再通入 3.0～10.0 g 的干燥二氧化硫。

乙液：称取 37.65 g 碘、27.8 g 碘化钾及 42.25 g 无水乙酸钠，移入干燥棕色瓶中，加入 500 mL 无水甲醇，充分摇匀溶解后备用。

将甲、乙液混合，用聚乙烯膜薄套在瓶外，将瓶放在冰浴中静置 1 昼夜，取出后放在干燥器中，升至室温后备用。

然后，取干燥带塞的玻璃瓶称重，准确加入蒸馏水 30 mg，加入无水甲醇 2 mL，在不断振摇下，用混合而成的费休试剂滴定至呈黄棕色为终点。另取无水甲醇按同法进行空白实验，按下式计算滴定度（T）：

$$T=\frac{G}{V-V_0}$$

式中　T——费休试剂的滴定度（每 mL 相当于水的 mg 数）；

G——重蒸馏水的质量，mg；

V——滴定水时消耗的费休试剂的体积，mL；

V_0——空白实验时消耗的费休试剂的体积，mL。

（2）苯：光谱纯，开瓶后可覆盖氢氧化钠保存。

（3）无水甲醇。

3. 实验操作过程

准确称取样品 1.00 g 置于干燥的 250 mL 磨口三角烧瓶中，加入苯 100 mL，盖上瓶塞，置摇瓶机上振摇 1 h，然后静置 10 min，吸取此溶液 50 mL 于卡尔·费休水分测定器中，并加入无水甲醇 70 mL，混合，用费休试剂滴定至产生稳定的微橙红色不褪为止。整个测定操作须在（25±1）℃的温度下进行。

另取 10 mL 蒸馏水代替样品，加苯 100 mL，振摇 2 min，静置 5 min，然后按上述样品测定步骤进行，滴至终点后，同样记录消耗费休试剂的毫升数。

$$A_w=\frac{[H_2O]_n\times 10}{[H_2O]_0}$$

式中　$[H_2O]_n$——从食品中萃取的水量（用费休试剂滴定度乘以滴定样品时消耗该试剂的毫升数）；

$[H_2O]_0$——从纯水中萃取的水量（费休试剂滴定度乘以滴定纯水萃取液时所消耗该试剂的毫升数）；

A_w——水分活度。

【工作过程】

一、工作课时

要求本单元的“理论+实训”课时为“2+2”课时。

二、具体工作过程

用A_w测定仪法测定果蔬中水分活度的工作过程如下。

1. 仪器校正

（1）用小镊子将两张滤纸浸在氯化钡饱和溶液中，待滤纸均匀浸湿后，轻轻地把它放在仪器的样品盒内。

（2）将具有传感器装置的表头放在样品盒上，小心拧紧，移至 20 ℃恒温箱中；

（3）维持恒温 3 h 后，再拧动表头上的校正螺丝使值为 9.000。

（4）重复上述过程再校正一次。

2. 样品测定

（1）取试样经 15～25 ℃恒温后，置于仪器样品盒内，保持平整，不高出盒内垫圈底部。

（2）将具有传感器装置的表头置于样品盒上轻轻拧紧，移置于 20 ℃恒温箱中。

（3）维持恒温放置 2 h 以后，不断从仪器表头上观察仪器指针的变化状况，待指针恒定不变时，所指示的数值即为此温度下试样的水分活度。

（4）如果不在 20 ℃恒温测定，可根据表 4-3 所示的校正值将其校正为 20 ℃时的数值。

表 4-3　水分活度的温度校正表

温度（℃）	校　正　值	温度（℃）	校　正　值
15	−0.010	21	+0.002
16	−0.008	22	+0.004
17	−0.006	23	+0.006
18	−0.004	24	+0.008
19	−0.002	25	+0.010

三、操作注意事项

（1）要经常用氯化钡饱和溶液对仪器进行校正。

（2）测定时切勿使表头沾上样品盒内的样品。

（3）如某样品在 15 ℃测得其水分活度为 0.930，查表 4-3 校正值为−0.010，故该样在 20 ℃时的水分活度为：0.930+（−0.010）=0.920；反之，在 25 ℃某样品水分活度为 0.940，由表查得校正值为+0.010，故该样在 20 ℃时的水分活度为：0.940+（+0.010）=0.950。

（4）有的水分活度测定仪（如 SJN−5021 型）通过液晶显示，给出水分活度。

【质量检测】

1. 工作过程检测

样品检测前要对仪器进行校正，仪器使用要轻拿轻放，测定时切勿使表头沾上样品盒内的样品，使用完毕后及时清洁样品盒并归位。

2. 实验数据检测

实验数据处理合理、准确，两次测定的结果之差不超过平均值的 10%。实验报告书写合理、规范，结果评价准确。

【知识与技能检测】

一、理论知识检测

1. 简述水分活度的概念。
2. 水分活度与水分含量的区别是什么？
3. 测定水分活度的意义是什么？

二、技能检测

以方便面中的酱包为例，简述酱包水分活度测定步骤及注意事项。

学习情境五　食品中灰分及主要矿物质元素含量的测定

工作任务一　乳粉中灰分含量的测定

【任务描述】

通过对乳粉中灰分含量的检测，了解灰分测定的方法，重点掌握样品的炭化和灰化操作以及马弗炉的正确使用方法。

【作业质量要求】

（1）正确进行样品的炭化操作。

（2）正确使用马弗炉。

（3）正确掌握恒重操作。

（4）遵守操作规程，保持操作现场整洁。

（5）正确执行安全技术操作规程。

【学习目标】

通过对乳粉中灰分含量的测定，正确理解粗灰分的概念，区分粗灰分与无机盐，同时掌握灰分测定的基本方法和操作技能。

【技能目标】

（1）掌握粗灰分的测定原理及操作技能。

（2）掌握炭化、灰化的操作技能，正确进行灰分测定中的恒量操作。

【所需仪器和试剂】

1. 实验仪器

高温炉、坩埚、坩埚钳、干燥器、分析天平。

2. 实验试剂

盐酸（1+4）、三氯化铁溶液（0.5%）和等量蓝墨水的混合液、硝酸（6 mol/L）、过氧化氢（36%）、辛醇或纯植物油。

【相关知识】

食品中的无机成分如钙、镁、钾、钠、硫、磷、氯、铁、锌、铜、锰、碘、氟、硒等，经高温灼烧后，将发生一系列物理和化学变化，最后有机成分挥发逸散，而无机成分（主要是无机盐和氧化物）则残留下来，这些残留物称为灰分。

灰分是标示食品中无机成分总量的一项指标。

食品的灰分与食品中原来存在的无机成分在数量和组成上并不完全相同，因此应该把灼烧后的残留物称为“粗灰分”。这是因为食品在灰化时，某些易挥发元素如氯、碘、铅等，会挥发散失，磷、硫等也会以含氧酸的形式挥发散失，使这些无机成分减少；另一方面，某些金属氧化物会吸收有机物分解产生的二氧化碳而形成碳酸盐，又使无机成分增多。

食品的灰分除粗灰分外，按其溶解性还可分为水溶性灰分、水不溶性灰分和酸不溶性灰分。

水溶性灰分反映的是可溶性的钾、钠、钙、镁等的氧化物和盐类的含量。

水不溶性灰分反映的是污染的泥沙和铁、铝等氧化物及碱土金属的碱式磷酸盐的含量。

酸不溶性灰分反映的是污染的泥沙和食品中原来存在的微量氧化硅的含量。

因此，灰分的测定项目主要包括粗灰分的测定、水溶性灰分和水不溶性灰分的测定、酸不溶性灰分的测定。

测定灰分具有重要意义，主要表现在以下几点。

（1）不同的食品，因所用原料、加工方法及测定条件的不同，各种灰分的组成和含量也不相同，当这些条件确定后，某种食品的灰分常在一定范围内。

（2）灰分可以作为评价食品的质量指标。

（3）测定植物性原料的灰分可以反映植物生长的成熟度和自然条件对其的影响；测定动物性原料的灰分可以反映动物品种、饲料组分对其的影响。

一、粗灰分的测定

粗灰分的测定方法包括 550 ℃ 灼烧法和乙酸镁法（850 ℃ 灼烧法）

（一）550 ℃灼烧法

1. 实验原理

把一定量的样品经炭化后放入高温炉内灼烧，使有机物质被氧化分解，以二氧化碳、氮的氧化物及水等形式逸出；而无机物质则以硫酸盐、磷酸盐、碳酸盐、氯化物等无机盐和金属氧化物的形式残留下来，这些残留物即为灰分，称量残留物的重量即可计算出样品中粗灰分的含量。

2. 实验操作条件的选择

（1）灰化容器。测定灰分通常以坩埚作为灰化容器，个别情况下也可使用蒸发皿。坩埚分素烧瓷坩埚、铂坩埚、石英坩埚等多种，其中最常用的是素烧瓷坩埚。它具有耐高温、耐酸、价格低廉等优点，但耐碱性差，当灰化碱性食品（如水果、蔬菜、豆类）时，素烧瓷坩埚内壁的釉层会部分溶解，反复多次使用后，往往难以得到恒重，在这种情况下宜使用新的素烧瓷坩埚，或使用铂坩埚。铂坩埚具有耐高温、耐碱、导热性好、吸湿性小等优点，但价格相对昂贵。

灰化容器的大小要根据样品的性状来选用，液态样品、加热易膨胀的样品及灰分含量低、取样量较大的样品，需选用稍大些的坩埚蒸发皿，但灰化容器过大会使称量误差增大。

（2）取样量。测定灰分时，取样量的多少应根据样品的种类和性状来决定，食品的灰分与其他成分相比，含量较少，所以取样时应考虑称量误差，以灼烧后得到的灰分量为 10～100 mg 来决定取样量。

（3）灰化温度。灰化温度一般为 500～550 ℃。

灰化温度过高，将引起钾、钠、氯等元素的挥发损失，而且磷酸盐、硅酸盐类也会熔融，将碳粒包藏起来，使碳链无法氧化；灰化温度过低，则灰化速度慢、时间长，不易灰化完全，也不利于除去过剩的碱（碱性食品）吸收的二氧化碳。因此，必须根据食品的种类和性状兼顾各方面因素，选择合适的灰化温度。

在保证灰化完全的前提下，尽可能减少无机成分的挥发损失和缩短灰化时间。此外，加热的速度也不可太快，以防急剧干馏时灼热物的局部产生大量气体而使微粒飞失、爆燃。

（4）灰化时间。一般以灼烧至灰分呈白色或浅灰色，无碳粒存在并达到恒重为止。根据样品的组成、性状注意观察残灰的颜色，正确判断灰化程度。

（5）加速灰化的方法。

①样品经初步灼烧后，取出冷却，从灰化容器边缘慢慢加入少量无离子水，使水溶性盐类溶解，被包住的碳粒暴露出来，在水浴上蒸发至干涸，置于 120～130 ℃烘箱中充分干燥，再灼烧到恒重。

②经初步灼烧后，放冷，加入几滴硝酸或双氧水，蒸干后再灼烧至恒重，利用它们的氧化作用来加速碳粒的灰化。也可以加入 10%碳酸铵等疏松剂，在灼烧时分解为气体逸出，使灰分呈松散状态，促进未灰化的碳粒灰化。这些物质经灼烧后完全消失，不增加残灰的质量。

③加入醋酸镁、硝酸镁等助灰化剂，这类镁盐随着灰化的进行而分解，与过剩的磷酸结合，残灰不熔融而呈松散状态，避免碳粒被包裹，可大大缩短灰化时间。此法应做空白实验，以校正加入的镁盐灼烧后分解产生氧化镁的量。

（二）乙酸镁法（850 ℃灼烧法）

1. 实验原理

乙酸镁法与 550 ℃灼烧法一样，也是利用灰化法原理来破坏有机物从而保留样品中矿物质。为提高灼烧温度，避免发生熔融现象，样品中可加入助燃剂（如乙酸镁、乙酸钙等），使灼烧时试样疏松，氧气易于流通，从而缩短灰化时间。

2. 实验仪器

100 mL 细口瓶、玻璃棒、5 mL 移液管，其余仪器和用具同 550 ℃灼烧法。

3. 实验试剂

乙酸镁酒精溶液。

4. 实验操作过程

取三只洗净擦干并编号的坩埚，送入 800～850℃的高温炉中灼烧 30 min，取出，冷却，称重。用其中两只坩埚各称取磨碎样品 2～3 g，用移液管准确吸取乙酸镁酒精溶液，于三只坩埚中各注入 3 mL，静置 2～3 min（直至全部湿润试样为止），在水浴上挥去酒精后，按 550 ℃灼烧法进行炭化，炭化后，将三只坩埚送至高温炉膛口处预热片刻，再移入炉膛内，错开坩埚盖（约 0.5 cm），关闭炉门，在 800～850 ℃的高温下灼烧 1 h，待剩余物变成灰白色时，停止灼烧，取出坩埚置于炉门口处，待红热消失后，移入干燥器内，冷却至室温，称重（若带有红棕色说明有相当量的三氧化二铁存在）。

5. 结果计算

$$w=\frac{(m_1-m_0)-(m_3-m_2)}{m\times(100\%-M)}\times100\%$$

式中　w——粗灰分的含量，%；

m_0——坩埚质量，g；

m_1——灰分和坩埚质量，g；

m_2——空白实验坩埚质量，g；

m_3——氧化镁和坩埚质量，g；

m——试样质量，g；

M——试样水分百分率，%。

二、水溶性灰分和水不溶性灰分的测定

向测定粗灰分所得残留物中加入 25 mL 无离子水，加热至沸，用无灰滤纸过滤，用 25 mL 热的无离子水分多次洗涤坩埚、滤纸及残渣，将残渣连同滤纸移回原坩埚中，在水浴上蒸发至干涸，放入干燥箱中干燥，再进行灼烧、冷却、称重，直至恒重，按下式计算水溶性灰分和水不溶性灰分含量。

$$w=\frac{m_4-m_1}{(m_2-m_1)\times(100\%-M)}\times100\%$$

式中　w——水不溶性灰分含量，%；

m_4——水不溶性灰分和坩埚的质量，g；

m_1——灰分和坩埚质量，g；

m_2——空白试验坩埚质量，g；

M——试样水分百分率，%。

水溶性灰分含量（%）=粗灰分含量（%）−水不溶性灰分含量（%）

三、酸不溶性灰分的测定

向粗灰分或水不溶性灰分中加入 25 mL 盐酸（0.1 mol/L），以下操作同水溶性灰分的测定，按下式计算酸不溶性灰分含量。

$$w=\frac{m_5-m_2}{(m_3-m_2)\times(100\%-M)}\times100\%$$

式中 w——酸不溶性灰分含量，%；

m_5——酸不溶性灰分和坩埚的质量，g；

m_2——空白试验坩埚质量，g；

m_3——氧化镁和坩埚质量，g；

M——试样水分百分率，%。

【工作过程】

一、具体工作课时

要求本单元的“理论+实训”课时为“4+4”课时。

二、工作过程

（一）用550 ℃灼烧法测定乳粉中灰分含量的工作过程

1. 坩埚的准备

（1）将坩埚用盐酸（1+4）煮1～2 h，洗净晾干。

（2）用三氯化铁与蓝墨水的混合液在坩埚外壁及盖上写上编号，置于规定温度（500～550 ℃）的高温炉中灼烧。

（3）灼烧1 h，将坩埚移至炉口冷却到200 ℃左右后，再移入干燥器中，冷却至室温。

（4）准确称重。

（5）将坩埚放入高温炉内灼烧30 min，取出冷却称重，直至恒重（两次称量之差不超过0.5 mg）。

2. 炭化

炭化的目的：防止在灼烧时，因温度过高而使试样中的水分急剧蒸发飞扬；防止糖、蛋白质、淀粉等易发泡膨胀的物质在高温下发泡膨胀而溢出坩埚；防止不经炭化而直接灰化或灰化不完全。

炭化的操作（见图5-1）：把坩埚置于电炉上，半盖坩埚盖，小心加热使样品在通气情况下逐渐炭化，直至无黑烟产生。对特别容易膨胀的样品（如含糖多的食品），可先于样品上加数滴辛醇或纯植物油，再进行炭化。

3. 灰化

炭化后，把坩埚移入已达规定温度（500～550 ℃）的高温炉炉口处（见图5-2），稍停留片刻，再慢慢移入炉膛内，坩埚盖斜倚在坩锅口，关闭炉门，灼烧一定时间（视样品种类、性状而异）至灰中无炭粒存在。打开炉门，将坩埚移至炉口处冷却至200 ℃左右，移入干燥器中冷却至室温，准确称重，再灼烧、冷却、称重，直至达到恒重。

图 5-1　样品炭化操作

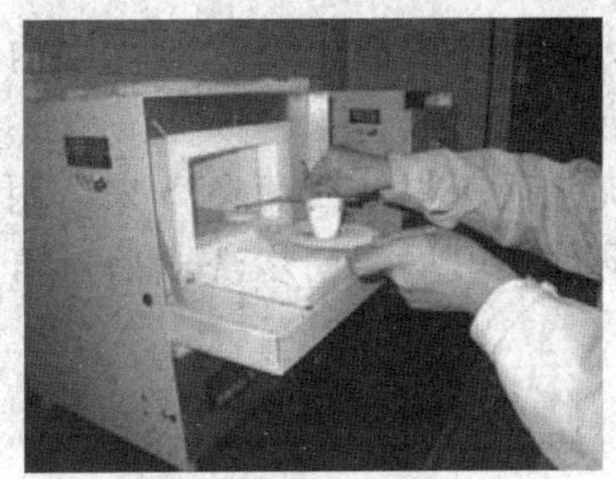
图 5-2　样品灰化操作

4. 数据的记录及处理

（1）数据的记录。将数据记录于表 5-1。

表 5-1　数据记录表　　（单位：g）

序　　号	坩埚质量	坩埚加样品质量	坩埚加样品质量

（2）按下式计算乳粉中灰分含量：

$$w=\frac{m_3-m_1}{(m_2-m_1)\times(100\%-M)}\times100\%$$

式中　w——粗灰分含量，%；

m_1——空坩锅质量，g；

m_2——样品加空坩埚质量，g；

m_3——残灰加空坩埚质量，g；

M——试样水分百分率，%。

三、操作注意事项

（1）样品粉碎细度不宜过细，且样品在坩埚内不要放得很紧密，炭化要缓慢进行，温度要逐渐升高，以免氧化不足或样品被气流吹逸，或引起磷、硫的损失。

（2）温度过高的强烈灼烧常会引起硅酸盐的熔融，遮盖炭粒表面，使氧气被隔绝而妨碍炭的完全氧化。若遇此情况必须停止灼烧，应冷却坩埚，用几滴热蒸馏水溶解被熔融的灰分，烘干坩埚，重新灼烧。如此仍得不到良好结果，则应重做实验。

（3）把坩埚放入高温炉或从炉中取出要在炉口停留片刻，使坩埚预热或冷却。防止因温度剧变而使坩埚破裂。

（4）灼烧完毕后先将高温炉电源关闭，打开炉门，待温度降至 200 ℃左右方能取出坩埚，再移入干燥器中。否则，因热的对流作用，易造成残灰飞散，且冷却速度慢，冷却后干燥器内形成较大真空，盖子不易打开。取出时，要放在炉口停留片刻，使坩埚预热或冷却，防止因温度剧变而使坩埚破裂。

（5）从干燥器内取出坩埚时，因内部成真空，开盖恢复常压时，应注意使空气缓缓流入，以防残灰飞散。

（6）灰化后所得残渣可留下来，用做钙、磷、铁等成分的分析。

（7）用过的坩埚经初步洗刷后，可用粗盐酸或废盐酸浸泡 10～20 min，再用水冲刷洁净。

【质量检测】

1．工作过程检测

（1）使用的坩埚应作恒重操作，干燥前后两次重量之差不超过 2 mg。

（2）样品炭化应待无烟后才能移入高温炉内。

（3）灰化完全后应待炉温降到 200 ℃左右，方可打开炉门，将瓷坩埚移至干燥器内。

（4）实验结束后应及时清洁器皿并归位。

2．实验数据检测

实验数据处理合理、准确，两次测定的结果之差不超过平均值的 10%。实验报告书写合理、规范，结果评价准确。

【知识与技能检测】

一、理论知识检测

（一）填空题

1．测定食品灰分含量要求将样品放入高温炉中灼烧，因此必须将样品灼烧至____________________________________并达到恒重为止。

2．测定灰分含量的一般操作步骤分为__________、__________、__________、__________。

3．水溶性灰分是指____；

水不溶性灰分是指____；

酸不溶性灰分是指____。

（二）单项选择题

1．对食品灰分叙述正确的是（　　）。

A．灰分中无机物含量与原样品无机物含量相同

B．灰分是指样品经高温灼烧后的残留物

C．灰分是指食品中含有的无机成分

D．灰分是指样品经高温灼烧完全后的残留物

2．耐碱性好的灰化容器是（　　）。

A．瓷坩埚　　B．蒸发皿　　C．石英坩埚　　D．铂坩埚

3．正确判断灰化完全的方法是（　　）。

A．一定要灰化至白色或浅灰色

B．一定要在高温炉温度达到 500～600 ℃时计算时间达 5 h

C．应根据样品的组成、性状观察残灰的颜色

D．加入助灰剂使其达到白灰色为止

4．富含脂肪的食品在测定灰分前应先除去脂肪的目的是（　　）。

A．防止炭化时发生燃烧　　B．防止炭化不完全

C．防止脂肪包裹碳粒　　D．防止脂肪挥发

5．固体食品应粉碎后再进行炭化的目的是（　　）。

A．使炭化过程更易进行、更完全

B．使炭化过程中易于搅拌

C．使炭化时燃烧完全

D．使炭化时容易观察

6．对水分含量较多的食品测定其灰分含量应进行的预处理是（　　）。

A．稀释　　B．加助化剂　　C．干燥　　D．浓缩

7．干燥器内常放入的干燥剂是（　　）。

A．硅胶　　B．助化剂　　C．碱石灰　　D．无水 Na_2SO_4

8．炭化高糖食品时，加入的消泡剂是（　　）。

A．辛醇　　B．双氧水　　C．硝酸镁　　D．硫酸

9．通常把食品经高温灼烧后的残留物称为粗灰分，因为（　　）。

A．残留物的颗粒比较大

B．灰分与食品中原来存在的无机成分在数量和组成上并不完全相同

C．灰分可准确地表示食品中原有无机成分的总量

D．灰分中既有无机成分还有有机成分

10．灰分是标示（　　）的一项指标。

A．无机成分总量

B．有机成分

C．污染的泥沙和铁、铝等氧化物总量

D．有机物和无机物总量

11．为评价果酱中果汁含量的多少，可测其（　　）的大小。

A．粗灰分　　B．水溶性灰分

C．酸不溶性灰分　　D．固形物

12．取样量的大小以灼烧后得到的灰分量为（　　）来决定。

A．10～100 mg　　B．0.01～0.1 mg

C．1～10 g　　D．0.1～1 mg

13．样品灰化完全后，灰分应呈（　　）。

A．灰色或白色　　B．白色带黑色炭粒

C．黑色　　D．蓝绿色

14．粗灰分测定的一般步骤为（　　）。

A．称坩埚重，加入样品后称重，灰化，冷却，称重

B．称坩埚重，加入样品后称重，炭化，灰化，冷却，称重

C．样品后称重，炭化，灰化，冷却，称重

D．样品称重，灰化，冷却，称重

15．灰化完毕后（　　），用预热后的坩埚钳取出坩埚，放入干燥器中冷却。

A．立即打开炉门

B．立即打开炉门，待炉温降到 200 ℃左右

C．待炉温降到 200 ℃左右，打开炉门

D．1h 后打开炉门

16．采用（　　）加速灰化的方法，必须做空白实验。

A．滴加双氧水　　B．加入碳酸铵

C．醋酸镁　　D．硝酸

17．以下各化合物中，不可能存在于灼烧残留物中的是（　　）。

A．氯化钠　　B．碳酸钙　　C．蛋白质　　D．氧化铁

18．测定牛乳中的灰分含量时，所用的灼烧温度是（　　）。

A．450 ℃　　B．550 ℃　　C．650 ℃　　D．750 ℃

19．测定牛乳中的灰分含量时，放入干燥器的坩埚温度不得高于（　　）。

A．200 ℃　　B．300 ℃　　C．410 ℃　　D．350 ℃

20．测定牛乳中灰分含量时，坩埚恒重是指前后两次称量之差不大于（　　）。

A．2 mg　　B．0.2 mg　　C．5 mg　　D．0.5 mg

21．在测定食品中的灰分含量时，灼烧残留物中不可能存在的是（　　）。

A．蔗糖　　B．钠　　C．钾　　D．氯

22．测定食品中的灰分时，不能采用的助灰化方法是（　　）。

A．加过氧化氢　　B．提高灰化温度至 800 ℃

C．加水溶解灰化残渣后继续灰化　　D．加助灰化剂

（三）简答题

1．为什么将灼烧后的残留物称为粗灰分？

2．粗灰分与无机盐的含量有什么区别？

3．灰分测定的意义是什么？

4．如何选用灰化容器？如何确定取样量、灰化温度及灰化时间？

5．与食品加工工艺结合，举例说明食品中灰分的意义。

（四）计算题

现要测定某种奶粉的灰分含量，称取样品 3.976 0 g，置于干燥恒重为 45.358 5 g 的瓷坩埚中，小心炭化完毕，再于 600 ℃的高温炉中灰化 5 h 后，置于干燥器内冷却称重为 45.384 1 g；重新置于 600 ℃高温炉中灰化 1h，完毕后取出置于干燥器冷却后称重为 45.382 6 g；再置于 600 ℃高温炉中灰化 1h，完毕后取出置于干燥器冷却后称重为 45.382 5 g。问被测定的奶粉灰分含量为多少？

二、技能检测

怀疑大豆干制品中掺有大量滑石粉时，可采用灰分测定方法确定，试写出测定的原理、操作及判断方法。

工作任务二　乳粉中钙含量的测定

【任务描述】

通过讲解与演示，让学生了解 EDTA 标准溶液配制与标定中的注意事项，学会用 EDTA 络合滴定法测定乳粉中的钙含量，同时了解高锰酸钾法和原子吸收分光光度法的实验原理和操作过程。

【作业质量要求】

（1）正确、规范地使用刻度吸管和容量瓶。

（2）熟悉测定原理。

（3）实验数据处理合理、准确，分析结果准确。

（4）严格按照操作规程进行。

（5）保持实验现场整洁。

【学习目标】

（1）了解食品中几种重要矿物质元素的作用。

（2）了解钙元素的测定原理和方法。

（3）掌握 EDTA 标准溶液的配制与标定方法。

【技能目标】

（1）掌握样品预处理的操作技能。

（2）掌握 EDTA 络合滴定法测定乳粉中钙含量的操作技能。

【所需仪器和试剂】

1. 实验仪器

（1）微量滴定管（1～2 mL）。

（2）碱式滴定管（50 mL）。

（3）刻度吸管（0.5～1 mL）。

（4）坩埚。

2. 实验试剂

（1）盐酸（6 mol/L）。

（2）氢氧化钠溶液（2 mol/L）。

（3）氰化钾溶液（10 g/L）。

（4）柠檬酸钠溶液（0.05 mol/L）。称取 1.47 g 柠檬酸钠，加水溶解并稀释至 100 mL。

（5）EDTA 溶液（0.01 mol/L）。称取 20 g 乙二胺四乙酸二钠盐，溶于水并稀释至 1000 mL。

EDTA 溶液（0.01 mol/L）的标定：取基准锌用盐酸（1+3）、水、丙酮依次洗涤，置于干燥器中干燥 24 h 以上，精确称取该基准锌 3.269 0 g，用 25 mL 水和 10 mL 盐酸溶解。溶解完全后移入 500 mL 容量瓶中并稀释至刻度。

准确吸取上述锌标准溶液 25 mL，稀释至 100 mL，滴加氨水（1+9）使溶液 pH 值约为 8，再加 pH 值为 10.1 的氨性缓冲溶液（以 0.1 mol/L 的氯化铵溶液 10 mL 与 0.1 mol/L 的氨水 40 mL 混合）10 mL，加铬黑 T 指示剂（0.5%，质量分数）4 滴，用配置好的 EDTA 溶液滴定，溶液由紫色转变为纯蓝色为终点。同样条件下做空白实验。

$$c_{\mathrm{EDTA}}=\frac{\frac{m}{500}\times 25}{(V-V_0)\times 0.065\,38}$$

式中 c_{EDTA}——EDTA 标准溶液的浓度，mol/L；

m——称取基准锌的质量，g；

V——消耗 EDTA 标准溶液的体积，mL；

V_0——空白实验消耗 EDTA 标准溶液的体积，mL。

【相关知识】

食品中所含的元素已知有 50 多种，除去碳、氢、氧、氮 4 种构成水分和有机物质元素以外，其他元素统称为矿物元素。其中含量较多的矿物元素有钙、镁、钾、钠、磷、硫、氯 7 种，含量都在 0.01%以上，称为“常量元素”，约占矿物质总量的 80%。此外还含有铁、钴、镍、锌、铬、钼、铝、硅、硒、锡、碘、氟等元素，含量都在 0.01%以下，称为“微量元素”或“痕量元素”。其中一些元素是人体所必需的，它们在维持体液的渗透压、机体的酸碱平衡、酶的活化剂以及构成人体组织等方面，起着十分重要的作用。由于食物中矿物质含量较丰富，分布也较广泛，一般情况下都能满足人体需要，不易缺乏，但对于一些特殊人群或处于特殊生理状况时，如婴幼儿、孕妇、青春期、哺乳期等，常易引起缺乏症。测定食品中某些矿物元素含量，对于评价食品的营养价值，开发和生产强化食品，具有十分重要的意义。

考察一种食品的营养质量时，不仅要考虑其中营养素的含量，而且还要考虑这些成分被生物机体利用的实际可能性，即生物有效性。前者主要用测定含量多少来表示，后者则要考虑矿物元素的存在形式、与其他营养成分的相互作用等。一般来说，动物性食品中矿物元素的生物有效性高于植物性食品。

一、食物中矿物质元素的来源途径

食物中矿物质元素的来源途径有以下几种。

（1）由自然条件（如地质、地理、生物种类、品种等）所决定的，食物本身天然存在矿物质元素。

（2）为营养强化而添加到食品中的微量矿物质元素或食品在加工、包装、贮存时，受到污染，引入了重金属元素。

（3）随着经济的发展，各种新材料的出现，造成了新的食物污染。

（4）工业“三废”以及农药、化肥用量的增加，造成土壤、水源、空气的污染，使重金属以及有毒元素在动植物体内富集并直接影响人类健康。

二、食品中矿物质元素的检测方法

（一）食品中元素的分离与浓缩

食品中元素的分离与浓缩有以下两种方法。

1. 螯合溶剂萃取法

在螯合溶剂萃取法下，金属离子先与螯合剂生成金属螯合物，然后利用与水不相溶的有机溶剂同试液一起振荡，金属螯合物进入有机相，另一些组分仍留在水相中，从而达到提取分离的目的。

2. 离子交换法

离子交换法是利用离子交换树脂与溶液中的离子之间所发生的交换反应来进行分离的方法，适用于带相反电荷的离子之间和带相同电荷或性质相近的离子之间的分离。

（二）食品中元素测定的方法

食品中元素测定的方法有以下几种。

（1）原子吸收分光光度法。该方法选择性好、灵敏度高、简便快速，可同时测定多种元素。

（2）比色法。该方法设备简单、价廉、灵敏度可满足要求。

另外，还有极谱法、离子选择电极法和荧光分光光度法。

本次任务只介绍食品中钙元素的测定方法。

三、钙的测定

钙是构成机体骨骼、牙齿的主要成分，长期缺钙会影响骨骼和牙齿的生长发育，严重时产生骨质疏松，发生软骨病。钙还参与凝血过程和维持毛细血管的正常渗透压，并影响神经肌肉的兴奋性，缺钙时可引起手足搐搦。

食品中含钙较多的是豆、豆制品、蛋、酥鱼、排骨、虾皮等。部分食品中钙的含量见表 5-2。机体对食品中钙的吸收受多种因素的影响，蛋白质、氨基酸、乳糖、维生素有利于钙的吸收；脂肪太多或含镁量过多不利于钙的吸收；草酸、植酸或脂肪酸的阴离子能与钙生成不溶性沉淀，也会影响钙的吸收。菠菜、韭菜、苋菜等蔬菜中含草酸量较高，不但其本身所含钙不能被吸收，而且还影响其他食物中钙的吸收，使有效钙量为负值。为此，对含草酸多的蔬菜，有时不仅要测定钙的量，还要同时测定草酸的量。

表 5-2 部分食品中钙的含量 （单位：mg/100g）

食品名称	钙含量	食品名称	钙含量	食品名称	钙含量	食品名称	钙含量
牛肉	12	猪肉	11	羊肉	15	鸭蛋	71
鸡肉	11	鸭肉	11	牛乳	120	鲤鱼	25
全脂乳粉	1 030	脱脂乳粉	1 300	鸡蛋	58	对虾	35
鸡蛋白	19	鸡蛋黄	134	全蛋粉	186	干虾皮	1 760

有效钙量=（钙重/钙分子量–草酸重/草酸分子量）×钙原子量

食品中钙的来源以乳及乳制品为最好，不但含量丰富，而且吸收率高。中国营养学会制定钙每月摄入量为 800 mg 为标准，但现全国人均不足 500 mg，所以钙强化制剂具有重要意义。

测定钙的经典方法是用草酸铵使钙生成草酸钙沉淀，然后用重量法或容量法测定，如高锰酸钾法。此法虽有较高的精确度，但需经沉淀、过滤、洗涤等步骤，费时费力，现在较为少用。目前广泛应用的是原子吸收分光光度法和 EDTA 络合滴定法。

（一）高锰酸钾法

1. 实验原理

样品经灰化后，用盐酸溶解。在酸性溶液中，钙与草酸生成草酸钙沉淀，沉淀经洗涤后，加入硫酸溶解，把草酸游离出来，再用高锰酸钾标准溶液滴定。稍过量的高锰酸钾使溶液呈现微红色，即为滴定终点。根据消耗的高锰酸钾量，计算出食品中钙的含量。反应方程式如下：

$$CaCl_2 + (NH_4)_2C_2O_4 \longrightarrow CaC_2O_4\downarrow + 2NH_4Cl$$

$$CaC_2O_4 + H_2SO_4 \longrightarrow CaSO_4 + H_2C_2O_4$$

$$5H_2C_2O_4 + 2KMnO_4 + 3H_2SO_4 \longrightarrow K_2SO_4 + 2MnSO_4 + 10CO_2 + 8H_2O$$

2. 实验仪器

（1）高温炉。
（2）分析天平。
（3）离心机（4 000 r/min）。
（4）G3 或 G4 砂芯漏斗。

3. 实验试剂

（1）盐酸（1+1）。
（2）甲基红指示剂（0.1%）。
（3）乙酸溶液（1+4）。
（4）氨水溶液（1+4）。
（5）氨水溶液（2%）。

（6）$1/2H_2SO_4$ 溶液（2 mol/L）。

（7）草酸铵溶液（4%）。

（8）高锰酸钾溶液（0.02 mol/L）：称取 3.3 g 高锰酸钾于 1 000 mL 烧杯中，加水 1 000 mL，盖上表面皿，加热煮沸 30 min，并随时补加被蒸发掉的水分，冷却，在暗处放 5～7 d，用 G_3 或 G_4 砂芯漏斗过滤，滤液贮存于棕色瓶中，待标定。

标定方法为准确称取经 130 ℃高温烘干 30 min 的草酸基准试剂三份，每份 0.15～0.2 g（精确至 0.000 1 g），分别置于 250 mL 锥形瓶中，加 40 mL 水溶解，再加入 10 mL $1/2H_2SO_4$ 溶液（2 moI/L），加热至 70～80 ℃。用待标定的高锰酸钾溶液滴定至微红色，且保持 30 s 内不褪色，即为终点。记录消耗的高锰酸钾溶液的体积（mL）。

$$c=\frac{m\times 1\,000}{V\times 134}\times\frac{2}{5}$$

式中　c——高锰酸钾的浓度，mol/L；

m——草酸钠的质量，g；

V——样品消耗的高锰酸钾体积，mL；

134——草酸钠的摩尔质量，g/mo1；

2/5——滴定时草酸钠与高锰酸钾反应的质量比值。

4. 实验操作过程

（1）样品处理。准确称取 3～10 g 样品于坩埚中，在电热板上炭化至无烟后移入高温炉中，在 550 ℃高温下灰化至不含炭粒为止，取出冷却后，加入 5 mL 盐酸溶液（1+1），置于水浴上蒸干，再加入 5 mL 盐酸溶液（1+1）溶解，转移至 250 mL 容量瓶中，用热的去离子水多次洗涤，洗液也一并倒入容量瓶中，冷却后用去离子水定容至刻度。

（2）测定。准确刻取 5 mL 样品处理液（含钙量在 1～10 mg）于 l5 mL 离心管中，加入甲基红指示剂 1 滴、2 mL 草酸铵溶液（4%）、0.5 mL 乙酸溶液（1+4），振摇均匀，用氨水溶液（1+4）调整样液至微蓝色，再用乙酸溶液（1+4）调至微红色，放置 1h，使沉淀完全析出，离心 l5 min，小心倾去上层清液，倾斜离心管并用滤纸吸干管口溶液，向离心管中加入少量氨水溶液（2%），用手指弹动离心管，使沉淀松动，再加入约 10 mL 氨水溶液（2%），离心 20 min，用胶帽吸管吸去上清液。向沉淀中加入 2 mL 的 $1/2H_2SO_4$ 溶液（2 mol/L），摇匀，70～80℃水浴加热，使沉淀全部溶解，以 $1/5KMnO_4$ 溶液（0.02 mo1/L）标准溶液滴定至微红色，并保持 30 s 不褪色，即为滴定终点，记录消耗的高锰酸钾标准溶液的体积。做空白实验校正结果。

5. 结果计算

$$x=\frac{\frac{5}{2}c\times V\times 40.08}{m\times\frac{V_1}{V_2}}$$

式中　x——样品中钙的含量，mg/kg；

c——高锰酸钾的浓度，mol/L；

V——样品滴定消耗高锰酸钾标准溶液的体积，mL；

V_1——测定用样品稀释液的体积，mL；

V_2——样液定容总体积，mL；

m——样品的质量，g；

40.08——钙的摩尔质量，g/mol。

（二）原子吸收分光光度法

1. 实验原理

样品经处理后制备成溶液，以镧作为释放剂，将溶液喷入原子吸收仪器的火焰中，在钙的特征线波长 422.7 nm 处测量钙的吸收量，其吸收量与含量成正比，与标准系列比较定量。

2. 实验仪器

原子吸收分光光度计。

3. 实验试剂

（1）盐酸。

（2）硝酸。

（3）高氯酸。

（4）混合酸消化液（硝酸:高氯酸=4:1）。

（5）硝酸溶液（0.5 mol/L）：量取 32 mL 硝酸，加去离子水并稀释至 1 000 mL。

（6）氧化镧溶液（20 g/L）：称取 23.45 g 氧化镧（纯度大于 99.99%），加少量水润湿再加 75 mL 盐酸于 1 000 mL 容量瓶中，加去离子水稀释至刻度。

（7）钙标准贮备液：准确称取预先在 105～110 ℃干燥 2 h 的基准碳酸钙 1.248 6 g，溶解于少量盐酸溶液中，移入 1 000 mL 容量瓶中，加氧化镧溶液（20 g/L）稀释至刻度，储存于聚乙烯瓶内，4 ℃低温保存；此溶液每毫升相当于 500 μg 钙。

（8）钙标准工作液：钙标准使用液的配制见表 5-3；钙标准使用液配置后，储存于聚乙烯瓶内，4 ℃低温保存。

表 5-3　钙标准使用液的配制表

元　素	标准储备液溶度（μg/mL）	吸取标准储备液量（mL）	稀释体积（容量瓶）（mL）	标准使用液浓度（μg/mL）	稀 释 溶 液
钙	500	5.0	100	25	20 g/L 氧化镧溶液

4. 操作步骤

（1）样品处理。称取 2～15 g 样品（精确至 0.01 g，称样量视样品含钙量而定）于坩埚中加热，烘干水分后低温炭化。炭化后，移入 550 ℃马弗炉中灰化完全。取出坩埚，冷却后，用 1 mL 盐酸溶液（1+1）溶解灰分，并移入 25 mL 容量瓶中。加 2.5 mL 镧溶液（100 g/L），用水定容，摇匀备用。同时做空白实验。

（2）测定。将钙标准溶液分别配成不同浓度系列的标准稀释液，测定操作参数见表 5-4。

表 5-4　不同浓度系列标准稀释液的配制方法

元　素	使用液浓度（μg/mL）	吸取使用液量（mL）	稀释体积（mL）	标准系列浓度（μg/mL）	稀释溶液
钙	25	1	50	0.5	20g/L 氧化镧溶液
		2		1	
		3		1.5	
		4		2	
		6		3	

将制备好的试样液、试剂空白液和钙元素的标准浓度系列分别导入火焰中进行测定。

5. 结果计算

$$x=\frac{(c_1-c_0)\times V\times f\times 100}{m\times 1\,000}$$

式中　x——试样中钙的含量，mg/100 g；

c_1——测定用试样液中钙的浓度，μg/mL；

c_0——试剂空白液钙的浓度，μg/mL；

V——试样定容体积，mL；

f——稀释倍数；

m——试样质量，g。

（三）EDTA 络合滴定法

EDTA 络合滴定法的实验原理如下。钙与氨羧配合剂能定量地形成金属配合物，其稳定性较钙与指示剂所形成的配合物为强。在适当的 pH 值范围内，以氨竣络合剂 EDTA 滴定，在达到定量点时，EDTA 就自指示剂配合物中夺取钙离子，使溶液呈现游离指示剂的颜色（终点）。根据 EDTA 配合剂用量，即可计算出钙的含量。

【工作过程】

一、工作课时

要求本单元的“理论+实训”课时为“4+4”课时。

二、具体工作过程

用EDTA 络合滴定法测定乳粉中钙含量的工作过程如下。

1. 样品处理

（1）称取 2～4 g 均匀乳粉样品置于坩埚中，用小火炭化至无黑烟。

（2）将坩埚移入 550～600 ℃高温电炉中灰化，直至灰分呈灰白色。

（3）待炉温降至 200 ℃以下时取出坩埚。

（4）冷却后加入 20 mL 盐酸（6 mol/L），加热溶解灰分。

（5）将灰分转入 100 mL 容量瓶中，用少量水洗净坩埚，洗液并入容量瓶中，最后加水至刻度，混合均匀备用。

2. 测定

（1）准确吸取上述样品处理液 5 mL 于锥形瓶中，加水 20 mL。

（2）用 2 mol/L 氢氧化钠溶液中和后（加约 3 mL）再用水稀释至 50 mL。

（3）加入氰化钾溶液 1 滴和柠檬酸钠溶液 0.1 mL，再加入 1 mL 氢氧化钠溶液（2 mol/L）（调节 pH 值至 12～14）混合均匀，加钙红指示剂 3 滴。

（4）立即用 EDTA 标准溶液（0.01 mol/L）滴定至溶液由紫红色变为纯蓝色为终点，记录 EDTA 标准溶液的用量。

（5）按照与样品测定同样的方法操作，做空白实验。

3. 数据记录及处理

（1）数据记录。将数据记录于表 5-5。

表 5-5　数据记录表

测定次数	1	2	空　白
样品质量（g）			
样品处理液的体积（mL）			
用于滴定的样品液体积（mL）			
样品消耗 EDTA 标准溶液的体积（mL）			
样品中钙的含量（mg/100 g）			
样品中钙的含量（mg/100 g）			

（2）按下式计算乳粉中钙的含量：

$$x=\frac{(V-V_0)\times M\times 40}{m\times\frac{V_1}{V_2}}\times 100$$

式中　x——样品中钙的含量，mg/100 g；

V_0——滴定空白时所用 EDTA 标准溶液的体积，mL；

V_2——样品处理液的体积，mL；

V_1——用于滴定的样品液体积，mL；

V——样品消耗 EDTA 标准溶液的体积，mL；

m——样品的质量（或体积），g（或 mL）；

M——EDTA标准溶液的物质的量，mol/L；

40——1 mol EDTA溶液 1 mL 相当于钙的质量，mg。

三、操作注意事项

（1）加指示剂后应立即滴定，放置过久会造成终点不明显。

（2）加氰化钾和柠檬酸钠能络合锌、铜、铁、镍和镉等干扰离子。

【质量检测】

1. 工作过程检测

要正确使用刻度吸管和容量瓶等实验室常规玻璃器皿，实验过程严格按照操作规程进行，执行安全操作，保持实验现场的整洁。实验结束后及时清洁实验用具并归位。

2. 实验数据检测

实验数据处理合理、准确。实验报告书写合理、规范，结果评价准确。

【知识与技能检测】

一、理论知识检测

1. 食品中钙含量的测定方法有哪些？
2. 测定时加入氰化钾和柠檬酸钠的作用是什么？
3. 高锰酸钾滴定法的实验原理是什么？
4. 采用原子吸收分光光度法测定钙含量的时候以什么作为释放剂？测量波长是多少？

二、技能检测

要想知道生产用水的硬度，该如何检测？写出具体检测步骤及计算公式。

工作任务三　乳粉中铁含量的测定

【任务描述】

通过对乳粉中铁含量的测定，要求学生掌握硫氰酸钾光度法测定铁的操作方法和技能，同时了解铁含量的其他测定方法以及注意事项。

【作业质量要求】

（1）正确、熟练地使用可见分光光度计、刻度吸管和容量瓶。

（2）正确绘制标准曲线，并能准确查出测定结果。

（3）遵守操作规程，保持操作现场整洁。

（4）正确执行安全技术操作规程。

【学习目标】

（1）了解乳粉中铁含量的测定方法。

（2）熟知邻菲啰啉比色法测定铁元素的测定原理和操作步骤。

（3）掌握硫氰酸钾光度法的测定原理。

（4）了解磺基水杨酸比色法和三吡啶均三嗪比色法的测定原理和注意事项。

【技能目标】

（1）掌握硫氰酸钾光度法的测定原理和操作技能。

（2）掌握可见分光光度计的操作技能。

（3）掌握原子吸收法的原理和仪器操作技能。

【所需仪器和试剂】

1. 实验仪器

可见分光光度计。

2. 实验试剂

（1）硫氰酸钾溶液（200 g/L）。

（2）过硫酸钾溶液（20 g/L）。

（3）硫酸。

（4）铁标准贮备液（1 mg/mL）。称取纯铁 0.100 0 g 溶于 10 mL 硫酸（1+9）中，加热至铁完全溶解后冷却，向溶液中加入 30 mL 水，移入 100 mL 容量瓶中，用水定容，摇匀。

（5）铁标准工作液（10 μg/mL）。准确吸取铁标准贮备液 10.00 mL 至 100 mL 容量瓶中，用水稀释至刻度，此时每毫升溶液相当于 100 μg 铁。吸取上述溶液 10.00 mL 至 100 mL 容量瓶中，用水定容。临用现配。

【相关知识】

铁是人体必需的微量元素，是人体内血红蛋白和肌红蛋白的组成成分，参与了血液中氧的运输作用，又能促进脂肪氧化，所以人体每日都必须摄入一定量的铁。1988 年中国营养学会推荐的铁的供应量：成年男子 12 mg/d，女子 18 mg/d，缺乏铁会引起低色素性贫血和血浆水平低下等病症，人体内含铁过量时也会引起血红症等疾病。在肉、蛋、肝脏和果蔬中均含有丰富的铁质（见表 5-6）。同时，食品在贮存过程中会常常由于污染了大量铁而使之产生金属味，色泽加深并导致食品中脂肪氧化和维生素 D 分解，造成食品品质降低，影响食品风味，所以食品铁的测定不但具有卫生意义而且具有营养学意义。

表 5-6　食品中铁的含量　　　　（单位：mg/100 g）

品　名	含铁量	品　名	含铁量	品　名	含铁量	品　名	含铁量
牛肉	3.2	羊肉	3.0	猪肉	2.4	草鱼	0.7
鸡肉	2.8	鸭肉	3.1	鸡蛋	4.3	胡萝卜	0.56
蛋黄粉	14.0	鸭蛋	3.2	牛乳	0.1	生白菜	0.98
牛肝	26.08	猪肝	65.22	全脂乳粉	1.9	花生	1.19
脱脂乳粉	0.6	带鱼	1.8	鲤鱼	1.6	青鱼	0.9

食品中铁含量的测定方法有邻菲啰啉比色法（邻二氮菲比色法）、硫氰酸盐比色法、磺基水杨酸比色法、三吡啶均三嗪比色法（AOAC 法）和原子吸收分光光度法等。

一、邻菲啰啉比色法（邻二氮菲比色法）

1. 实验原理

样品经消化后，以盐酸羟胺为还原剂，将样品中的 Fe^{3+}还原为 Fe^{2+}。pH 值为 4～5 之间时，Fe^{2+}与邻菲啰啉（又称邻二氮菲）反应生成橙红色络合物。用分光光度计或目视比色。测定 Fe^{2+}时，不加盐酸羟胺溶液，以免将 Fe^{3+}还原为 Fe^{2+}，使结果偏高。

用邻菲啰啉测定时，有很多元素干扰测定，须预先进行掩蔽或分离，如钴、镍、铜、铅与试剂形成有色配合物；钨、铂、镉、汞与试剂生成沉淀，还有些金属离子如锡、铅、铋则在邻二氮菲铁配合物形成的 pH 范围内发生水解。因此当这些离子共存时，应注意消除它们的干扰作用。

2. 实验仪器

可见分光光度计、成套比色管（50 mL）。

3. 实验试剂

（1）邻菲啰啉溶液（2.5 g/L）：称取 0.25 g 邻菲啰啉，加 10 mL95%（体积分数）乙醇溶解，用水稀释至 100 mL，摇匀。

（2）氨水（1+1）。

（3）铁标准溶液（10 mg/L）：精确称取 0.702 4 g 硫酸亚铁铵 $[FeSO_4 \cdot (NH_4)_2SO_4 \cdot 6H_2O]$，溶解于水，转移至 1 000 mL 容量瓶中，加 3～4 滴浓硫酸，然后用水定容至刻度，摇匀，此溶液含铁 100 mg/L 的标准贮备液；吸取贮备液 10.0 mL，用水稀释至 100.0 mL，摇匀。

（4）醋酸钠溶液（2 mol/L）：称取 272 g 醋酸钠（$CH_3COONa \cdot 3H_2O$），用水溶解并稀释至 1 000 mL，摇匀。

（5）盐酸羟胺溶液（200 g/L）：称取 20 g 盐酸羟胺，用水溶解并稀释至 100 mL，摇匀，于棕色瓶低温处贮存。

（6）30%（体积分数）双氧水。

（7）浓硫酸。

4. 实验操作过程

（1）样品处理。吸取液体样品 1.00 mL 于 10 mL 凯氏烧瓶内，置电炉上小心缓慢蒸发至干（此时，另取一支凯氏烧瓶，按同法操作做空白实验），取下稍冷后，加浓硫酸 1 mL，于通风橱内加热至干固物完全消化为止。取出，沿瓶壁缓缓加入 30%（体积分数）双氧水 0.5～1 mL，至电炉上消化至无色透明。如仍有色，可再加几滴双氧水直至无色透明为止。

（2）标准曲线绘制。用刻度吸管精确吸取 10 mg/L 的铁标准溶液 0.00 mL、0.20 mL、0.40 mL、0.60 mL、1.00 mL、1.40 mL 分别于 50 mL 比色管中，加水 5 mL，摇匀。加盐酸羟胺 0.5 mL，摇匀。放置 5 min，再加邻菲啰啉溶液 1 mL，摇匀。加水至 25 mL，放置 30 min。在分光光度计上于 480 nm 波长处，用 1 cm 比色皿测定吸光度，以测得的吸光度为纵坐标，铁含量为横坐标，绘制标准曲线。

（3）测定。样品与空白消化液分别用氨水或醋酸钠溶液调整 pH 值为 4～5，将此液小心移入 25 mL 比色管中，以少量水洗涤凯氏烧瓶多次，洗液并入同一比色管中，加盐酸羟胺 0.5 mL，摇匀。放置 5 min 后，再加 1 mL 邻菲啰啉溶液，摇匀，用水定容。放置 30 min，在分光光度计上于 480 nm 波长处，用 1 cm 比色皿测定其吸光度，在标准曲线上查出铁的含量。

5. 计算公式

$$X = A - B$$

式中 X——样品中铁含量，mg/L；

A——从标准曲线中查出的铁含量，mg/L；

B——空白的铁含量，mg/L。

6. 说明及注意事项

（1）试液的 pH 值对显色影响较大，必须严格控制 pH 值在 4～5 时再加显色剂。

（2）铁标准溶液不宜放置太长时间。

二、硫氰酸盐光度法

硫氰酸盐光度法的实验原理如下：在酸性溶液中，Fe^{3+}与硫氰酸根离子作用会生成血红色的硫氰酸铁，溶液颜色的深浅与铁离子的浓度成正比；于 485 nm 波长处测溶液的吸光度，与标准曲线比较进行定量。

三、磺基水杨酸比色法

1. 实验原理

在弱碱性条件下，Fe^{2+}能被迅速氧化为 Fe^{3+}，并能与磺基水杨酸结合生成黄色络合物，其呈色强度与铁含量成正比。样品中铁含量可用下列公式计算：

$$X = \frac{m}{V} \times 1\,000$$

式中　X——样品中总铁的含量，mg/L；

m——与样品颜色相同的标准管含铁的质量，mg；

V——取样量，mL。

2. 说明及注意事项

（1）Fe^{3+}能与磺基水杨酸作用生成数种络合物，当pH值为1.8～2.5时，形成紫褐色的络阳离子；当pH值为4～8时，形成褐色的络阴离子；pH值为8～11.5时，形成黄色的络阴离子；pH值大于12时，生成氢氧化铁沉淀，所以应特别注意调节溶液的酸碱度。

（2）铜离子也能与磺基水杨酸络合而干扰测定，生成物是无色的，但也能消耗一定量的磺基水杨酸，故应加入过量的磺基水杨酸溶液，以消除铜离子的干扰。

四、三吡啶均三嗪比色法（AOAC法）

三吡啶均三嗪比色法（AOAC法）的实验原理如下：用维生素C为还原剂将Fe^{3+}还原为Fe^{2+}，它与2，4，6-三吡啶均三嗪生成有色络合物，在波长593 nm处测定该络合物吸光度，用标准曲线法定量。

五、原子吸收分光光度法

原子吸收分光光度法的实验原理如下：样品用干法灰化处理后，以稀盐酸溶解灰分，制成溶液，将其直接喷入原子吸收分光光度计，在波长248.3 nm处测吸光度，并计算铁含量。

【工作过程】

一、工作课时

要求本单元的“理论+实训”课时为“4+4”课时。

二、具体工作过程

用硫氰酸钾光度法测定乳粉中铁含量的工作过程如下。

1. 样品处理

（1）称取均匀乳粉样品10～20 g（准确至0.01 g）于瓷坩埚中，加热烘干水分后，将其小心炭化后移入550 ℃马弗炉中灰化。

（2）灰化完全后取出冷却，向灰分中加入2 mL盐酸（1+1）后再在水浴上蒸干。

（3）加入5 mL水，加热煮沸（注意防止溅出）后，移入100 mL容量瓶中，用水定容，摇匀备用。

（4）同时做空白实验（瓷坩埚中不加样品，以下操作同样品的处理）。

2. 标准曲线绘制

准确吸取10 μg/mL铁标准工作溶液0.00 mL、0.20 mL、0.40 mL、0.60 mL、0.80 mL、

1.00 mL，分别移入 25 mL 比色管中，各加入 5 mL 水，加浓硫酸 0.5 mL，再加入 20 g/L 的过硫酸钾溶液 0.2 mL 和 200 g/L 的硫氰酸钾溶液 2 mL，混合均匀后定容至 25 mL，摇匀。在 485 nm 波长处，以试剂溶液为参比，测定各溶液的吸光度，以铁的浓度为横坐标，吸光度为纵坐标，绘制标准曲线。

3. 测定

准确吸取空白液及样液各 5 mL 于 25 mL 比色管中，各加 0.5 mL 硫酸、0.2 mL 过硫酸钾溶液（20g/L）、2 mL 硫氰酸钾溶液（200 g/L），用水稀释至 25 mL，摇匀。以空白液为参比，在 485 nm 波长处，测定吸光度。

4. 数据记录及处理

（1）数据记录。将数据记录于表 5-7。

表 5-7　数据记录表

	标准溶液						样品溶液		空白溶液
样品质量（g）									
吸取铁标准溶液的体积（mL）	0.0	0.2	0.4	0.6	0.8	5.0			
配制各溶液的体积（mL）	25						25		25
各溶液中铁的质量（μg）	0.0	2.0	4.0	6.0	10.0	14.0			
测得各溶液的吸光度									

（2）以各标准溶液中铁的含量为横坐标，测得各标准溶液的吸光度为纵坐标，绘制标准曲线。根据空白溶液和各样品溶液的吸光度，从标准曲线上查出空白溶液和各样品溶液中铁的含量。

（3）按下式计算乳粉中铁的含量：

$$w=\frac{m_1\times V\times 10^{-6}}{m\times V_1}\times 100\%$$

式中　w——样品中铁的质量分数，%；

m_1——测定时扣除空白后样液中铁的质量，μg；

V——样品溶液的体积，mL；

m——样品的质量，g；

V_1——测定时吸取样液的体积，mL。

三、操作注意事项

（1）测定过程中应加入过硫酸钾作为氧化剂，以防止 Fe^{3+}转变为 Fe^{2+}。

（2）硫氰酸铁的稳定性很差，如时间稍长，红色便会逐渐消退，因此应在规定时间内完成比色。

（3）随硫氰酸根浓度增加，Fe^{3+}可与之形成 $FeSCN^{2+}$至 $Fe(SCN)_6^{3-}$等一系列化合物，溶液颜色由橙黄色至血红色，影响测定，因此应严格控制硫氰酸钾的用量。

【质量检测】

1. 工作过程检测

要正确使用可见分光光度计及刻度吸管和容量瓶等实验室常规玻璃器皿，正确绘制标准曲线，并能准确查出测定结果，实验过程严格按照操作规程进行，执行安全操作，保持实验现场的整洁。实验结束后及时清洁实验用具并归位。

2. 实验数据检测

实验数据处理合理、准确，两次测定的结果之差不超过平均值的10%。实验报告书写合理规范，结果评价准确，能够反应样品的真实情况。

【知识与技能检测】

一、理论知识检测

1. 食品中铁含量的测定方法有哪几种？
2. 邻菲啰啉比色法要求的pH值范围是多少？所用的还原剂是什么？
3. 硫氰酸钾分光光度法的反应条件是什么？测定波长是多少？
4. 硫氰酸钾分光光度法中加入过硫酸钾的作用是什么？
5. 为什么要控制硫氰酸钾的用量？
6. 磺基水杨酸比色法要求的pH值范围是多少？为什么要加入过量的磺基水杨酸？
7. 三吡啶均三嗪比色法和原子吸收分光光度法的测定波长分别是多少？

二、技能检测

请以红葡萄酒为例，简述葡萄酒中铁含量的测定步骤和计算公式。

工作任务四　乳粉中锌含量的测定

【任务描述】

通过对乳粉中锌含量的测定，要求学生掌握双硫腙比色法测定锌含量的操作方法和技能，同时掌握原子分光光度法测定锌的操作条件。

【作业质量要求】

（1）正确、熟练地使用可见分光光度计、刻度吸管和容量瓶。
（2）正确绘制标准曲线，并能准确查出测定结果。
（3）遵守操作规程，保持操作现场整洁。
（4）正确执行安全技术操作规程。

【学习目标】

（1）了解乳粉中锌含量的测定方法。

（2）掌握双硫腙比色法测定锌元素的操作原理及操作过程。

（3）熟知原子吸收分光光度法的测定条件和原理。

【技能目标】

（1）掌握可见分光光度计的操作技能。

（2）掌握原子吸收分光光度计的操作技能。

【所需仪器和试剂】

1. 实验仪器

可见分光光度计。

2. 实验试剂

（1）乙酸钠溶液（2 mol/L）：称取 68 g 乙酸钠，加水溶解后稀释至 250 mL。

（2）乙酸（2 mol/L）：量取 10.0 mL 冰乙酸，加水稀释至 85 mL。

（3）乙酸-乙酸盐缓冲液：乙酸钠溶液（2 mol/L）与乙酸（2 mol/L）等体积混合，溶液 pH 值为 4.7 左右；用双硫腙（0.1 g/L）-四氯化碳溶液提取数次，每次 10 mL，除去其中的锌，至四氯化碳层绿色不变为止，弃去四氯化碳层，再用四氯化碳提取乙酸-乙酸盐缓冲液中过剩的双硫腙，至四氯化碳层无色，弃去四氯化碳层。

（4）氨水（1+1）。

（5）盐酸（2 mol/L）：量取 1.0 mL 盐酸，加水稀释至 60 mL。

（6）盐酸（0.02 mol/L）：吸取 1 mL 2 mol/L 盐酸，加水稀释至 100 mL。

（7）酚红指示液（1g/L）：称取 0.1 g 酚红，将其溶于 100 mL 乙醇。

（8）盐酸羟胺溶液（200 g/L）：称取 20 g 盐酸羟胺，加 60 mL 水，滴加氨水（1+1），调节其 pH 值至 4.0～5.5，用双硫腙（0.1 g/L）-四氯化碳溶液提取数次，每次 10 mL，除去其中的锌，至四氯化碳层绿色不变为止，弃去四氯化碳层，再用四氯化碳提取盐酸羟胺溶液中过剩的双硫腙，至四氯化碳层无色，弃去四氯化碳层。

（9）硫代硫酸钠溶液（250 g/L）：用乙酸（2 mol/L）调节溶液 pH 值至 4.0～5.5。用双硫腙（0.1 g/L）-四氯化碳溶液提取数次，每次 10 mL，除去其中的锌，至四氯化碳层绿色不变为止，弃去四氯化碳层，再用四氯化碳提取溶液中过剩的双硫腙，至四氯化碳层无色，弃去四氯化碳层。

（10）双硫腙（0.1 g/L）-四氯化碳溶液。

（11）双硫腙使用液：吸取 10 mL 双硫腙（0.1 g/L）-四氯化碳溶液，加四氯化碳至 10.0 mL，混匀。

以四氯化碳调节零点，用 1cm 比色皿于波长 530 nm 处测吸光度。用下式计算出配制 100 mL 双硫腙使用液（57%透光率）所需双硫腙（0.1 g/L）-四氯化碳溶液体积。

$$V=\frac{10\times(2-\lg 57)}{A}=\frac{2.44}{A}$$

式中 V—— 双硫腙-四氧化碳溶液体积，mL；

A—— 吸光度。

（12）锌标准溶液：准确称取 0.100 0 g 锌，加 10 mL 盐酸（2 mol/L），溶解后移入 1 000 mL 容量瓶中，加水稀释至刻度，摇匀；此溶液每毫升相当于 100 μg 锌。

（13）锌标准使用液：吸取 1.0 mL 锌标准溶液，置于 100 mL 容量瓶中，加 1 mL 盐酸（2 mol/L），加水稀释至刻度，摇匀；此溶液每毫升相当于 1 μg 锌。

【相关知识】

锌及其化合物广泛应用于黄铜、电池、电镀、颜料、丙烯纤维、人造纤维、赛璐珞、橡胶等工业，因此工业“三废”中含有不同程度的锌及其锌化合物，使农作物被污染。同时，锌是人体必需的微量元素，为了预防儿童缺锌，1986 年卫生部已批准锌可作为营养强化剂使用。但过度强化锌的食品易引起与锌相拮抗的其他营养素如钙、磷、铁的缺乏，也可能导致慢性中毒。硫酸锌对成人致呕吐剂量为 450 mg。近年来的研究表明，锌有较强的致畸胎作用。因此合理地补锌和控制锌的摄入必须综合考虑，全面评价。

一、食品中锌的允许量标准

（一）我国食品卫生标准

各类食品中锌的允许量标准见表 5-8。

表 5-8　各类食品中锌的允许量标准　　（单位：mg/kg）

标准号	品种	指标（以 Zn 计）	标准号	品种	指标（以 Zn 计）
GB 13106—91	粮食	≤50	GB 13106—91	鱼类	≤50
	豆类及制品	≤100		蛋类	≤50
	蔬菜	≤20		鲜奶类	≤10
	水果	≤5		奶粉	≤50
	肉类	≤100		饮料	≤5

（二）国外食品中锌的允许量及世界卫生组织规定的每人每日允许摄入量

联合国粮农组织/世界卫生组织（FAO/WHO）暂定人对锌的最大可耐受日摄入量为 0.3～1 mg/kg，即每人每日膳食锌的需要量为 0.3 mg/kg，最大耐受量为 1 mg/kg。我国成年人平均体重以 60 kg 计，则每人每日锌的允许摄入量为 60 mg。

二、食品中锌的测定方法

测定食品中锌含量的方法有双硫腙比色法、锌试剂光度法、原子吸收分光光度法和极普法等。在这些方法中，常用的是原子吸收分光光度法和双硫腙比色法，前者灵敏度高，干扰元素少而且简便快速；后者作为标准方法，其条件要求严格。

（一）原子吸收分光光度法

1. 实验原理

样品灰化或酸消解处理后，导入原子吸收分光光度计中，经原子化，锌在波长 213.8 nm

处对锌空心阴极灯发射的谱线有特异吸收。在一定浓度范围内，其吸收值与锌的含量成正比，与标准系列比较后能求出食品中锌的含量。

2. 实验仪器

（1）原子吸收分光光度计。

（2）高温炉。

（3）分析天平。

3. 实验试剂

（1）磷酸（1+10）。

（2）盐酸（1+11）：量取 10 mL 盐酸，加到适量水中，再稀释至 120 mL。

（3）锌的标准储备液：准确称取 0.500 0 g 金属锌（99.99%），溶于 10 mL 盐酸中，然后在水浴上蒸发至近干，再用少量水溶解后移入 1 000 mL 容量瓶中，以水稀释至刻度，储于聚乙烯瓶中；1mL 此溶液相当于 0.5 mg 锌。

（4）锌的标准使用液：吸取 10.0 mL 锌的标准储备液，置于 50 mL 容量瓶中，以盐酸（0.1 mol/L）稀释至刻度；1mL 此液相当于 100.0 μg 锌。

4. 实验操作过程

1）样品处理

（1）谷类。去除其中的杂物和尘土，必要时除去外壳，磨碎，过 40 目筛，混匀。称取 5.00～10.00 g 置于 50 mL 瓷坩埚中，小火炭化至无烟后，移入高温炉中，于 500 ℃下灰化 8 h，取出坩埚，放冷后再加入少量混合酸，以小火加热，避免蒸干，必要时补加少许混合酸。如此反复处理，直至残渣中无炭粒。等坩埚稍冷，加 10 mL 盐酸（1+11）溶解残渣，移入 50 mL 容量瓶中，再用盐酸（1+11）反复洗涤坩埚，洗液也并入容量瓶中，稀释至刻度，混匀备用。取与样品处理量相同的混合酸和盐酸（1+11），按相同的操作方法做试剂空白实验校正结果。

（2）蔬菜、瓜果及豆类。将可食用部分洗净晾干，充分切碎或打碎后混匀。称取 10.00～20.00g 置于瓷坩埚中，加 1 mL 磷酸（1+10），小火炭化，然后按谷类样品的处理自“至无烟后，移入高温炉中”起，依次操作。

（3）禽、蛋及水产品。将可食用部分充分混匀后，称取 5.00～10.00g 置于瓷坩埚中，小火炭化，然后按谷类样品的处理自“至无烟后，移入高温炉中”起，依次操作。

（4）乳制品。样品经混匀后，量取 50 mL 置于瓷柑埸中，加 1mL 磷酸（1+10），在水浴上蒸干，再小火炭化，然后按谷类样品的处理自“至无烟后，移入高温炉中”起，依次操作。

2）测定

（1）分别吸取 0.00 mL、0.10 mL、0.20 mL、0.40 mL、0.80 mL 锌的标准使用液置于 50 mL 容量瓶中，再以盐酸（1moL/L）稀释至刻度，混匀（各容量瓶中的溶液每毫升分别相当于 0.0 μg、0.2 μg、0.4 μg、0.8 μg、1.6 μg 锌）。

（2）将处理后的样液、试剂空白溶液及各容量瓶中锌的标准溶液分别导入已调至最佳条件的火焰原子化器内进行测定。

（3）参考测定条件。灯电流为 6 mA，波长为 213.8 nm，狭缝 0.38 nm，空气流量为 10 L/min，乙炔流量为 2.3 L/min，灯头高度为 3 mm，背景校正为氘灯。

（4）以锌含量对应吸收值，绘制标准曲线（或计算直线回归方程），然后将样品吸收值与曲线比较（或代入方程），求出其中锌的含量。

5. 结果计算

$$x = \frac{(A - A_0) \times V \times 1000}{m \times 1000}$$

式中 x——样品中锌的含量，mg/kg（或 mg/L）；

A——测定用样品液中锌的容量，μg /mL；

A_0——试剂空白溶液中锌的含量，μg/mL；

V——样品处理液的总体积，mL；

m——样品的质量（或体积），g（或 mL）。

（二）双硫腙比色法

双硫腙比色法的实验原理：样品经消化后，在 pH 值为 4.0～5.5 时，锌离子与双硫腙形成紫红色络合物，溶于四氯化碳，加入硫代硫酸钠，可防止铜、汞、铅、铋、银和镉等离子的干扰，与标准系列比较定量。

【工作过程】

一、工作课时

要求本单元的“理论+实训”课时为“4+4”课时。

二、具体工作过程

用双硫腙比色法测定乳粉中锌含量的工作过程如下。

1. 样品消化：硝酸-高氯酸-硫酸法

（1）称取 5.00 g 或 10.00 g 的混合均匀的乳粉样品，置于 500 mL 定氮瓶中。

（2）加数粒玻璃珠、10 mL 硝酸-高氯酸混合液，放置片刻，小火缓缓加热。

（3）待作用缓和，放冷，沿瓶壁加入 5 mL 硫酸，再加热，至瓶中液体开始变成棕色时，不断沿瓶壁滴加硝酸-高氯酸合液至有机质分解完全。

（4）加大火力，至产生白烟，溶液应澄明无色或微带黄色，放冷。在操作过程中应注意防止爆炸。

（5）加 20 mL 水煮沸，除去残余的硝酸至产生白烟为止，如此处理两次，放冷。

（6）将冷后的溶液移入 50 mL 容量瓶中，用水洗涤定氮瓶，洗液并入容量瓶中，放冷，加水到刻度，混匀。定容后的溶液每 10 mL 相当于 1 g 样品，相当加入硫酸量 1 mL。取与消化样品相同量的硝酸-高氯酸混合液和硫酸。

（7）按同一方法做试剂空白实验。

2. 标准曲线绘制及样品测定

（1）吸取 5.0～10.0 mL 定容的消化液和相同量的试剂空白，分别置于 125 mL 分液漏斗中，加 5 mL 水、0.5 mL 盐酸羟胺溶液（200 g/L），摇匀，再加 2 滴酚红指示液（1 g/L），用氨水（1+1）调节至红色，再多加 2 滴。加 5 mL 双硫腙（0.1 g/L）-四氯化碳溶液，剧烈振摇 2 min，静置分层。

（2）将四氯化碳层移入另一分液漏斗中，再用少量双硫腙-四氯化碳溶液振摇提取水层，每次 2～3 mL，直至双硫腙-四氯化碳溶液绿色不变为止。

（3）合并提取液，用 5 mL 水洗涤，四氯化碳层用盐酸（0.02 mol/L）提取两次，每次 10 mL，提取时剧烈振摇 2 min，合并盐酸（0.02 mol/L）提取液，并用少量四氯化碳洗去残留的双硫腙。

（4）吸取 0.0 mL、1.0 mL、2.0 mL、3.0 mL、4.0 mL、5.0 mL 锌标准使用液（相当 0.0 μg、1.0 μg、2.0 μg、3.0 μg、4.0 μg、5.0 μg 锌），分别置于 125 mL 分液漏斗中，各加 0.02 mol/L 盐酸至 20 mL。

（5）于样品提取液、试剂空白液及锌标准溶液各分液漏斗中加 10 mL 乙酸-乙酸盐缓冲液、1 mL 硫代硫酸钠溶液（250 g/L），摇匀，再各加入 10.0 mL 双硫腙使用液，剧烈振摇 2 min。

（6）静置分层后，经脱脂棉将四氯化碳层滤入 1 cm 比色皿中，以零管调节零点，于波长 530 nm 处测吸光度，绘制标准曲线比较。

3. 数据记录及处理

（1）数据记录。将数据记录于表 5-9。

表 5-9　数据记录表

	标准溶液						样品溶液		空白溶液
样品质量（g）									
吸取各溶液的体积（mL）	0.0	1.0	2.0	3.0	4.0	5.0	10.0	10.0	10.0
样品消化液的总体积（mL）	—	—	—	—	—	—			
测定用消化液的体积（mL）	—	—	—	—	—	—			
各溶液中 Zn 的质量（μg）	0.0	1.0	2.0	3.0	4.0	5.0			
测得各溶液的吸光度									

（2）以各标准溶液中锌的含量为横坐标，测得各标准显色液的吸光度为纵坐标，绘制标准曲线。根据空白溶液和各样品溶液的吸光度，从标准曲线上查出空白溶液和各样品溶液中锌的含量。

（3）按下式计算乳粉中铁的含量：

$$x=\frac{(A-A_0)\times 1\,000}{m\times\dfrac{V_2}{V_1}\times 1\,000}$$

式中　x——样品中锌的含量，mg/kg；

A——测定用样品消化液中锌含量，μg；

A_0——试剂空白液中锌的含量，μg；

m——样品质量，g；

V_1——样品消化液的总体积，mL；

V_2——测定用消化液的体积，mL。

三、操作注意事项

（1）加入硫代硫酸钠除了掩蔽干扰离子外，还有还原作用，可保护双硫腙不被氧化，但也能与锌离子络合，故各管的加入量应一致。

（2）萃取时振荡时间必须充分，以保证锌离子转变为络合物，且要求各管的振摇时间、强度、次数一致。

（3）本法选自国家标准，是一种公认的最灵敏的方法之一。

【质量检测】

1．工作过程检测

要正确使用可见分光光度计及刻度吸管和容量瓶等实验室常规玻璃器皿，正确绘制标准曲线，并能准确查出测定结果，实验过程严格按照操作规程进行，执行安全操作，保持实验现场的整洁。实验结束后及时清洁实验用具并归位。

2．实验数据检测

实验数据处理合理、准确，两次测定的结果之差不超过平均值的10%。实验报告书写合理、规范，结果评价准确，能够反应样品的真实情况。

【知识与技能检测】

一、理论知识检测

1．食品中锌含量的测定方法有哪几种？

2．双硫腙比色法测定乳粉中锌含量的操作条件是什么？

3．实验中加入硫代硫酸钠的作用是什么？

4．采用原子吸收分光光度法测定乳粉中锌含量的操作条件是什么？

5．样品消化的主要步骤是什么？

二、技能检测

以市面出售的苹果汁为例，简述苹果汁中锌含量的检测步骤，计算结果，并与商品标签上的标注进行对比。

学习情境六　食品中酸类物质含量的测定

工作任务　果酒中总酸及有效酸度的测定

【任务描述】

通过对果酒中总酸度的检测，让学生对标准溶液的配制和标定能有更深刻的认识，并且规范学生酸碱滴定操作，学会使用 pH 计，掌握食品中总酸度及有效酸度的测定流程和操作技能。

【作业质量要求】

（1）正确、熟练地使用酸度计、磁力搅拌器、刻度吸管、容量瓶和碱式滴定管。

（2）正确进行电极的校正。

（3）遵守操作规程，保持操作现场整洁。

（4）正确执行安全技术操作规程。

【学习目标】

（1）熟悉及规范滴定操作。

（2）学习及了解酸碱滴定法测定总酸的原理及操作要点。

（3）学会并掌握氢氧化钠标准溶液的配制与标定方法。

（4）掌握果酒中总酸度的测定方法和操作技能。

（5）学会使用 pH 计，了解电极的维护和使用方法。

【技能目标】

（1）掌握酸碱滴定的操作技能。

（2）掌握氢氧化钠标准溶液的配制。

（3）正确操作 pH 计，并掌握电极的校正方法。

【所需仪器和试剂】

1. 实验仪器

（1）电热恒温水浴锅。

（2）酸度计。

（3）玻璃电极、甘汞电极。

2. 实验试剂

1）氢氧化钠标准溶液（0.1 mol/L）

（1）配制要求。浓度一般为 0.1 mol/L，不含碳酸钠、碳酸氢钠。

（2）配制方法（固定标准要求）。称取氢氧化钠（分析纯）120 g 于 250 mL 烧杯中，加入蒸馏水 100 mL，振摇使其溶解，冷却后置于聚乙烯塑料瓶中，密封，放置数日澄清后（饱和浓度为 17.86 mol/L），取清液 5.6 mL，加新煮沸过并冷却的蒸馏水 1 000 mL 定容摇匀。

（3）注意事项。氢氧化钠放置时会与空气中的二氧化碳结合生成碳酸钠、碳酸氢钠。如果直接配制溶液，则氢氧化钠溶液中含碳酸钠，用这样的氢氧化钠溶液滴定酸，所含的碳酸钠也会与所滴定的酸反应，这样会影响滴定的准确度。为了消除影响，必须去除碳酸钠和碳酸氢钠。因碳酸钠、碳酸氢钠在饱和的碳酸氢钠溶液会沉淀，所以在配制氢氧化钠标准溶液时，先配成饱和溶液，使碳酸钠、碳酸氢钠沉出，再吸取清液才能配制出真正的氢氧化钠标准溶液。

（4）标定。精确称取 0.600 0 g 在 105～100 ℃干燥的基准邻苯二甲酸氢钾，加 50 mL 新煮沸过的冷蒸馏水，溶解完全，加 2 滴酚酞指示剂，用氢氧化钠溶液滴至微红色。同时做空白实验，平行 3 次。

（5）计算。

$$c=\frac{m\times 1000}{(V_1-V_2)\times 204.2}$$

式中　c—— 氢氧化钠标准溶液的浓度，mol/L；

m—— 基准邻苯二甲酸氢钾的质量，g；

V_1—— 标定时所耗用氢氧化钠标准溶液体积，mL；

V_2—— 空白测定所用氢氧化钠标准溶液，mL；

204.2—— 邻苯二甲酸氢钾的摩尔质量，g/mol。

2）1%的酚酞乙醇溶液

称取酚酞 1 g 溶解于 100 mL 95%乙醇中。

3）pH 值为 4.01 的标准缓冲溶液（20 ℃）

准确称取经（115± 5）℃烘干 2～3 h 的优级邻苯二甲酸氢钾（$KHC_8H_4O_4$）10.12 g，溶于不含二氧化碳的水中，稀释至 1 000 mL，摇匀。

【相关知识】

一、酸度的概念

1. 总酸度

总酸度是指食品中所有酸性成分的总量，包括未离解的酸的浓度和已离解的酸的浓度，其大小可借标准碱滴定来测定，故总酸度又称“可滴定酸度”。

2. 有效酸度

有效酸度是指被测溶液中H^+的浓度，准确地说应是溶液中H^+的活度，所反映的是已离解的那部分酸的浓度，常用 pH 值表示。其大小可借酸度计来测定。

3. 挥发酸

挥发酸是指食品中易挥发的有机酸，如甲酸、醋酸及丁酸等低碳链的直链脂肪酸，其大小可通过蒸馏法分离，再借标准碱滴定来测定。

4. 牛乳酸度

牛乳酸度有如下两种酸度。

（1）外表酸度。也称“固有酸度”，是指刚挤出来的新鲜牛乳本身所具有的酸度，主要来源于鲜牛乳中酪蛋白、白蛋白柠檬酸盐及磷酸盐等酸性成分。外表酸度在酸牛乳（以及乳酸汁）中占 0.15%～0.18%。

（2）真实酸度。也称“发酵酸度”，是指牛乳放置过程中在乳酸菌作用下乳糖发酵产生了乳酸而升高的那部分酸度。若牛乳的含酸量超过了 0.15%～0.20%即认为有乳酸存在。习惯上不把含酸量在 0.20%以上的牛乳列为鲜牛乳。

外表酸度和真实酸度之和即为牛乳的总酸度（酸牛奶总酸度即为外表酸度），其大小可通过标准碱滴定来测定。

二、酸度测定的意义

（1）有机酸影响食品的色、香、味及稳定性。

（2）食品中有机酸的种类和含量是判断其质量好坏的一个重要指标。

（3）利用食品中有机酸的含量和糖含量之比，可判断某些果蔬的成熟度。

三、食品中有机酸的种类与分布

1. 食品中常见的有机酸

食品中酸的种类很多，可分为有机酸和无机酸两类，但主要是有机酸，无机酸含量很少。通常有机酸部分呈游离状态，部分呈酸式盐状态存在于食品中，而无机酸呈中性盐化合物存在于食品中。

食品中常见的有机酸有苹果酸、柠檬酸、酒石酸、草酸、琥珀酸、乳酸及醋酸等，这些有机酸有的是食品所固有的，如果蔬及制品中的有机酸；有的是在食品加工中人为加入的，如汽水中的有机酸；有的是在生产、加工、贮藏过程中产生的，如酸奶、食醋中的有机酸。果蔬中所含有机酸种类较多，但不同果蔬中所含有机酸种类亦不同，酿造食品（如酱油、果酒、食醋）中也含有多种有机酸。

2. 食品中常见有机酸含量

果蔬中有机酸的含量取决于其品种、成熟度以及产地气候条件等因素，其他食品中有机酸的含量取决于其原料种类、产品配方以及工艺过程等。

四、测定方法

（一）总酸的测定——酸碱滴定法

酸碱滴定法的实验原理：食品中的有机弱酸在用标准碱液滴定时，被中和生成盐类。

$$RCOOH + NaOH \longrightarrow RCOONa + H_2O$$

用酚酞做指示剂，当滴定至终点（pH 值为 8.2，指示剂显红色）时，根据耗用标准碱液的体积，可计算出样品中总酸含量。

（二）有效酸度的测定—— pH 计测定

利用 pH 计测定果酒中的有效酸度（pH 值），是将玻璃电极和甘汞电极插入果酒中，组成一个电化学原电池，其电动势的大小与溶液的 pH 值有关。即在 25 ℃时，每相差一个 pH 单位，就产生 59.1 mV 的电极电位，从而可通过对原电池电动势的测量，在 pH 计上直接读出果酒的酸度。

（三）挥发酸的测定

食品中的挥发酸主要是指乙酸和痕量的甲酸、丁酸等。在正常生产的食品中，挥发酸的含量较为稳定。如果生产中使用了不合格的原料，或违反正常的工艺操作，则会由于糖的发酵而使挥发酸含量增加，从而降低食品的品质。另外贮藏不当也会造成食品的挥发酸含量增加。因此，挥发酸的含量是某些食品的质量控制指标之一。

总挥发酸可用直接法或间接法测定。直接法是通过水蒸气蒸馏或溶剂萃取把挥发酸分离出来，然后用标准碱滴定；间接法是将挥发酸蒸发排除后，用标准碱滴定不挥发酸，最后从总酸度中减去不挥发酸求得挥发酸含量。直接法操作方便，并不受样品成分影响，比较常用，适用于挥发酸含量比较高的样品；若蒸馏液有所损失或被污染，或样品中挥发酸含量较低时，应选用间接法。

1. 实验原理

样品经适当处理后，加适量磷酸使结合态挥发酸游离出来，用水蒸气蒸馏分离出总挥发酸，经冷凝、收集后，以酚酞做指示剂，用标准碱液滴定至微红色 30 s 不褪色为终点，根据标准碱消耗量计算出样品中总挥发酸含量。

2. 适用范围及特点

本方法适用于各类饮料、果蔬及其制品（如发酵制品、酒等）中总挥发酸含量的测定。

3. 仪器

水蒸气蒸馏装置（见图 6-1）。

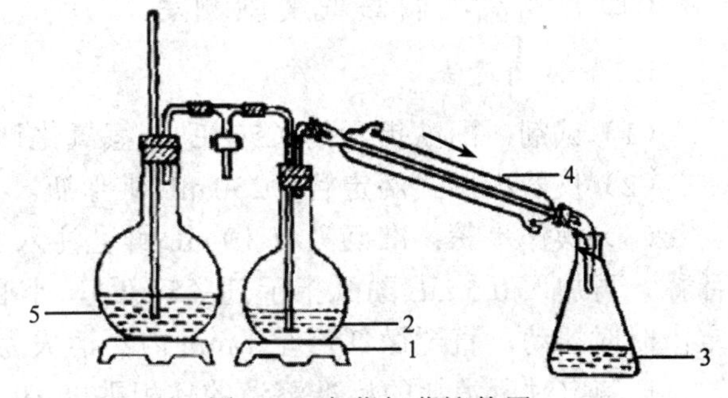

图 6-1　水蒸气蒸馏装置

1—电炉；2—样品瓶；3—接收瓶
4—冷凝管；5—蒸汽发生器

4. 试剂

（1）酚酞指示剂（10 g/L）。

（2）氢氧化钠标准溶液（0.1 mol/L）。

（3）磷酸溶液（100 g/L）：称取 10.0 g 磷酸，用无二氧化碳蒸馏水溶解并稀释至 100 mL。

5. 实验操作过程

（1）样品处理。一般果蔬及饮料可直接取样测定。对含二氧化碳的饮料或发酵酒类，须将称取的样品除去二氧化碳后再测定。除去二氧化碳的方法如下：取 80～100 mL（g）

样品于锥形瓶中，在真空条件下搅拌 2～4 min。

对固体样品可加入适量水后，用组织捣碎机捣成浆状，加水定容后取样。

（2）测定。准确称取经上述处理的样品 25 mL，置于蒸馏瓶中，加入 25 mL 无二氧化碳蒸馏水和 10 g/L 的磷酸溶液 1 mL，连接水蒸气蒸馏装置，加热蒸馏，至馏出液达 300 mL 为止。将馏出液加热至 60～65 ℃，加入 3 滴酚酞指示剂，用 0.1 mol/L 的氢氧化钠标准溶液滴定至微红色 30 s 不褪色即为终点。用相同的条件做空白实验。

6. 结果计算

$$w=\frac{(V_1-V_2)\times c\times 0.06}{m}\times 100\%$$

式中 w—— 挥发酸质量分数（以醋酸计），%；

V_1—— 滴定样液消耗氢氧化钠标准溶液的体积，mL；

V_2—— 滴定空白消耗氢氧化钠标准溶液的体积，mL；

c—— 氢氧化钠标准溶液的浓度，mol/L；

0.06——1 mmol/L 醋酸的毫摩尔质量，g/mmol；

m—— 样品的质量或体积，g（或 mL）。

7. 说明及注意事项

（1）蒸馏前水蒸气发生瓶中的水应先煮沸 10 min，以排除其中的二氧化碳，并用水蒸气冲洗整个蒸馏装置。

（2）整套蒸馏装置的各个连接处应密封，切不可漏气。

（3）滴定前将馏出液加热至 60～65℃，使其终点明显，加快反应速度，缩短滴定时间，减少溶液与空气的接触，提高测定精度。

（四）乳及乳制品酸度的测定

1. 酸碱滴定法

（1）试剂：酚酞指示剂（5 g/L）、氢氧化钠标准溶液（0.1 mol/L）。

（2）仪器：碱式滴定管、250 mL 锥形瓶。

（3）操作步骤：准确吸取 10 mL 鲜乳注入 250 mL 锥形瓶中，用 20 mL 中性蒸馏水稀释，再加入 0.5 mL 酚酞指示剂（5 g/L），小心混匀后用氢氧化钠溶液（0.1 mol/L）滴定，时时摇动，直至微红色在 1 min 内不消失为止。

把滴定时所消耗的标准溶液的体积乘以 10 即为牛乳的酸度（°T）。

2. 酒精实验

（1）原理：根据牛乳中蛋白质遇到酒精时的凝固特性来判断牛乳的酸度。

（2）试剂：68%（体积分数）酒精（应调整至中性）。

（3）仪器：试管。

（4）操作步骤：于试管中用等量 68%中性酒精与鲜乳混合，一般用 1～2 mL 或 3～5 mL 酒精与等量鲜乳混合均匀，如不出现絮片，可认为鲜乳是新鲜的，其酸度不会高于 20 °T；如出现絮片即表示酸度较高。

牛乳酸度与被酒精所凝固的蛋白质的特征之间的关系见表 6-1。

其他体积分数的酒精亦可代替 68%酒精，但要在不同酸度才能开始产生蛋白质的凝固。对于收乳的标准，采用 68%、70%或 72%中性酒精较适宜（见表 6-2）。

表 6-1　牛乳在不同酸度下被 68%酒精凝固的牛乳蛋白质特征

牛乳酸度（°T）	21～22	22～24	24～26	26～28	28～30
牛乳蛋白质凝固的特征	很细的絮片	细的絮片	中型的絮片	大的絮片	很大的絮片

表 6-2　在各种浓度的酒精中，牛乳蛋白质凝固的特征

酒精体积分数（%）	44	52	60	68	70	72
牛乳蛋白质凝固的特征	细的絮片	细的絮片	细的絮片	细的絮片	细的絮片	细的絮片
牛乳酸度（°T）	27.0	25.0	23.0	20.0	19.0	18.0

3. 煮沸实验

取约 10 mL 牛乳注入试管中。置于沸水浴中 5 min 后，取出，观察管壁有无絮片出现或发生凝固现象。如产生絮片或发生凝固，表示牛乳已不新鲜，酸度大于 20° T。

【工作过程】

一、工作课时

要求本单元的“理论+实训”课时为“4+4”课时。

二、具体工作过程

测定果酒中总酸及有效酸度的工作过程如下。

（一）样液制备

将果酒样品混合均匀，直接取样。

（二）总酸度的测定

（1）用移液管准确吸取上法制备样液 10 mL 于 250 mL 锥形瓶中。

（2）在锥形瓶中加 50 mL 无二氧化碳蒸馏水，加入酚酞指示剂 3～4 滴。

（3）用氢氧化钠标准溶液（0.1 mol/L）滴定至微红色 30 s 不褪，记录消耗的氢氧化钠标准溶液体积数（mL）。

（三）果酒中有效酸度的测定

1. 酸度计的校正

（1）打开电源开关，按“pH/mV”键，使仪器进入 mV 测量状态。

（2）按“温度”键，使显示为溶液温度值（此时温度指示灯亮），然后按“确认”

键，仪器确定溶液温度后回到 pH 测量状态。

（3）把用蒸馏水清洗过的电极插入 pH 值为 6.86 的缓冲溶液中，待读数稳定后按“定位”键，使读数为该溶液当前温度下的 pH 值，然后按“确认”键，仪器进入 pH 测量状态。

（4）把用蒸馏水清洗过的电极插入 pH 值为 4.00（或 9.18）的标准缓冲溶液中，待读数稳定后按“斜率”键，使读数为该溶液当时温度下的 pH 值，然后按“确认”键，仪器进入 pH 测量状态，pH 指示灯停止闪烁，标定完成。

（5）用蒸馏水清洗电极后即可对被测溶液进行测量。

2. 果酒 pH 值的测定

（1）用无二氧化碳蒸馏水淋洗电极，并用滤纸吸干，再用制备好的果酒样品冲洗电极。

（2）把电极放入被测溶液中，开动磁力搅拌器，使溶液均匀后读出该溶液的 pH 值。

（3）清洗电极，并将电极浸入电极保护液中。

（四）数据记录及处理

（1）数据记录。将数据记录于表 6-3。

表 6-3　数据记录表　（单位：mL）

	1	2	平　均
样品体积			
滴定时吸取样液体积			
样液稀释总体积			
滴定样品消耗氢氧化钠标准溶液的体积			
空白溶液消耗氢氧化钠标准溶液的体积			

（2）果酒中总酸度按下列公式计算：

$$x=\frac{cVK}{m}\times\frac{V_1}{V_2}\times 100\%$$

式中　x—— 总酸度，%；

c—— 标准氢氧化钠溶液的浓度，mol/L；

V—— 滴定消耗标准氢氧化钠溶液体积，mL；

K—— 换算为主要酸的系数，即 1 mmol 氢氧化钠相当于主要酸的克数；

m—— 样品质量或体积，g 或 mL；

V_1—— 样品稀释液总体积，mL；

V_2—— 滴定时吸取的样液体积，mL。

总酸度测定结果通常以样品中含量最多的那种酸表示：①一般分析葡萄及其制品时，用酒石酸表示，K=0.075；②分析柑桔类果实及其制品时，用柠檬酸表示，K=0.064 或 0.070（带一分子水）；③分析苹果、核果类果实及其制品时，用苹果酸表示，K=0.067；④分析乳品、肉类、水产品及其制品时，用乳酸表示，K=0.090；⑤分析酒类、调味品时，用乙酸表示，K=0.060。

三、操作注意事项

1. 测定总酸度的操作注意事项

（1）浸渍、稀释样品的蒸馏水中不能含有二氧化碳，因为二氧化碳溶于水中成为酸性的碳酸形式，影响滴定终点时酚酞颜色变化。样品中二氧化碳对测定亦有干扰，故对含有二氧化碳的饮料、酒类等样品，在测定之前须除去二氧化碳。

（2）浸渍、稀释样品的用水量应根据样品中总酸含量来慎重选择，为使误差不超过允许范围，一般要求滴定时消耗氢氧化钠溶液（0.1 mol/L）不得少于 5 mL，最好在 10～15 mL。

（3）由于食品中有机酸均为弱酸，在用强碱（氢氧化钠）滴定时，其滴定终点偏碱，pH 值一般在 8.2 左右，故可选用酚酞做终点指示剂。

（4）若样液有颜色，则在滴定前用与样液同体积的不含二氧化碳的蒸馏水稀释之或采用实验滴定法。若样液颜色过深或混浊，则宜用电位滴定法。

2. 测定有效酸度的操作注意事项

（1）在使用玻璃甘汞电极前，要将其在蒸馏水中浸泡 24 h 以上；连续使用的间歇期间也都应浸泡在蒸馏水中；长期不用时，可洗净吸干后装盒保存，再次使用时应浸泡 24 h 以上。

（2）使用甘汞电极前，应将其底部和侧面加液孔上的橡皮塞取下，以免氯化钾溶液在重力作用下慢慢渗出，使电路不通；不用时即把橡皮塞塞上，以免氯化钾溶液流失。氯化钾溶液不足时应及时补充，氯化钾溶液中不应有气泡，以防止电路断路。溶液内应有少量氯化钾晶体，以保持溶液饱和电位恒定，测量时应使电极内液面高出被测溶液液面，以防止被测试液向电极内扩散。

（3）玻璃电极内阻极高，对插头处绝缘要求极高，使用时不要用手接触绝缘部位。

（4）仪器定位后，不得更换电极，否则要重新定位。长期连续使用时也应经常重新定位，以防止仪器或电极参数发生变化。

（5）定位所用标准缓冲溶液的 pH 值应与被测溶液的 pH 值接近。

【质量检测】

1. 工作过程检测

正确、熟练地使用酸度计、磁力搅拌器、刻度吸管、容量瓶和碱式滴定管，并能正确进行酸度计电极的校正，实验过程严格按照操作规程进行，执行安全操作，保持实验现场的整洁。实验结束后及时清洁实验用具并归位。

2. 实验数据检测

实验数据处理合理、准确，计算结果保留小数点后两位。如两次测定结果在允许范围内，取两次测定结果的算术平均值报告结果。同一样品的两次测定测定值之差，不得超过两次平均值的 2%。实验报告书写合理、规范，结果评价准确。

【知识与技能检测】

一、理论知识检测

（一）填空题

1．食品的总酸度是指____，它的大小可用____________________来测定；有效酸度是指________________________，其大小可用________________________来测定；挥发酸是指________________________，其大小可用__________________________来测定。

2．牛乳的总酸度是指__________________，其大小可用________________来测定。牛乳酸度为16.52 °T表示____。

3．在测定样品的酸度时，所使用的蒸馏水不能含有二氧化碳，因为________________________，制备无二氧化碳的蒸馏水的方法是____。

4．用水蒸气蒸馏测定挥发酸含量时，在样品瓶中加入少许磷酸，其目的是________。

5．常用的酸度计pH值校正液有：___________、___________、___________。

6．含油脂较多的样品，在用酸度计测定其酸度前应除去脂肪，其目的是_________。

7. 新电极或很久未用的干燥电极，在使用前必须用_______或______浸泡___h以上，其目的是____。

（二）单项选择题

1．标定氢氧化钠标准溶液所用的基准物是（　　），标定盐酸标准溶液所用的基准物是（　　）。

A．草酸　　B．邻苯二甲酸氢钾

C．碳酸钠　　D．氯化钠

2．蒸馏挥发酸时，一般用（　　）。

A．直接蒸馏法　　B．减压蒸馏法

C．水蒸气蒸馏法　　D．萃取法

3．有效酸度是指（　　）。

A．用酸度计测出的pH值　　B．被测溶液中氢离子总浓度

C．挥发酸和不挥发酸的总和　　D．样品中未离解的酸和已离解的酸的总和

4．测定葡萄的总酸度，其测定结果一般以（　　）表示。

A．柠檬酸　　B．苹果酸　　C．酒石酸　　D．乙酸

5．使用甘汞电极时（　　）。

A．把橡皮帽拔出，将其浸没在样液中

B．不要把橡皮帽拔出，将其浸没在样液中

C．把橡皮帽拔出，电极浸入样液时使电极内的溶液液面高于被测样液的液面

D．橡皮帽拔出后，再将陶瓷砂芯拔出，浸入样液中

6．一般来说若牛乳的含酸量超过（　　）可视为不新鲜牛乳。

A．0.10%　　B．0.20%　　C．0.02%　　D．20%

7．有机酸的存在影响罐头食品的风味和色泽，主要是因为在金属制品中存在（　　）。

A．有机酸与 Fe、Sn 的反应　　B．有机酸与无机酸的反应

C．有机酸与香料的反应　　D．有机酸可引起微生物的繁殖

8．在用标准碱滴定测定含色素的饮料的总酸度前，首先应加入（　　）进行脱色处理。

A．活性炭　　B．硅胶　　C．高岭土　　D．明矾

9．使用酸度计前，必须熟悉其使用说明书，其目的在于（　　）。

A．掌握仪器性能，了解操作规程　B．了解电路原理图

C．掌握仪器的电子构件　　D．了解仪器结构

10．用酸度计以浓度直读法测试液的 pH 值，先用与试液 pH 相近的标准溶液（　　）。

A．调零　　B．消除干扰离子

C．定位　　D．减免迟滞效应

11．酸度计测量出的是（　　），而刻度指的是 pH 值。

A．电池的电动势　　B．电对的强弱

C．标准电极电位　　D．离子的活度

12．用酸度计测定试液的 pH 值之前，要先用标准（　　）溶液进行定位。

A．酸性　　B．碱性　　C．中性　　D．缓冲

（三）简答题

1．食品中的酸度可以分为哪几种？各有什么含义？

2．配制氢氧化钠标准溶液时一定要贮存于聚乙烯塑料瓶吗？用玻璃瓶装时，应用什么塞？

3．标定氢氧化钠标准溶液时，滴定至终点后放置一段时间溶液褪色，是否需要再滴定？

4．对于颜色较深的样品，在测定其总酸度时应如何保证测定结果的准确度？

5．标准溶液滴定食品总酸度，为什么要用酚酞做指示剂？

6．什么是有效酸度？用电位滴定法进行 pH 值测定应注意哪些问题？

（四）计算题

称取 120 g 固体氢氧化钠（分析纯），用 100 mL 水溶解冷却后置于聚乙烯塑料瓶中，密封数日澄清后，取上层清液 5.60 mL，用煮沸过并冷却的蒸馏水定容至 1 000 mL。然后称取 0.300 0 g 邻苯二甲酸氢钾放入锥形瓶中，用 50 mL 水溶解后，加入酚酞指示剂后用上述氢氧化钠溶液滴定至终点耗去 15.00 mL。现用此氢氧化钠标准液测定键力宝饮料的总酸度。先将饮料中的色素用活性炭脱色后，再加热除去二氧化碳，取饮料 10.00 mL，用稀释 10 倍标准碱液滴定至终点耗去 12.25 mL，问健力宝饮料的总酸度（以柠檬酸计 K=0.070）为多少？

二、技能检测

有一食醋试样，欲测定其总酸度，因颜色过深，用滴定法终点难以判断，故拟用电位滴定法，如何进行测定？写出具体的测定方案。

学习情境七　食品中脂肪含量的测定

工作任务　午餐肉、方便面、乳粉中脂肪含量的测定

【任务描述】

通过对不同食品中脂肪含量的检测，了解不同脂肪含量检测方法的差异和使用范围，通过讲解和对索氏抽提装置拆装及提脂瓶使用的演练，使学生掌握仪器正确的使用方法以及脂肪检测的操作技能。

【作业质量要求】

（1）正确、熟练地使用分析天平、刻度吸管、索氏抽提器、恒温水浴锅以及烘箱。

（2）提取、回收溶剂操作正确、熟练。

（3）遵守操作规程，保持操作现场整洁。

（4）正确执行安全技术操作规程。

【学习目标】

（1）了解粗脂肪的概念。

（2）掌握索氏抽提法测定脂肪含量的基本原理和方法。

（3）熟悉索氏抽提装置的拆装顺序。

（4）正确使用提脂瓶。

【技能目标】

（1）掌握索氏抽提装置的使用方法。

（2）掌握索氏抽提法的操作技能。

（3）掌握罗紫-哥特里法测定乳制品中脂肪含量的操作技能。

【所需仪器和试剂】

1. 实验仪器

索氏抽提器、电热恒温水浴锅、抽脂瓶、100 mL 脂肪瓶、刻度吸管、电热恒温水浴锅、电热恒温干燥箱、分析天平。

2. 实验试剂

无水乙醚或石油醚、罗紫-哥特里法、无水乙醚（分析纯）、石油醚（沸程为 30～60℃）、乙醇（95%）、浓氨水（分析纯）。

【相关知识】

一、测定脂肪含量的意义

脂肪是食品中重要的营养成分之一，可为人体提供必需的脂肪酸；它是一种富含热能的营养素，是人体热能的主要来源；它还是脂溶性维生素的良好溶剂，有助于脂溶性维生素的吸收；此外，它与蛋白质结合生成的脂蛋白，在调节人体生理机能和完成体内生化反应方面都起着十分重要的作用。但过量摄入脂肪对人体健康也是不利的。

食品的脂肪含量可以用来评价食品的品质，衡量食品的营养价值。因此，食品脂肪含量的测定对实行工艺监督、生产过程的质量管理、研究食品的储藏方式是否恰当等方面都具有重要的意义。

主要食物的脂肪含量平均指标（g/100 g）见表 7-1。

表 7-1　主要食物的脂肪含量平均指标　　（单位：g/100 g）

名　称	脂肪含量	名　称	脂肪含量	名　称	脂肪含量
肥猪肉	90.3	牛乳	>3	黄豆	20.2
花生仁	39.2	全脂乳粉	25～30	香蕉	0.8
青菜	0.2	核桃	66.6	全脂炼乳	>8

二、测定脂肪含量的实验原理

脂肪不溶于于水，易溶于有机溶剂，因此常采用低沸点的有机溶剂萃取的方法测定其含量。

常用提取剂包括以下几种。

1. 乙醚

乙醚溶解能力强，沸点低（34.6 ℃），易燃，可含约 2%的水分。因含水乙醚会同时抽出糖分等成分，所以使用时，必须采用无水乙醚做提取剂，且待测样品应无水分。乙醚不能溶解结合态脂肪。

2. 石油醚

石油醚溶解能力比乙醚弱，沸程为 35～45 ℃，不如乙醚易燃，吸水比乙醚少，也不能提取结合态脂肪。

3. 氯仿-甲醇混合液

氯仿-甲醇混合液价格高、毒性强，对脂蛋白、磷脂提取效率高。

以上提取剂只能直接提取游离的脂肪，对于结合态脂肪，必须预先用酸或碱破坏脂肪和非脂肪成分的结合后才能提取。

用溶剂提取食品中的脂肪时，要根据食品种类、性状及所选取的分析方法，在测定之前对样品进行预处理。有时需将样品粉碎、切碎、碾磨等；有时需将样品烘干；有的样品易结块，可加入 4～6 倍量的海砂；有的样品含水量较高，可加入适量无水硫酸钠，使样品成粒状。以上处理的目的都是为了增加样品的表面积，减小样品含水量，使有机溶剂能更有效地提取出脂肪。

三、测定脂肪含量的常用方法

常用的测定脂肪的方法有：索氏提取法、酸水分解法、罗紫-哥特里法、巴布科克氏法和盖勃氏法。

（一）索氏提取法

1. 实验原理

将经处理的样品用无水乙醚或石油醚等溶剂回流提取，使样品中的脂肪进入溶剂中，回收溶剂后所得到的残留物，即为脂肪（或粗脂肪）。

一般食品用有机溶剂浸提，挥干有机溶剂后称得的重量主要是游离脂肪，此外，还含有磷脂、色素、树脂、蜡状物、挥发油、糖脂等物质，所以用索氏提取法测得的脂肪，也称“粗脂肪”。

2. 适用范围与特点

此法适用于脂类含量较高、结合态脂类含量较少、能烘干磨细、不易吸潮结块的样品的脂肪含量测定。此法是经典方法，对大多数样品结果比较可靠，但费时间，溶剂用量大，且需专门的索氏抽提器。

（二）酸水分解法

1. 实验原理

将试样与盐酸溶液一起加热进行水解，使结合或包埋在组织内的脂肪游离出来，再用有机溶剂提取脂肪，回收溶剂，干燥后称量，提取物的质量即为样品中脂类的含量。

按以下公式计算样品中的脂肪含量：

$$w_{湿基} = \frac{m_2 - m_1}{m} \times 100\%$$

$$w_{干基} = \frac{m_2 - m_1}{m \times (100\% - M)} \times 100\%$$

式中 w——脂肪的质量分数，%；

m_2——锥形瓶和脂肪的质量，g；

m_1——空锥形瓶的质量，g；

m——试样的质量，g；

M——试样的水分含量，%。

2. 适用范围及特点

本法适用于各类食品中总脂肪含量的测定。但含磷脂较多的一类食品，如鱼类、贝类、蛋及其制品，在盐酸溶液中加热时，磷脂几乎完全分解为脂肪酸和碱，使测定结果偏低，多糖类遇强酸易炭化，会影响测定结果。

3. 说明及注意事项

（1）固体样品必须充分磨细，液体样品必须充分混匀，以便充分水解。

（2）水解时应使水分大量损失，使酸浓度升高。

（3）水解后加入乙醇可使蛋白质沉淀，降低表面张力，促进脂肪球聚合，还可以使碳水化合物、有机酸等溶解。用乙醚提取脂肪时，由于乙醇溶于乙醚，所以需要加入石油醚，以降低乙醇在乙醚中的溶解度，使乙醇溶解物残留在水层，使分层清晰。

（三）罗紫-哥特里法

罗紫-哥特里法适用于测定各种液状乳（生乳、加工乳、部分脱脂乳、脱脂乳等）、炼乳、奶粉、奶、豆乳或加水呈乳状食品的脂肪含量。本法是测定乳及乳制品脂肪含量的国际标准法，被国际标准化组织（ISO）、联合国粮农组织/世界卫生组织（FAO/WHO）等所采用。

本法的实验原理是：利用氨-乙醇溶液破坏乳的胶体性状及脂肪球膜，利用石油醚提取出脂肪，蒸馏去除溶剂后，残留物即为乳脂。

（四）巴布科克法和盖勃法

1. 实验原理

用浓硫酸溶解乳中乳糖和蛋白质等非脂成分，将酪蛋白钙盐转成可溶性的重硫酸酪蛋白，破坏脂肪球膜，使脂肪游离出来，再利用加热离心，使脂肪分离，直接读取乳脂瓶刻度，即为含脂率。

2. 适用范围及特点

这两种方法都是测定乳脂肪的标准分析方法，适用于鲜乳及乳制品脂肪的测定。对含糖多的乳品（如甜炼乳、加糖乳粉等），采用此方法时糖易焦化，结果误差较大，故不宜采用。

3. 仪器

（1）巴布科克乳脂瓶。颈部刻有 0.0%～0.8%，0.0%～10.0%两种，最小刻度为 0.1%，如图 7-1 所示。

（2）盖勃氏乳脂计（见图 7-2）及盖勃氏离心机。颈部刻有 0.0%～0.8%，0.0%～10.0%两种，最小刻度为 0.1%。

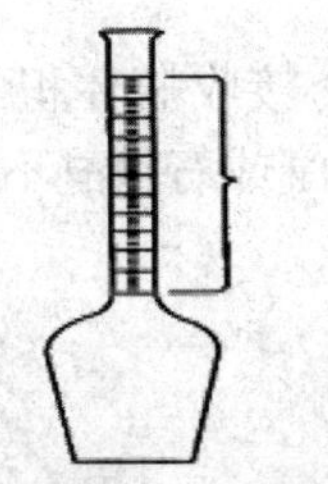

图 7-1 巴布科克乳脂瓶

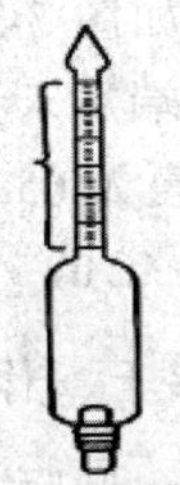

图 7-2 盖勃氏乳脂计

（3）17.6 mL、11 mL 的标准移乳管。

（4）离心机。

4. 说明及注意事项

（1）硫酸的浓度必须严格遵守规定的要求，过浓会使乳炭化成黑色溶液而影响读数；过稀则不能使酪蛋白完全溶解，使测定结果偏低或使脂肪层混浊。硫酸既能破坏脂肪球膜，使脂肪游离出来，又能增加液体的相对密度，使脂肪容易浮出。

（2）加热（65～70 ℃水浴）和离心的目的是促使脂肪离析。

（3）巴布科克法中采用 17.6 mL 的吸样管，实际注入巴氏瓶中的只有 17.5 mL。牛乳的相对密度为 1.03，故样品质量为 17.5×1.03=18 g。

（4）巴氏瓶颈刻度读数即直接为样品中脂肪的百分含量。

（5）罗紫-哥特里法、巴布科克法和盖勃氏法都是测定乳脂肪的标准分析方法，其准确度依次降低。

本次任务要求主要掌握索氏提取法测定午餐肉、方便面中脂肪含量及采用罗紫-哥特里法测定乳粉中脂肪含量，其他方法要求有所了解，能区别不同方法的特点。

【工作过程】

一、工作课时

要求本单元的“理论+实训”课时为“6+6”课时。

二、具体工作过程

（一）用索氏提取法测定方便面、午餐肉中脂肪含量的工作过程

1. 样品处理

精密称取干燥并研细的午餐肉样品或方便面样品 4 g（可取测定水分后的样品），无损地移入滤纸筒内。

图 7-3　索氏提取器的安装

2. 抽提

（1）将滤纸筒放入索氏抽提器内，连接已干燥至恒重的脂肪接收瓶，如图 7-3 所示。

（2）由冷凝管上端加入无水乙醚或石油醚，加量为接收瓶体积的 2/3。

（3）于水浴上（夏天 65 ℃，冬天 80 ℃）加热使乙醚或石油醚不断地回流提取，一般视含油量高低提取 6～12 h，至抽提完全为止。

3. 回收溶剂、烘干、称重

（1）取下接受瓶，回收乙醚或石油醚。

（2）待接受瓶内乙醚剩 1～2 mL 时，在水浴上蒸干。

（3）将接受瓶于100～105 ℃高温中干燥 2 h，取出放干燥器内冷却 30 h，称重，并重复操作至恒重。

4. 方便面、火腿肠中脂肪含量的计算

$$w_{湿基}=\frac{m_2-m_1}{m}\times 100\%$$

$$w_{干基}=\frac{m_2-m_1}{m\times(100\%-M)}\times 100\%$$

式中　w——脂肪的质量分数，%；

m_2——接收瓶和脂肪的质量，g；

m_1——接收瓶的质量，g；

m——样品的质量（如为测定水分后的样品，以测定水分前的质量计），g；

M——试样水分含量，%。

（二）用罗紫-哥特里法测定乳粉中脂肪含量的工作过程

1. 操作过程

（1）精确称取 2 g 乳粉样品于抽脂瓶。

（2）加 10 mL60 ℃水，溶解，加入 1.25 mL 浓氨水，充分摇匀，置于 60 ℃水浴中加热 5 min，摇动 5 min；

（3）加入 10 mL 乙醇（95%），充分摇匀，于冷水中冷却。

（4）加入 25 mL 无水乙醚，加塞轻轻振荡混匀，小心放出气体，再塞紧，剧烈振荡混合 1 min。

（5）小心放出气体并取下塞子，加入 25 mL 石油醚，加塞，剧烈振荡混合 30 s。小心开塞分离。

（6）读取并记录醚层体积液 10 mL 于脂肪瓶中。

（7）蒸馏回收乙醚和石油醚后，将脂肪瓶置于 105 ℃的干燥箱中干燥 1.5 h 取出放入干燥器中冷却至恒温后称重，重复操作至恒重（前后两次质量之差不超过 2 mg）。

2. 乳粉中脂肪含量的计算

$$w=\frac{m_2-m_1}{m\times\frac{V_1}{V_2}}\times 100\%$$

式中　w——脂肪的质量分数，%；

m——样品质量，g；

m_1——脂肪瓶质量，g；

m_2——脂肪瓶加质量，g；

V_1——放出醚层的体积，mL；

V_2——醚层的总体积，mL。

三、操作注意事项

1. 索氏提取法的操作事项

（1）样品应干燥后研细，样品含水分会影响溶剂提取效果，而且溶剂会吸收样品中的水分造成非脂成分溶出。装样品的滤纸筒一定要严密，不能使样品外漏，但也不要包得太紧影响溶剂渗透。放入滤纸筒时高度不要超过回流弯管，否则超过弯管的样品中的脂肪不能提尽，造成误差。

（2）对含多量糖及糊精的样品，要先以冷水使糖及糊精溶解，经过滤除去，将残渣连同滤纸一起烘干，再一起放入浸提管中。

（3）抽提用的乙醚或石油醚要求无水、无醇、无过氧化物、挥发残渣含量低。因水和醇可导致水溶性物质溶解，使得测定结果偏高；过氧化物会导致脂肪氧化，在烘干时也有引起爆炸的危险。

（4）过氧化物的检查方法：取 6 mL 乙醚，加 2 mL 碘化钾溶液（10%），用力振摇，放置 1 min 后，若出现黄色，则证明有过氧化物存在，应另选乙醚或处理后再用。

（5）提取时水浴温度不可过高，以每分钟从冷凝管滴下 80 滴左右、每小时回流 6～12 次为宜，提取过程应注意防火。

（6）在抽提时，冷凝管上端最好连接一个氯化钙干燥管。这样，可防止空气中的水分进入，也可避免乙醚挥发，如无此装置可塞一团干燥的脱脂棉球。

（7）提取是否完全可凭经验，也可用滤纸或毛玻璃检查，由抽提管下口滴下的乙醚滴在滤纸或毛玻璃上，挥发后不留下油迹表明已抽提完全，若留下油迹说明抽提不完全。

（8）在挥发乙醚或石油醚时，切忌用直接火加热，应该用电热套、电水浴等。烘前应驱除全部残余的乙醚，因乙醚如有残留，放入烘箱时会有发生爆炸的危险。

（9）反复加热会因脂类氧化而增重。重量增加时，以增重前的重量作为恒重。

2. 罗紫–哥特里法的操作注意事项

（1）乳类脂肪虽然也属游离脂肪，但因脂肪球被乳中酪蛋白钙盐包裹，又处于高度分散的胶体分散系中，故不能直接被乙醚、石油醚提取，需预先用氨水处理，故此法也称为“碱性乙醚提取法”。

（2）抽脂瓶可用容积 100 mL 具塞量筒替用，待分层后读数，用移液管吸出一定量醚层。

（3）加入氨水后，要充分混匀，否则会影响下一步醚对脂肪的提取。

（4）操作时加入乙醇的作用是沉淀蛋白质以防止乳化，并溶解醇溶性物质，使其留在水中，避免进入醚层，影响结果。

（5）加入石油醚的作用是降低乙醚极性，使乙醚与水不混溶，只抽提出脂肪，并可使分层清晰。

（6）对已结块的乳粉，用本法测定脂肪含量，其结果往往偏低。

【质量检测】

1．工作过程检测

要正确、熟练地使用分析天平、刻度吸管、索氏抽提器、恒温水浴锅以及烘箱，实验过程严格按照操作规程进行，提取、回收溶剂操作正确、熟练；执行安全操作，保持实验现场的整洁。实验结束后及时清洁实验用具并归位。

2．实验数据检测

实验数据处理合理、准确，两次测定的结果之差不超过平均值的 5%。实验报告书写合理、规范，结果评价准确。

【知识与技能检测】

一、理论知识检测

（一）填空题

1.测定脂类大多采用低沸点的有机溶剂萃取的方法,常用的溶剂有________、________、________等。

2．常用的测定脂类的方法有________、________、________、________、________。

3．用索氏提取法测定脂肪含量时，如果有水或醇存在，会使测定结果________，这是因为________。

4．索氏提取法恒重抽提物时，将抽提物和接受瓶置于 100 ℃干燥 2 h 后，取出冷却至室温称重为 45.245 8 g，再置于 100 ℃干燥后，取出冷却至室温称重为 45.234 2 g，同样进行第三次干燥后称重为 45.238 7 g，则用于计算的恒重值为________。

5．酸水解法测定样品中的脂肪含量时，水解后加入乙醇的作用是________。

6．乳及乳制品脂类定量的国际标准法是________，也被称为________。

7．操作时加入乙醇的作用是________；加入石油醚的作用是________。

8．索氏提取法使用的提取仪器是________，罗紫-哥特里法使用的抽提仪器是________，巴布科克法使用的抽提仪器是________，盖勃法使用的抽提仪器是________。

（二）单项选择题

1．索氏提取法常用的溶剂有（　　）。

A．乙醚　　B．石油醚　　C．乙醇　　D．氯仿-甲醇

2．测定花生仁中脂肪含量的常规分析方法是（　　），测定牛奶中脂肪含量的常规方法是（　　）。

A．索氏提取法　　B．酸性乙醚提取法

C．碱性乙醚提取法　　D．巴布科克法

3．用乙醚提取脂肪时，所用的加热方法是（　　）。

A．电炉加热　B．水浴加热　C．油浴加热　D．电热套加热

4．索氏提取法测定脂肪时，抽提时间是（　　）。

A．虹吸 20 次　　B．虹吸产生后 2 h

C．抽提 6 h　　D．用滤纸检查抽提完全为止

5．测定牛乳中脂肪含量的基准方法是（　　）。

A．盖勃法　　B．罗紫-哥特里法

C．巴氏法　　D．索氏提取法

6．以下测定脂肪的方法中，不适于牛乳脂肪测定的是（　　）。

A．巴氏法　　B．罗紫-哥特里法

C．盖勃法　　D．酸水解法

7．用罗紫-哥特里法测定牛乳中的脂肪含量时，溶解乳蛋白所用的试剂是（　　）。

A．盐酸　B．乙醇　C．乙醚　D．氨水

8．罗紫-哥特利法测定牛乳中的脂肪含量时，烘干温度为（　　）。

A．90～100 ℃　　B．80～90 ℃

C．100～105 ℃　　D．110 ℃

9．巴布科克法测定牛乳中脂肪含量时，加入硫酸的量为（　　）。

A．17.5 mL　B．20 mL　C．10.0 mL　D．15.0 mL

10．巴布科克法测定牛乳脂肪含量时，取样量为（　　）。

A．17.6 mL　B．20 mL　C．10.75 mL　D．15 mL

11．巴布科克法测定牛乳中脂肪含量时，离心速度为（　　）r/min。

A．2000　B．1500　C．1000　D．500

12．盖勃法测定牛乳脂肪含量时，加异戊醇的作用是（　　）。

A．调节样品比重　　B．形成酪蛋白钙盐

C．破坏有机物　　D．促进脂肪从水中分离出来

13．如果用盖勃法测定牛乳的脂肪含量，应选用的乳脂计型号是（　　）。

A．1%　B．7%　C．35%　D．40%

14．盖勃法测牛乳脂肪含量时，水浴温度是（　　）。

A．约 65 ℃　B．约 80 ℃　C．约 50 ℃　D．约 100 ℃

15．盖勃法测定牛乳中脂肪的含量时，乳脂计的读数方法是（　　）。

A．读取酸层和脂肪层的最高点

B．读取酸层和脂肪层的最低点

C．读取酸层和脂肪层最高和最低点的平均数

D．以上都不是

（三）简答题

1．食品中脂肪含量的检测方法有哪些？

2．为什么用索氏提取法测定脂肪测得的是粗脂肪？

3．在脂肪测定中使用的抽提剂乙醚有何要求？为什么？

4．如何判断索氏提取法抽提物的干燥恒重值？

5．潮湿的样品是否可采用乙醚直接提取？

（四）计算题

某检验员对花生仁样品中的粗脂肪含量进行检测，操作如下。

（1）准确称取已干燥至恒重的接受瓶质量为 45.385 7 g。

（2）称取粉碎均匀的花生仁 3.265 6 g，用滤纸严密包裹好后，放入抽提筒内。

（3）在已干燥恒重的接受瓶中注入 2/3 的无水乙醚，安装好装置，在 45～50 ℃左右的水浴中抽提 5 h，检查证明抽提完全。

（4）冷却后，将接受瓶取下，并与蒸馏装置连接，水浴蒸馏回收至无乙醚滴出后，取下接收瓶充分挥干乙醚，置于 105 ℃烘箱内干燥 2 h，取出冷却至室温称重为 46.758 8 g，第二次同样干燥后称重为 46.702 0 g，第三次同样干燥后称重为 46.701 0 g，第四次同样干燥后称重为 46.701 8 g。

请根据该检验员的数据计算被检花生仁的粗脂肪含量。

二、技能检测

以麦乳精为例，简述麦乳精中脂肪含量是如何检测的，写出具体操作步骤及计算公式。

学习情境八　食品中碳水化合物含量的测定

工作任务一　水果硬糖中还原糖含量的测定

【任务描述】

采用直接滴定法对水果糖中还原糖含量进行测定，通过讲解与实验演练，使学生巩固对酸式滴定管的正确使用，同时掌握还原糖含量测定的操作技能。

【作业质量要求】

（1）正确、熟练地使用分析天平、滴定管、刻度吸管、容量瓶、封闭式电炉。

（2）过滤、定容、滴定操作正确、熟练。

（3）遵守操作规程，保持操作现场整洁。

（4）正确执行安全技术操作规程。

【学习目标】

（1）了解碳水化合物、还原糖的概念和知识以及还原糖的提取和澄清方法。

（2）能正确配制和标定葡萄糖标准溶液、碱性酒石酸铜溶液。

（3）进一步巩固和规范氧化还原滴定操作。

（4）掌握还原糖含量测定原理及操作要点。

（5）掌握水果硬糖中还原糖含量测定的操作方法。

（6）学会控制反应条件，掌握提高还原糖含量测定的精密度的方法。

【技能目标】

（1）熟练掌握氧化还原滴定的操作技能。

（2）熟练掌握水果硬糖中还原糖含量测定的操作技能。

（3）熟练碱性酒石酸铜溶液的配制和标定的操作技能。

【所需仪器和试剂】

1. 实验仪器

封闭式电炉、酸式滴定管、秒表、刻度吸管、锥形瓶、容量瓶、烧杯。

2. 实验试剂

（1）碱性酒石酸铜甲液：称取 15 g 硫酸铜（$CuSO_4 \cdot 5H_2O$）及 0.05 g 次甲基蓝，溶

于水中并稀释至 1 000 mL。

（2）碱性酒石酸铜乙液：称取 50 g 酒石酸钾钠及 75 g 氢氧化钠，溶于水中，再加入 4 g 亚铁氰化钾，完全溶解后，用水稀释至 1 000 mL，贮存于橡皮塞玻璃瓶中。

（3）乙酸锌溶液：称取 21.9 g 乙酸锌，加 3 mL 冰醋酸，加水溶解并稀释到 100 mL。

（4）10.6%亚铁氰化钾溶液。

（5）0.1%葡萄糖标准溶液：精确称取 1.000 0 g 经过（99±1）℃干燥至恒重的纯葡萄糖，加水溶解后加入 5 mL 盐酸，并以水稀释至 1 000 mL。此溶液每毫升相当于 1.0 mg 葡萄糖。

【相关知识】

测定食品中糖类含量的方法很多，测定单糖和低聚糖含量常用的方法有物理法、化学法、色谱法和酶法等，其中物理法包括相对密度法、折光法和旋光法，这些方法只能用于某些特定样品。

化学法是应用最广泛的常规分析法，它包括还原糖法（斐林氏法、高锰酸钾法、铁氰化钾法等）、碘量法、缩合反应法等，食品中还原糖、蔗糖、总糖含量的测定多采用化学法。但此法测得的多是糖的总量，不能确定糖的种类及每种糖的含量。

利用色谱法可以对样品中各种糖分进行分离和定量。

酶法可测定糖类含量。用 β-半乳糖脱氢酶测定半乳糖、乳糖含量；用葡萄糖氧化酶测定葡萄糖等含量。多糖、淀粉含量的测定常先使之水解为单糖，然后再用酶法测定生成的单糖含量。果胶和纤维素含量的测定多采用重量法，粗纤维含量的测定有被膳食纤维含量的测定所取代的趋势。

一、可溶性糖类的提取和澄清

（一）提取液的制备

1. 常用的提取剂

糖类可用水做提取剂，温度一般控制在 40～50 ℃，提取效果好。若温度更高时，可提取出相当量的可溶性淀粉和糊精。为防止蔗糖等低聚糖在加热时被部分水解，提取液应调为中性。

乙醇溶液也是常见的糖类提取剂，糖类在乙醇溶液中具有一定溶解度，当提取液中的乙醇浓度足够高时，蛋白质、淀粉和糊精等都不能溶解，通常用的是 70%～75%的乙醇溶液。用乙醇溶液做提取剂时，提取液不用除蛋白质，因为蛋白质不会溶解出来。

2. 提取液制备的原则

（1）取样量和稀释倍数的确定，要考虑所采用的分析方法的检测范围。

（2）含脂肪的食品，通常需经脱脂后再以水进行提取。

（3）含有大量淀粉和糊精的食品，用水提取会使部分淀粉、糊精溶出，影响测定，同时过滤也困难，为此，宜采用乙醇溶液提取。乙醇溶液的浓度应高到足以使淀粉和糊精沉淀，通常用 70%～75%的乙醇溶液。

（4）含酒精和二氧化碳的液体样品，通常蒸发至原体积的 1/3～1/4，以除去酒精和二氧化碳。但酸性食品在加热前应预先用氢氧化钠调节样品溶液至中性，以防止低聚糖被部分水解。

（5）提取固体样品时，为提高提取效果，有时需加热，加热温度控制在 40～50 ℃，一般不超过 80 ℃，温度过高会使可溶性多糖溶出，增加下步澄清工作的负担。用乙醇做提取剂加热时应安装回流装置。

（二）提取液的澄清

提取液中，除含有单糖和低聚糖等可溶性糖类外，还不同程度地含有一些影响测定的杂质，如色素、蛋白质、可溶性果胶、可溶性淀粉、有机酸、氨基酸、单宁等，这些物质的存在常会使提取液带有颜色或呈现混浊，影响测定终点的观察；也可能在测定过程中与被测成分或分析试剂发生化学反应，影响分析结果的准确性；胶态杂质的存在还会给过滤操作带来困难，因此必须把这些干扰物质除去。常用的方法是加入澄清剂沉淀这些干扰物质。

1. 常用澄清剂

澄清剂应具有以下条件：①能较完全地除去干扰物质；②不吸附或沉淀被测糖分，也不改变被测糖分的理化性质；③过剩的澄清剂应不干扰后面的分析操作，或易于除掉。

糖类分析中较常用的澄清剂有以下 6 种。

（1）中性醋酸铅[$Pb(CH_3COO)_2 \cdot 3H_2O$]。这是最常用的一种澄清剂。铅离子能与很多离子结合，生成难溶性沉淀物，同时吸附除去部分杂质。它能除去蛋白质、果胶、有机酸、单宁等杂质。它的作用较可靠，不会沉淀样液中的还原糖，在室温下也不会形成铅糖化合物，因而适用于还原糖样液的澄清。但它的脱色能力较差，不能用于深色样液的澄清，适用于浅色的糖及糖浆制品、果蔬制品、焙烤制品等。需注意的是，铅盐有毒，使用时应多加小心。

（2）乙酸锌和亚铁氰化钾溶液。它是利用乙酸锌[$Zn(COO)_2 \cdot 2H_2O$]与亚铁氰化钾反应生成的氰亚铁酸锌沉淀来夹走或吸附干扰物质。这种澄清剂除蛋白质能力强，但脱色能力差，适用于色泽较浅、蛋白质含量较高的样液的澄清，如乳制品、豆制品等。

（3）硫酸铜和氢氧化钠溶液。这种澄清剂由 5 份硫酸铜溶液（69.28 g $CuSO_4 \cdot 5H_2O$ 溶于 1L 水中）和 2 份 1 mol/L 氢氧化钠溶液组成。在碱性条件下，铜离子可使蛋白质沉淀，适合于富含蛋白质的样品的澄清。

（4）碱性醋酸铅。这种澄清剂能除去蛋白质、有机酸、单宁等杂质，又能凝聚胶体。但它可生成体积较大的沉淀，会带走一部分糖，特别是果糖。过量的碱性醋酸铅可因其碱度及铅糖的形成而改变糖类的旋光度。此澄清剂适用于处理深色糖液。

（5）氢氧化铝溶液（铝乳）。氢氧化铝能凝聚胶体，但对非胶态杂质的澄清效果不好。可用做浅色糖溶液的澄清，或作为附加澄清剂。

（6）活性炭。这种澄清剂能除去植物样品中的色素，适用于颜色较深的提取液，但能吸附糖类造成糖的损失，特别是蔗糖损失达 6%～8%，这个缺点限制了活性炭在糖类分析上的应用。

2. 澄清剂的用量

澄清剂的用量必须适当，用量太少，达不到澄清的目的；用量太多则会使分析结果产生误差。即使是中性醋酸铅之类的安全澄清剂，用量也不能过大。因为当样品试液在测定过程中进行加热时，铅将与糖（特别是果糖）结合生成铅糖化合物，使测得的糖含量虚假地降低。因此，要使误差为最小，必须使用最少量的澄清剂。

不同的样液因干扰物质的种类和含量不同，所需加入澄清剂的量也不同。如用中性醋酸铅作为澄清剂时，一般先向样液中加入 1～3 mL 醋酸铅饱和溶液（约 30%），也可以用 20%或 10%中性醋酸铅溶液充分混合后静置 15 min，向上层清液中加入几滴中性醋酸铅溶液，上层清液中如无新的沉淀形成，说明杂质已沉淀完全，如有新的沉淀形成，就再加入几滴，混匀并静置几分钟，如此重复直至无沉淀形成为止。用乙酸锌-亚铁氰化钾溶液做澄清剂时，用量一般是 50～75 mL 样液加入乙酸锌溶液（219 g $Zn(COO)_2 \cdot 2H_2O$ 溶于 1L 的水中）和亚铁氰化钾溶液（10.6%）各 5 mL。用硫酸铜-氢氧化钠溶液作为澄清剂时，一般在 50～75 mL 样液中加入 10 mL 硫酸铜溶液（69.28 g $Cu_2SO_4 \cdot 5H_2O$ 溶于 1L 的水中）和 4 mL 氢氧化钠溶液（1 mol/L）。

3. 样液除铅

采用醋酸铅做澄清剂时，澄清后的样液中残留有铅离子，在测定过程中加热样液时，铅能与还原糖（特别是果糖）结合生成铅糖化合物，结果使测得的还原糖含量虚假地降低。因此，经铅盐澄清的样液必须除铅。

常用的除铅剂有草酸钠、草酸钾、硫酸钠、磷酸氢二钠等。使用时可以以固体状态或液体状态加入。

如用固体除铅剂，应先让样液达到一定体积后再加入；如用液体除铅剂，应在加入除铅剂后再定容。除铅剂的用量也要适当，在保证使铅完全沉淀的前提下，尽量少用。

二、还原糖的测定

还原糖是指具有还原性的糖类。在糖类中，分子中含有游离醛基或酮基的单糖和含有游离潜醛基的双糖都具有还原性，如葡萄糖、果糖、乳糖、麦芽糖等。

非还原性糖可以通过水解生成相应的还原性单糖，测定水解液的还原糖含量就可以求得样品中相应糖类的含量。因此，还原糖的测定是一般糖类定量的基础。

常用的还原糖的测定方法有直接滴定法、高锰酸钾法、比色法、蓝-爱农法等。

（一）直接滴定法

1. 实验原理

将一定量的碱性酒石酸铜甲、乙液等量混合，立即生成天蓝色的氢氧化铜沉淀，这种沉淀很快与酒石酸钾钠反应，生成深蓝色的可溶性酒石酸钾钠铜络合物。

在加热条件下，以次甲基蓝作为指示剂，用样液滴定，样液中的还原糖与酒石酸钾钠铜反应，生成红色的氧化亚铜沉淀，待 Cu^{2+} 全部被还原后，稍过量的还原糖把次甲基蓝还原，溶液由蓝色变为无色，即为滴定终点。

次甲基蓝是一种氧化还原指示剂，其氧化型为蓝色，还原型为无色，它的氧化能力比 Cu^{2+} 弱，待还原糖将 Cu^{2+} 全部被还原后，稍过量的还原糖则可把次甲基蓝还原，溶液由蓝色变为无色，即为滴定终点。

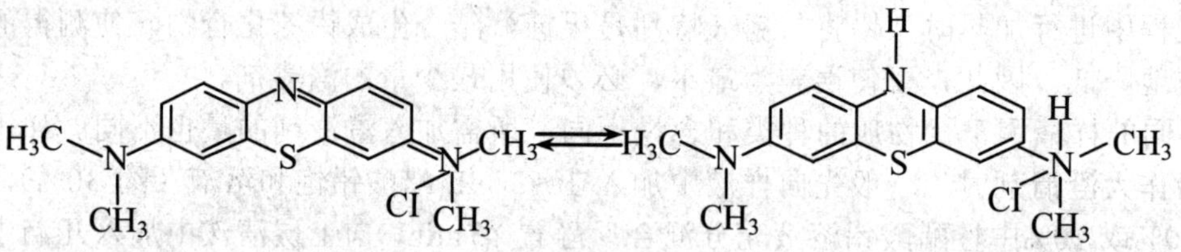

（蓝色氧化态） ⇌ （无色还原态）

根据样液消耗量可计算出还原糖含量。

不能根据上述反应式直接计算出还原糖含量，而应用已知浓度的葡萄糖标准溶液标定的方法，或利用通过实验编制出的还原糖检索表来计算。在测定过程中要严格遵守标定或制表时所规定的操作条件，如热源强度（电炉功率）、锥形瓶规格、加热时间、滴定速度等。

2. 适用范围及特点

本法又称“快速法”，它是在蓝-爱农法的基础上发展起来的，其特点是试剂用量少，操作和计算都比较简便、快速，滴定终点明显，适用于各类食品中还原糖的测定。但测定酱油、深色果汁等样品时，因色素干扰，滴定终点常常模糊不清，影响准确性，本法是国家标准分析方法。

（二）高锰酸钾法

1. 实验原理

将一定量的样液与一定量过量的碱性酒石酸铜溶液反应，在加热条件下，还原糖把 Cu^{2+} 盐还原为氧化亚铜。反应式同直接滴定法。经抽气过滤，得到氧化亚铜沉淀，加入过量的酸性硫酸铁溶液，氧化亚铜被氧化为铜盐而溶解，硫酸铁被还原为亚铁盐。

$$Cu_2O+Fe_2(SO_4)_3+H_2SO_4 \longrightarrow 2CuSO_4+2FeSO_4+H_2O$$

用高锰酸钾标准溶液滴定生成的亚铁盐。

$$10FeSO_4+2KMnO_4+8H_2SO_4 \longrightarrow 5Fe_2(SO_4)_3+K_2SO_4+2MnSO_4+8H_2O$$

根据滴定时高锰酸钾标准溶液消耗量，计算氧化亚铜含量。再由氧化亚铜量查检索表（见附表十六）得出相当的还原糖量。

2. 适用范围及特点

本法又称贝尔德蓝（Bertrand）法，是国家标准分析方法（GB/T5009.7 中第一法），该方法的准确度和重现性都优于直接滴定法，并适用于各类食品中还原糖的测定，有色样液也不受限制。但操作复杂、费时，需使用专用的检索表。

（三）比色法

1. 实验原理

葡萄糖氧化酶（GOD）在有氧条件下，催化 β-D-葡萄糖（葡萄糖水溶液状态）氧化，生成 D-葡萄糖酸-δ-内酯和过氧化氢。受过氧化物酶（POD）催化，过氧化氢与 4-氨基安替比林和苯酚生成红色醌亚胺。

在波长 505 nm 处测定醌亚胺的吸光度，可计算出食品中葡萄糖的含量。计算公式如下：

$$w=\frac{c}{m\times\frac{V_2}{V_1}}\times\frac{1}{1\,000\times1\,000}\times100\%$$

式中　w—— 葡萄糖的含量，%；

c—— 标准曲线上查出的试液中的葡萄糖含量，μg；

m—— 试样的质量，g；

V_1—— 试液的定容体积，mL；

V_2—— 测定时吸取试液的体积，mL。

2. 适用范围及特点

本法属国家标准分析法（GB/T16285—1996），最低检出限量为 0.01 μg/mL，为仲裁法。由于葡萄糖氧化酶（GOD）具有专一性，只能催化葡萄糖水溶液中 β-D-葡萄糖被氧化，不受其他还原糖的干扰，因此测定结果较直接滴定法和高锰酸钾法准确。适用于各类食品中葡萄糖含量的测定，也适用于食品中其他组分转化为葡萄糖含量的测定。

（四）蓝-爱农法

1. 实验原理

用样品试液滴定一定量、煮沸的碱性酒石酸铜溶液，以次甲基蓝为指示剂，达到终点时，稍微过量的样品试液将蓝色的次甲基蓝还原为无色的隐色体，而显出氧化亚铜的鲜红色沉淀。根据试液的用量，查蓝-爱农法专用检索表，求得样品中还原糖的含量。

2. 适用范围及特点

本法又称 Lane-Eynon Method，准确度高、重现性好，是一种快速简单的方法。许多国家和国际组织把该法定为测定还原糖的标准分析方法。但该法试剂、操作要求严格，终点不易判断，新学者不易掌握。

【工作过程】

一、工作课时

要求本单元的“理论 +实训”课时为“8+6”课时。

二、具体工作过程

用直接滴定法测定水果硬糖中还原糖含量的工作过程如下。

1. 样品处理

（1）将水果硬糖碾碎并混合均匀。

（2）称取 2 g 左右的水果糖样品，置于 250 mL 烧杯中，加水溶解后移入 250 mL 容量瓶中，加水定容，摇匀，即为样液。

2. 碱性酒石酸铜溶液的标定

（1）准确吸取碱性酒石酸铜甲液和乙液各 5 mL，置于 250 mL 锥形瓶中，加水 10 mL，加玻璃珠 3 粒。

（2）从滴定管滴加约 9 mL 葡萄糖标准溶液，加热使其在 2 min 内沸腾，准确沸腾 30 s，趁热以 0.5 滴/s 的速度继续滴加葡萄糖标准溶液，直至溶液蓝色刚好褪去为终点。

（3）记录消耗葡萄糖标准溶液的总体积。平行操作 3 次，取其平均值，并按下式计算碱性酒石酸铜溶液相当于葡萄糖的质量。

$$F=cV$$

式中 F——10 mL 碱性酒石酸铜溶液相当于葡萄糖的质量，mg；

c——葡萄糖标准溶液的浓度，mg/mL；

V——滴定时消耗葡萄糖标准溶液的总体积，mL。

3. 样品溶液预测

（1）吸取碱性酒石酸铜甲液和乙液各 5.00 mL，置于 250 mL 锥形瓶中，加水 10 mL，加玻璃珠 3 粒，加热使其在 2 min 内至沸，准确沸腾 30 s。

（2）趁热以先快后慢的速度用滴定管中滴加样品溶液，滴定时要始终保持溶液呈沸腾状态。

（3）待溶液蓝色变浅时，以 0.5 滴/s 的速度滴定，直至溶液蓝色刚好褪去为终点。

（4）记录样品溶液消耗的体积。

4. 样品溶液测定

（1）吸取碱性酒石酸铜甲液和乙液各 5.00 mL，置于 250 mL 锥形瓶中，加玻璃珠 3 粒。

（2）从滴定管中加入比预测时样品溶液消耗总体积少 1 mL 的样品溶液，加热使其在 2 min 内沸腾，准确沸腾 30 s。

（3）趁热以 0.5 滴/s 的速度继续滴加样液，直至蓝色刚好褪去为终点。

（4）记录消耗样品溶液的总体积。同法平行操作 3 份，取平均值。

5. 数据记录及处理

（1）数据记录。将数据记录于表 8-1。

表 8-1 数据记录表 （单位：mL）

项目	序号	标准还原糖溶液预加体积	消耗标准还原糖溶液总体积	平均值
标定碱性酒石酸铜甲/乙液	1			
	2			
	3			
项目	序号	样品溶液预加体积	消耗样品溶液总体积	平均值
样品溶液	1			
	2			
	3			

（2）按下式计算水果硬糖中还原糖的含量：

$$w=\frac{F}{m\times\frac{V}{250}\times1000}\times100\%$$

式中　w—— 还原糖（以葡萄糖计）质量分数，%；

F——10 mL 碱性酒石酸铜溶液还原糖（以葡萄糖计）的质量，mg；

m—— 样品质量（或体积），g（mL）；

V—— 测定用样品处理液的体积，mL；

250—— 样品处理后的总体积，mL。

三、操作注意事项

（1）此法所用的氧化剂碱性酒石酸铜的氧化能力较强，醛糖和酮糖都可被氧化，所以测得的是总还原糖量。

（2）在样品处理时，不能用铜盐作为澄清剂，以免样液中引入 Cu^{2+}，得到错误的结果。

（3）次甲基蓝也是一种氧化剂，但在测定条件下氧化能力比 Cu^{2+} 弱，故还原糖先与 Cu^{2+} 反应，Cu^{2+} 完全反应后，稍过量的还原糖才与次甲基蓝指示剂反应，使之由蓝色变为无色，指示到达终点。

（4）为消除氧化亚铜沉淀对滴定终点观察的干扰，在碱性酒石酸铜乙液中加入少量亚铁氰化钾，使之与氧化亚铜生成可溶性的无色络合物，而不再析出红色沉淀。

（5）碱性酒石酸铜甲液和乙液应分别贮存，用时才混合，否则酒石酸钾钠铜络合物长期在碱性条件下会慢慢分解析出氧化亚铜沉淀，使试剂有效浓度降低。

（6）滴定必须在沸腾条件下进行，其原因是：①可以加快还原糖与 Cu^{2+} 的反应速度；②次甲基蓝变色反应是可逆的，还原型次甲基蓝遇空气中的氧气又会被氧化为氧化型；③氧化亚铜极不稳定，易被空气中的氧气所氧化，保持反应液沸腾可防止空气进入，避免次甲基蓝和氧化亚铜被氧化而增加耗糖量。

（7）滴定时不能随意摇动锥形瓶，更不能把锥形瓶从热源上取下来滴定，以防止空气进入反应溶液中。

（8）样品溶液预测的目的：通过预测可了解样品溶液浓度是否合适，如浓度过大或过小应加以调整，使预测时消耗样液量在 l0 mL 左右；通过预测可知样液的大概消耗量，以便在正式测定时，预先加入比实际用量少 1 mL 左右的样液，只留下 1 mL 左右样液在继续滴定时加入，以保证在 1 min 内完成继续滴定工作，提高测定的准确度。

（9）影响测定结果的主要因素是反应液碱度、热源强度、煮沸时间和滴定速度。

（10）测定时先将反应所需样液的绝大部分加入到碱性酒石酸铜溶液中，与其共沸，仅留 1mL 左右由滴定方式加入，而不是全部由滴定方式加入，其目的是使绝大多数样液与碱性酒石酸铜在完全相同的条件下反应，减少因滴定操作带来的误差，提高测定精度。

【质量检测】

1. 工作过程检测

要正确、熟练地使用分析天平、滴定管、刻度吸管、容量瓶、封闭式电炉；实验过程严格按照操作规程进行，过滤、定容、滴定操作正确、熟练；执行安全操作，保持实验现场的整洁。实验结束后及时清洁实验用具并归位。

2. 实验数据检测

实验数据处理合理、准确，两次测定的结果之差不超过平均值的10%。实验报告书写合理、规范，结果评价准确。

【知识与技能检测】

一、理论检测

（一）填空题

1. 用直接滴定法测定食品还原糖含量时，所用的费林标准溶液由两种溶液组成，A.（甲）液是__________，B（乙）液是__________；一般用__________标准溶液对其进行标定。滴定时所用的指示剂是__________，掩蔽 Cu_2O 的试剂是__________，滴定终点为__________。

2. 测定还原糖含量时，对提取液中含有的色素、蛋白质、可溶性果胶、淀粉、单宁等影响测定的杂质必须除去，常用的方法是__________，所用澄清剂有三种：__________、__________、__________。

3. 在直接滴定法测定食品还原糖含量时，影响测定结果的主要操作因素有__________、__________、__________和__________。

（二）单项选择题

1.（　　）测定是糖类定量的基础。

A. 还原糖　　B. 非还原糖　　C. 葡萄糖　　D. 淀粉

2. 直接滴定法在滴定过程中（　　）。

A. 边加热边振摇　　B. 加热沸腾后滴定

C. 加热保持沸腾，无需振摇　　D. 无须加热沸腾即可滴定

3. 直接滴定法在测定还原糖含量时用（　　）做指示剂。

A. 亚铁氰化钾　B. Cu^{2+} 的颜色　C. 硼酸　D. 次甲基蓝

4. 为消除反应产生的红色氧化亚铜沉淀对滴定的干扰，加入的试剂是（　　）。

A. 铁氰化钾　B. 亚铁氰化钾　C. 醋酸铅　D. 氢氧化钠

5. 为了澄清牛乳提取其中的糖分，可选用（　　）作澄清剂。

A. 中性醋酸铅　　B. 乙酸锌和亚铁氰化钾

C. 硫酸铜和氢氧化钠　　D. 碱性醋酸铅

6. 用铅盐作澄清剂后，应除去过量的铅盐，因为（　　）。

A. 铅盐是重金属，有毒，会污染食品

B. 铅盐使糖液颜色变深

C. 铅盐与还原糖造成铅糖，使糖含量降低

D. 影响实验结果

7．费林 A 液、B 液（　　）。

A．分别贮存，临用时混合

B．可混合贮存，临用时稀释

C．分别贮存，临用时稀释并混合使用

D．混合贮存

（三）简答题

1．食品中还原糖含量的检测方法有哪些？

2．对可溶性糖类该如何提取？

3．常用的澄清剂有哪几种？各有什么特点？

4．直接滴定法测定食品中的还原糖是如何进行定量的？为什么要用标准的葡萄糖溶液来标定碱性酒石酸铜溶液？

5．直接滴定法测定食品还原糖含量时，为什么要对葡萄糖标准溶液进行标定？

6．直接滴定法测定食品还原糖含量时，对样品液进行预测的目的是什么？

7．影响直接滴定法测定结果的主要操作因素有哪些？为什么要严格控制这些实验条件？

（四）计算题

1．用直接滴定法测定某厂生产的硬糖的还原糖含量，称取 2.000 g 样品，用适量水溶解后，定容于 100 mL。吸取碱性酒石酸铜甲、乙液各 5.00 mL 于锥形瓶中，加入 10.00 mL 水，加热沸腾后用上述硬糖溶液滴定至终点耗去 9.65 mL。已知标定费林试液 10.00 mL 耗去 1 g/L 葡萄糖液 10.15 mL，问该硬糖中还原糖含量为多少？

2. 欲测定某样品的还原糖含量，吸取样液 50.00 mL，定容至 250 mL，再吸取 10.00 mL，稀释定容至 100 mL，用以滴定 10 mL 碱性酒石酸铜溶液，耗用 10.35 mL，另取标准葡萄糖溶液（1 mg/mL）滴定 10 mL 碱性酒石酸铜溶液，耗用 9.85 mL，求样品的还原糖含量。

二、技能检测

以脱水胡萝卜粒为例，简述用直接滴定法测定还原糖含量的操作步骤并写出具体的计算公式。

工作任务二　乳及乳制品中乳糖及蔗糖含量的测定

【任务描述】

通过讲解与实验演练，使学生巩固酸式滴定管的正确使用，同时掌握乳糖和蔗糖含量测定的操作技能。

【作业质量要求】

（1）正确、熟练地使用分析天平、滴定管、刻度吸管、容量瓶、封闭式电炉。

（2）过滤、定容、滴定操作正确、熟练。

（3）遵守操作规程，保持操作现场整洁。

（4）正确执行安全技术操作规程。

【学习目标】

（1）进一步巩固和规范氧化还原滴定操作。

（2）掌握乳糖和蔗糖含量的测定原理及操作要点。

（3）掌握乳制品中乳糖和蔗糖含量测定的操作方法。

【技能目标】

（1）熟练掌握氧化还原滴定的操作技能。

（2）熟练掌握乳制品中乳糖和蔗糖含量测定的操作技能。

【所需仪器与试剂】

1. 实验仪器

封闭式电炉、酸式滴定管、秒表、刻度吸管、锥形瓶、容量瓶和烧杯。

2. 实验试剂

（1）亚铁氰化钾溶液：称取 10.6 g 亚铁氰化钾，加水溶解并稀释至 100 mL。

（2）乙酸锌溶液：称取乙酸锌结晶 21.9 g，加 3 mL 冰醋酸，加水溶解并稀释至 100 mL。

（3）费林试剂：①甲液，通过称取 34.639 g 硫酸铜，加适量水溶解，加 0.5 mL 浓硫酸，再加水稀释至 500 mL，用精制石棉过滤得到；②乙液，通过称取 173 g 酒石酸钾钠与 50 g 氢氧化钠，加适量水溶解，并稀释至 500 mL 得到，用精制石棉过滤，贮存于橡胶塞玻璃瓶内。

（4）亚甲基蓝（次甲基蓝）指示剂：10 g/L 水溶液。

（5）盐酸溶液（6 mol/L）。

（6）氢氧化钠溶液（200 g/L）。

（7）甲基红（0.2 g/L）-乙醇溶液：取 0.2 g 甲基红，溶于 100 mL 乙醇溶液（20%）。

【相关知识】

测定乳糖及蔗糖含量的实验原理是：样品除去蛋白质后，在加热条件下，以亚甲蓝为指示剂，用样液直接滴定费林试液，达到终点时，稍过量的还原糖将蓝色亚甲基蓝还原成无色，根据样液消耗量查乳糖及转化糖因素表求得乳糖及蔗糖（用酸水解为转化糖）含量。

【工作过程】

一、具体工作课时

要求本单元的“理论+实训”课时为“4+4”课时。

二、具体工作过程

测定乳糖及蔗糖的工作过程如下。

1. 样品处理

（1）准确称取 3 g 左右的样品于小烧杯中，用 100 mL 水分数次溶解并洗入 250 mL 容量瓶。

（2）慢慢加入醋酸锌溶液和亚铁氰化钾溶液各 5 mL，轻轻摇动容量瓶。

（3）加水至刻度，静置数分钟后以干燥滤纸过滤，滤液备用。

2. 乳糖的测定

1）样品溶液的预测定

（1）吸取费林甲液、乙液各 5.0 mL，置于 150 mL 锥形瓶中，加 10 mL 水，加入玻璃珠 2 粒，控制在 2 min 内沸腾。

（2）趁沸以先快后慢的速度滴加样品溶液，待颜色变浅时，加入亚甲蓝指示剂 2～3 滴，趁沸以 0.5 滴/s 的速度继续滴定至蓝色刚好褪去为止。

（3）记录消耗样液的体积。

2）样品溶液的测定

（1）吸取费林甲液、乙液各 5.0 mL，置于 150 mL 锥形瓶中，加 10 mL 水，加入玻璃珠 2 粒，从滴定管中加入比预滴定约少 1 mL 的样品溶液，加热使之在 2 min 内沸腾，并维持沸腾 2 min。

（2）加入亚甲蓝指示剂 2～3 滴，趁沸以 0.5 滴/s 的速度继续滴定至蓝色刚好褪去为止。

（3）记录样液消耗的体积。

3）乳及乳制品中乳糖含量的计算

每 100 mL 样液中乳糖的质量为：

$$m_1 = \frac{m_2}{V} \times 100$$

式中　m_1——样液中乳糖的质量，mg；

m_2——滴定量相对应的乳糖质量，mg；

V——滴定体积，mL；

100——样液体积，mL。

样品中乳糖的质量分数为：

$$w = \frac{m_1 \times 2.5}{m \times 1000} \times 100\%$$

式中　w——乳糖的质量分数，%；

m——样品的质量，m；

m_1——乳糖的质量，mg；

2.5——换算系数，即 250/100。

乳糖及转化糖因数见表 8-1。

表 8-1　乳糖及转化糖因数表（10 mL 费林氏液）

滴定量（mL）	乳糖（mg）	转化糖（mg）	滴定量（mL）	乳糖（mg）	转化糖（mg）
15	68.3	50.5	33	67.8	51.7
16	38.2	50.6	34	67.9	51.7
17	68.2	50.7	35	67.9	51.8
18	68.1	50.8	36	67.9	51.8
19	68.1	50.8	37	67.9	51.9
20	68.0	50.9	38	67.9	51.9
21	68.0	51.0	39	67.9	52.0
22	68.0	51.0	40	67.9	52.0
23	67.9	51.1	41	68.0	52.1
24	67.9	51.2	42	68.0	52.1
25	67.9	51.2	43	68.0	52.2
26	67.9	51.3	44	68.0	52.2
27	67.8	51.4	45	68.1	52.3
28	67.8	51.4	46	68.1	52.3
29	67.8	51.5	47	68.2	52.4
30	67.8	51.5	48	68.2	52.4
31	67.8	51.6	49	68.2	52.5
32	67.8	51.6	50	68.3	52.5

3．蔗糖的测定

1）转化前转化糖的计算

利用测定乳糖时滴定量，从表中查出相对应的转化糖因子，即可计算出转化前 100 mL 样液中转化糖的质量：

$$m_1 = \frac{m_2}{V} \times 100$$

转化前转化糖的质量分数为：

$$w = \frac{m_1 \times 2.5}{m \times 1\,000} \times 100\%$$

式中　m—— 样品质量，g；

m_1—— 转化前 100 mL 样液中转化糖的质量，mg；

m_2—— 滴定量相对应的转化糖质量，mg；

V—— 测定乳糖时的滴定体积，mL；

w——转化前转化糖的质量分数，%；

2.5—— 换算系数，即 250/100。

2）样品溶液的转化和滴定

（1）吸取糖提取液 50 mL，置于 100 mL 容量瓶中，加 5 mL 盐酸（1+1），在 68～70 ℃水浴中加热 15 min，冷却后加 2 滴甲基红指示液，用 200 g/L 的氢氧化钠中和至中性，加水至刻度，混匀。

（2）测定方法与乳糖相同，即：

$$m_1=\frac{m_2}{V}\times100$$

转化后转化糖的质量分数为：

$$w=\frac{m_1\times5}{m\times1\,000}\times100\%$$

式中　m—— 样品质量，g；

m_1—— 转化前 100 mL 样液中转化糖的质量，mg；

m_2—— 滴定量相对应的转化糖质量，mg；

V—— 测定乳糖时的滴定体积，mL；

w—— 转化后转化糖的质量分数，%；

5—— 换算系数，即 500/100 。

3）蔗糖质量分数的计算公式

$$w_{(\text{蔗糖})}=\left[w_{(\text{转化后转化糖})}-w_{(\text{转化前转化糖})}\right]\times0.95$$

三、操作注意事项

（1）蔗糖水解条件较低，在本法所列条件下，蔗糖水解，其他还原性双糖不水解，原有的单糖不被破坏。

（2）应测定水解前样品中还原糖的含量，水解后增加的还原糖的量为蔗糖水解产生的。

（3）计算时换算系数为 0.95，蔗糖水解物中增加了一分子水，使产物总量增大。

$$C_{12}H_{22}O_{11}+H_2O\longrightarrow C_6H_{12}O_6+C_6H_{12}O_6$$

蔗糖、葡萄糖、果糖的相对分子质量分别为 342、180、180，则蔗糖水解后与还原糖质量比为：

$$\frac{\text{蔗糖}}{\text{还原糖}}=\frac{342}{180+180}$$

蔗糖实际含量为还原糖量乘以 0.95。

【质量检测】

1. 工作过程检测

要正确、熟练地使用分析天平、滴定管、刻度吸管、容量瓶、封闭式电炉；实验过程严格按照操作规程进行，过滤、定容、滴定操作正确、熟练；执行安全操作，保持实验现场的整洁。实验结束后及时清洁实验用具并归位。

2. 实验数据检测

实验数据处理合理、准确，两次测定的结果之差不超过平均值的 10%。实验报告书写合理、规范，结果评价准确。

【知识与技能检测】

一、理论知识检测

1. 乳糖及蔗糖的测定原理是什么？
2. 蔗糖水解的条件是什么？

二、技能检测

结合酸乳的制作工艺，分别检测牛乳在不同发酵阶段中乳糖含量的变化，用数据说明哪一个发酵阶段最重要。

工作任务三　火腿肠中淀粉含量的测定

【任务描述】

通过讲解食品中淀粉的组成、性质以及不同食品中淀粉含量的测定方法，让学生对火腿肠中淀粉含量进行测定，熟悉熟肉制品中淀粉含量的测定方法，并掌握其操作技能。

【作业质量要求】

（1）正确、熟练地使用分析天平、滴定管、刻度吸管、容量瓶、古氏坩埚或 G4 垂融坩埚。

（2）过滤、定容、滴定操作正确、熟练。

（3）遵守操作规程，保持操作现场整洁。

（4）正确执行安全技术操作规程。

【学习目标】

（1）了解食品中淀粉含量测定的方法。

（2）了解酸水解法和酶水解法的测定原理和测定方法。

（3）了解重量法测定淀粉含量的原理及操作要点。

【技能目标】

（1）熟知酸水解法和酶水解法测定淀粉含量的操作技能。

（2）掌握重量法测定淀粉含量的基本操作技能。

【所需仪器和试剂】

1. 实验仪器

25mL 古氏坩埚或 G_4 垂融坩埚、烘箱、电热恒温水浴锅。

2. 实验试剂

固体氢氧化钾（分析纯）、95%酒精、2 mol/L 的氢氧化钾溶液、醋酸酸化乙醇（1 L90%乙醇中加 5 mL 冰醋酸）、无水乙醚。

【相关知识】

淀粉是人类食物的重要组成部分，也是供给人体热能的主要来源，广泛存在于植物的根、茎、叶、种子等组织中。它是由葡萄糖单位构成的聚合体，聚合度为 100～3 000。按聚合形式不同，淀粉可分为直链淀粉和支链淀粉。

直链淀粉是由葡萄糖残基以 α-1，4 糖苷键连接构成的，分子呈直链状；支链淀粉是由葡萄糖残基以 α-1，4 苷键连接构成直链主干，而支链通过第六碳原子以 β-1，6 糖苷链与主链相连，形成树枝状支叉结构。

一般淀粉均同时含有直链淀粉和支链淀粉，只是不同来源的淀粉所含这两种淀粉的比例不同，如玉米含直链淀粉约为 27%，马铃薯约为 23%，甘薯约为 20%，糯玉米、糯米和糯高粱几乎全部是支链淀粉。由于直链淀粉和支链淀粉的结构不同，性质上也有一定差异。例如，直链淀粉不溶于冷水，可溶于热水；支链淀粉常压下不溶于水，只有在加热并加压时才能溶解于水；直链淀粉可与碘生成深蓝色络合物，而支链淀粉与碘不能形成稳定的络合物，呈现较浅的蓝紫色。

许多食品中都含有淀粉，有的是来自原料，有的是生产过程中为了改变食品的物理性状做为添加剂而加入的。例如，在糖果制造中做为填充剂；在雪糕、棒冰等冷饮食品中做为稳定剂；在午餐肉等肉类罐头中做增稠剂，以增加制品的结着性和持水性；在面包、饼干、糕点生产中用来调节面筋浓度和胀润度，使面团具有适合于工艺操作的物理性质等。淀粉含量是某些食品的主要质量指标，是食品生产管理中常做的分析项目。

直链淀粉和支链淀粉都以颗粒状存在于胚乳细胞中，具有晶体结构，常称为“淀粉粒”。不同来源的淀粉，其淀粉粒的形状和大小各不相同，用显微镜观察可鉴别淀粉的种类。淀粉不溶于浓度在 30%以上的乙醇溶液，在酸或酶的作用下可以水解，最终产物是葡萄糖。淀粉水溶液具有右旋性，比旋光度为+201.5º～205º。淀粉的许多测定方法都是根据淀粉的这些理化性质而建立的。

测定淀粉含量的常用方法有：①根据淀粉在酸或酶作用下能水解为葡萄糖，通过测定还原糖含量进行定量的酸水解法和酶水解法；②根据淀粉具有旋光性而建立的旋光法；③根据淀粉不溶于乙醇的性质而建立的重量法。

一、酸水解法

1. 实验原理

样品经除去脂肪及可溶性糖类后，其中淀粉用酸水解成具有还原性的单糖，然后按还原糖含量测定，通过以下公式折算成淀粉含量：

$$w=\frac{(m_1-m_0)\times 0.9}{m\times\frac{V}{500}\times 1\,000}\times 100\%$$

式中 w—— 淀粉的质量分数，%；

m—— 样品质量，g；

m_1—— 样品水解液中还原糖含量，mg；

m_0—— 空白液中还原糖含量，mg；

V—— 样品水解液的体积，mL；

0.9—— 还原糖折算为淀粉的系数；

500—— 样液总体积，mL。

2. 实验仪器

（1）水浴锅。

（2）高速组织捣碎机（120 r/min）。

（3）皂化装置，并附 250 mL 锥形瓶。

3. 实验试剂

（1）乙醚。

（2）85%乙醇溶液。

（3）盐酸（1+1）。

（4）氢氧化钠溶液（400 g/L）。

（5）氢氧化钠溶液（100 g/L）。

（6）甲基红乙醇指示溶液（2 g/L）。

（7）精密 pH 试纸。

（8）乙酸铅溶液（200 g/L）。

（9）硫酸钠溶液（100 g/L）。

4. 实验操作过程

（1）粮食、豆类、糕点、饼干等较干燥食品的处理方法。称取 2.00～5.00 g（磨碎过 40 目筛的样品），置于放有慢速滤纸的漏斗中，用 30 mL 乙醚分三次洗去样品中的脂肪，弃去乙醚。再用 150 mL 乙醇溶液（85%）分数次洗涤残渣，除去可溶性糖类物质，并滤干乙醇溶液。以 100 mL 水洗涤漏斗中残渣并转移至 250 mL 锥形瓶中。

（2）蔬菜、水果、各种粮豆及含水熟食制品的处理方法。按 1:1 加水，在组织捣碎机中捣成匀浆（蔬菜、水果需先洗净、晾干，取可食部分）。称取 5.00～10.00 g 匀浆，（液体样品可直接量取）于 250 mL 锥形瓶中，加 30 mL 乙醚振摇提取，（除去样品中脂肪后）用滤纸过滤除去乙醚，再用 30 mL 乙醚淋洗两次，弃去乙醚，再用 150 mL 乙醇溶液（85%）分数次洗涤残渣，除去可溶性糖类物质，并滤干乙醇溶液。以 100 mL 水洗涤漏斗中残渣并转移至 250 mL 锥形瓶中。

（3）水解。于上述 250 mL 锥形瓶中加入约 30 mL 盐酸（6 mol/L），接好冷凝管，置沸水浴中回流 2 h。回流完毕后，立即置流水中冷却，待样品水解液冷却后，加入 2 滴甲基红指示液，先以 400 g/L 氢氧化钠溶液调至黄色，再以 6 mol/L 盐酸校正至水解液刚变红色为宜。若水解液颜色较深，可用精密 pH 试纸测试，使样品水解液的 pH 值约为 7。然后加 20 mL 乙酸铅溶液（200 g/L），摇匀，放置 10 min。再加 20 mL 硫酸钠溶液（100 g/L），以除去过多的铅，摇匀后将全部溶液及残渣转入 500 mL 容量瓶中，用水洗涤锥形瓶，洗液合并于容量瓶中，加水稀释至刻度。过滤，弃去初滤液 20 mL，滤液供测定用。

4）测定。按还原糖含量测定法进行测定，并同时做试剂空白实验。

5. 说明及注意事项

（1）样品中脂肪含量较少时，可省去乙醚溶解和洗去脂肪的操作。乙醚也可用石油醚代替。若样品为液体，则采用分液漏斗振摇静置分层，去除乙醚层。

（2）淀粉的水解反应为：

$$(C_6H_{10}O_5)_n + nH_2O \longrightarrow n(C_6H_{12}O_6)$$

$$162 \qquad\qquad\qquad 180$$

把葡萄糖含量折算为淀粉含量的换算系数为 162/180=0.9。

二、酶水解法

1. 实验原理

样品经除去脂肪和可溶性糖类后，在淀粉酶的作用下，使淀粉水解为麦芽糖和低分子糊精，再用盐酸进一步水解为葡萄糖，然后按还原糖含量测定法测定其还原糖含量，并折算成淀粉含量。计算公式同酸水解法。

2. 适用范围及特点

利用淀粉酶水解样品具有专一性和选择性，它只水解淀粉而不会水解半纤维素、多缩戊糖、果胶质等多糖，所以该法不受这些多糖的干扰，水解后可直接通过过滤除去这类多糖。适合于富含纤维素、半纤维素和多缩戊糖等多糖含量高的样品，分析结果准确可靠，重现性好。但是酶催化活力的稳定性受 pH 值和温度的影响很大，而且操作烦琐、费时，使用受到了一定程度的限制。

3. 实验操作过程

（1）样品处理。称取 2.00～5.00 g 样品，置于放有折叠滤纸的漏斗，先用 50 mL 乙醚分 5 次洗除脂肪，再用约 100 mL 乙醇（85%）洗去可溶性糖类，将残留物移入 250 mL 烧杯内，并用 50 mL 水洗涤滤纸及漏斗。洗液并入烧杯内。

（2）酶水解。将烧杯置沸水浴上加热 15 min，使淀粉糊化，放冷至 60 ℃以下，加 20 mL 淀粉酶溶液，在 55～60 ℃保温 1 h，并时时搅拌。然后取 1 滴此液，加 1 滴碘溶液，应不显现蓝色若呈蓝色，再加热糊化并加 20 mL 淀粉酶溶液，继续保温直至加碘不显蓝色为止。加热至沸，冷后移入 250 mL 容量瓶中，并加水至刻度，混匀，过滤。弃去初滤液，收集滤液备用。

（3）酸水解。取 50 mL 滤液，置 250 mL 锥形瓶中，加 5 mL 盐酸（1+1），装上回流冷凝器。在沸水浴中回流 1 h，冷后加 2 滴甲基红指示液，用氢氧化钠溶液（200 g/L）

中和至中性，溶液转入 100 mL 容量瓶中，洗涤锥形瓶，洗液并入 100 mL 容量瓶中，并加水至刻度，混匀备用。

（4）测定。按还原糖测定方法进行测定，同时量取 50 mL 水及与样品处理时相同量的淀粉酶溶液，按同一方法做试剂空白实验。

4. 说明及注意事项

（1）脂肪的存在会妨碍酶对淀粉的作用及可溶性糖类的去除，故应用乙醚脱脂。若样品中脂肪含量较少，可省略此步骤。

（2）淀粉粒具有晶格结构，淀粉酶难以作用。加热糊化破坏了淀粉的晶格结构，使其易于被淀粉酶作用。

（3）常用于液化的淀粉酶是麦芽淀粉酶，它是 α-淀粉酶和 β-淀粉酶的混合物。α-淀粉酶水解直链淀粉的初始产物是低分子糊精，最终产物是麦芽糖和葡萄糖；对支链淀粉的初始产物是界限糊精和低分子糊精，最终产物是麦芽糖、异麦芽糖和葡萄糖。β-淀粉酶对直链淀粉和支链淀粉的最终水解产物都是麦芽糖。所以采用麦芽淀粉酶时，水解产物主要是麦芽糖、还有少量葡萄糖和糊精。

（4）淀粉酶解过程中，淀粉黏度迅速下降，流动性增强。淀粉在淀粉酶中水解的顺序为：淀粉—蓝糊精—红糊精—麦芽糖—葡萄糖。与碘液呈色依次为：蓝色—蓝色—红色—无色—无色。因此可用碘液检验酶解终点。酶解终点为酶解液与碘液的反应不呈蓝色。若呈蓝色，再加热糊化，冷却至 60 ℃以下，再加淀粉酶溶液，继续保温，直至酶解液加碘液后不呈蓝色为止。

（5）使用淀粉酶前，应确定其活力及水解时加入量。可用已知浓度的淀粉溶液少许，加入一定量淀粉酶溶液，置 55～60 ℃水浴中保温 1 h，用碘液检验淀粉是否水解完全，以确定酶的活力及水解时的用量。

三、旋光法

1. 实验原理

淀粉具有旋光性，在一定条件下旋光度的大小与淀粉的浓度成正比。用氯化钙溶液提取淀粉，使之与其他成分分离，用氯化锡沉淀提取液中的蛋白质后，测定旋光度，通过计算可计算出淀粉含量。

2. 适用范围及特点

本法适用于不同来源的淀粉，具有重现性好，操作简便、快速等特点。由于淀粉的比旋光度大，直链淀粉和支链淀粉的比旋光度又很接近，因此本法对于可溶性糖类含量不高的谷物样品，具有较高的准确度。但对于一些未知或性质不清楚的样品及淀粉已经受热或变性的情况，分析结果的误差较大。

3. 实验操作过程

把样品研磨并通过 40 目以上的标准筛，称取 2 g 样品，置于 250 mL 烧杯中，加水 10 mL，搅拌使样品润湿，加入 70 mL 氯化钙溶液，盖上表面皿，在 5 min 内加热至沸并继续加热 15 min。加热时随时搅拌以防样品附在烧杯壁上。如泡沫过多可加 1～2 滴辛醇消泡。迅速冷却后，移入 100 mL 容量瓶中，用氯化钙溶液洗涤烧杯上附着的样品，洗液并入容量瓶中。加 5 mL 氯化锡溶液，用氯化钙溶液定容至刻度，混匀，过滤，弃去初滤液，收集滤液装入观测管中，测定旋光度。

4. 说明及注意事项

（1）本法属于选择性提取法，选用氯化钙溶液作为淀粉的提取剂，是因为钙能与淀粉分子上的羟基形成络合物，使淀粉与水有较高的亲合力而易溶于水中。

（2）用氯化钙溶液淀粉提取时，需加热煮沸样品溶液一定时间，并随时搅拌，以提高淀粉提取率。加热后必须迅速冷却，以防止淀粉老化，形成高度晶化的不溶性淀粉分子微束。若加热煮沸过程中泡沫过多，可加入 1～2 滴辛醇消泡。

（3）蛋白质也具有旋光性，为消除其干扰，本法加入氯化锡溶液，以沉淀蛋白质。蛋白质含量较高的样品，如高蛋白营养米粉，用旋光法测定时结果偏低，误差较大。

（4）淀粉的比旋光度一般按 203° 计，但不同来源的淀粉也略有不同，如玉米、小麦淀粉为 203°，豆类淀粉为 200°。

（5）可溶性糖类比旋光度低，如蔗糖为+66.5°、葡萄糖为+52.5°、果糖为−92.5°，都比淀粉的比旋光度低得多，它们对测定结果一般影响不大，可忽略不计。但糊精的比旋光度为+95°，对糊精含量高的样品测定结果有较大的误差。

四、重量法

1. 实验原理

把样品与氢氧化钾酒精溶液共热，使蛋白质、脂肪溶解，而淀粉和粗纤维不溶解。过滤后，用氢氧化钾水溶液溶解淀粉，使之与粗纤维分离，然后用醋酸酸化的乙醇使淀粉重新沉淀，过滤后把沉淀于 100 ℃高温下烘干至恒重，再于 550 ℃高温下灼烧至恒重，灼烧前后重量之差即为淀粉的含量。

2. 适用范围及特点

该法适用于蛋白质、脂肪含量较高的熟肉制品，如午餐肉、灌肠等食品中淀粉含量的测定。该法结果准确，但操作时间较长。

【工作过程】

一、工作课时

要求本单元的“理论+实训”课时为“4+4”课时。

二、具体工作过程

用重量法测定火腿肠中淀粉含量的工作过程如下。

（1）称取 10 g 捣碎并混合均匀的火腿肠样品置于 400 mL 烧杯中，加入 150 mL 氢氧化钾酒精溶液（50 g 氢氧化钾溶于 1 000 mL95%酒精中）。

（2）将上述烧杯盖上表面皿，置沸水浴中加热并不断用玻璃棒搅拌，加热至样品完全溶解（约需 30 min），用滤纸过滤。

（3）用氢氧化钾酒精溶液洗涤沉淀和滤纸三次，每次 20 mL。

（4）移沉淀于烧杯中，加 10 mL 氢氧化钾溶液（2 mol/L）和 60 mL 水。

（5）加热至淀粉溶解，将溶液用棉花塞滤入 100 mL 容量瓶中，水洗烧杯，洗液通过棉花塞滤入容量瓶中，冷却后定容。

（6）吸取 10 mL 滤液（含淀粉 20 mg 以上）于 250 mL 烧杯中，加入 5 mL30～40℃的醋酸酸化乙醇（1 L90%乙醇中加 5 mL 冰醋酸），搅拌后盖以表面皿，放置过夜。

（7）用干燥至恒重的古氏坩埚过滤，以醋酸酸化乙醇洗涤沉淀，再以乙醚洗涤坩埚及内容物。

（8）将坩埚于 100 ℃高温下烘干至恒重，再于 550 ℃高温下灼烧至恒重。

（9）按下式计算火腿肠中淀粉含量：

$$淀粉\ (\%)=\frac{(m_1-m_2)\times 100}{m\times V}\times 100\%$$

式中　m_1—— 坩埚和内容物干燥后的质量，g；

m_2—— 坩埚和内容物灼烧后的质量，g；

m—— 样品质量，g；

V—— 测定时取样液量，mL；

100—— 样液总体积，mL。

三、操作注意事项

（1）该法适用于蛋白质、脂肪含量较高的肉蛋制品，如午餐肉、灌肠等食品中淀粉的测定。

（2）测定肉蛋制品中淀粉也可以采用容量法，即把样品与氢氧化钾共热，使样品完全溶解，再加入乙醇使淀粉析出，经乙醇洗涤后用酶水解法或酸水解法测定葡萄糖含量，再换算为淀粉含量。

【质量检测】

1. 工作过程检测

要正确、熟练地使用分析天平、滴定管、刻度吸管、容量瓶、古氏坩埚或 G4 垂融坩埚；实验过程严格按照操作规程进行，过滤、定容、滴定操作正确、熟练；执行安全操作，保持实验现场的整洁。实验结束后及时清洁实验用具并归位。

2. 实验数据检测

实验数据处理合理、准确，两次测定的结果之差不超过平均值的 10%。实验报告书写合理、规范，结果评价准确，能够反应样品的真实情况。

【知识与技能检测】

一、理论知识检测

1．淀粉在淀粉酶中水解的顺序为：________________。

2．旋光法中加入氯化锡溶液的作用是________________。

3．重量法实验中氢氧化钾乙醇的作用是________________。

4．重量法测定淀粉的原理是什么？

5．食品中淀粉含量的测定方法有哪些？检测粮食、果蔬中的淀粉含量应选用什么方法？

6．酸水解法、酶水解法和重量法在适用范围上有何区别？

二、技能检测

以面粉为例，简述用酸水解法测定面粉中淀粉含量的检测步骤并写出计算公式。

学习情境九　食品中蛋白质和氨基酸含量的测定

工作任务一　豆乳饮料中蛋白质含量的测定

【任务描述】

采用凯氏定氮法过对不同食品中的蛋白质含量进行检测，掌握测定原理，正确安装和使用实验仪器，掌握蛋白质检测的操作技能。

【作业质量要求】

（1）正确、熟练地使用滴定管、刻度吸管和容量瓶。

（2）消化、蒸馏、滴定操作正确、熟练。

（3）遵守操作规程，保持操作现场整洁。

（4）正确执行安全技术操作规程。

【学习目标】

（1）了解食品中蛋白质的测定方法。

（2）了解凯氏定氮法的测定原理及操作要点。

（3）掌握凯氏定氮法的操作技术，包括样品的消化处理、蒸馏、吸收和滴定以及计算。

（4）比较微量凯氏定氮法和常量凯氏定氮法的异同点。

（5）熟练掌握滴定操作。

【技能目标】

（1）熟练掌握酸碱滴定的操作技能。

（2）掌握凯氏定氮法的操作技能。

【所需仪器与试剂】

1. 实验仪器

凯氏定氮消化、蒸馏装置（见图 9-1），500 mL 凯氏烧瓶，500 mL 电热包，微量凯氏定氮装置（见图 9-2），100 mL 凯氏烧瓶，10 mL 微量滴管定管。

2. 实验试剂

浓硫酸、硫酸钾、硫酸铜、氢氧化钠溶液（40%）、硼酸（40 g/L）、（0.100 0 mol/L）盐酸标准溶液、盐酸标准溶液（0.010 00 mol/L）、甲基红乙醇溶液（0.1%）与溴甲酚绿乙醇溶液（0.1%）混合指示剂。

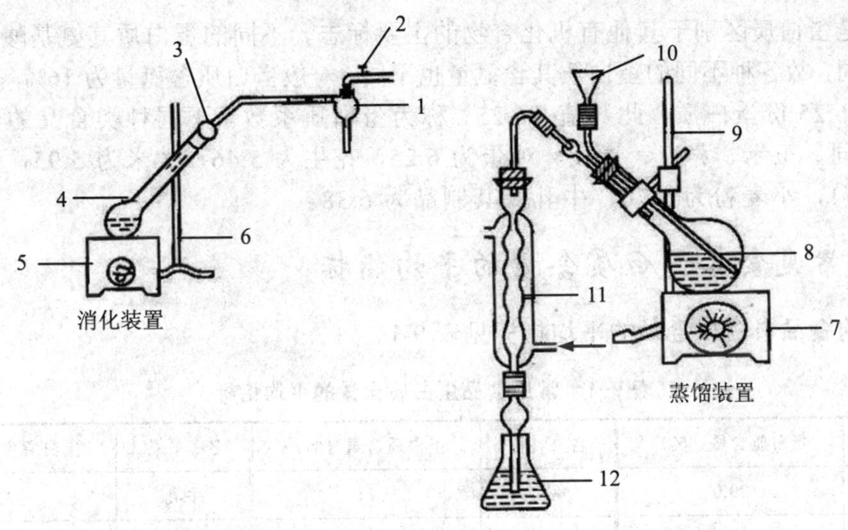

图 9-1　凯氏定氮消化、蒸馏装置

1—水力真空管；2—水龙头；3—倒置的干燥管；4—凯氏烧瓶；5，7—电炉；
6，9—铁支架；8—蒸馏烧瓶；10—进样漏斗；11—冷凝管；12—吸收瓶

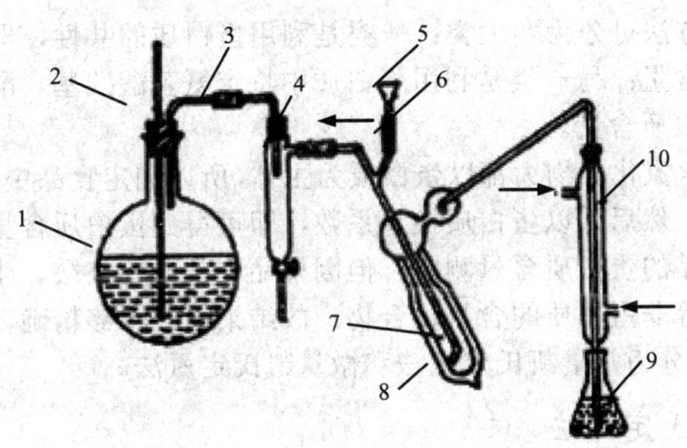

图 9-2　微量凯氏定氮装置

1—水蒸气发生器；2—安全管；3—导管；4—气水分离器；5—进样口；
6—玻璃珠；7—反应管；8—隔离套；9—吸收瓶；10—冷凝管

【相关知识】

一、测定蛋白质的意义

不同的食品，其蛋白质的含量也各不相同。一般来说，动物性食品的蛋白质含量高于植物性食品，测定食品中蛋白质的含量对于评价食品的营养价值，合理开发、利用食品资源，指导生产，优化食品配方，提高产品质量具有重要的意义。

二、蛋白质的分子结构

从组成上看，蛋白质包含了化学元素 C、H、O、N、P、Cu、Fe、I，其官能基团有肽键、氨基酸残基、酸性和碱性基团、芳香基团。

含氮是蛋白质区别于其他有机化合物的主要标志。不同的蛋白质其氨基酸构成比例及方式不同，故各种不同的蛋白质其含氮量也不同。一般蛋白质含氮量为16%，即1份氮素相当于6.25份蛋白质，此数值（6.25）称为蛋白质系数。不同种类食品的蛋白质系数有所不同，玉米、荞麦、青豆、鸡蛋为6.25，花生为5.46，大米为5.95，大豆及其制品为5.71，小麦粉为5.70，牛乳及其制品为6.38。

三、常见食品蛋白质含量的平均指标

常见的食品蛋白质含量的平均指标见表9-1。

表9-1 常见食品蛋白质含量的平均指标

名　　称	蛋白质含量（%）	名　　称	蛋白质含量（%）	名　　称	蛋白质含量（%）
牛肉	20.0	兔肉	21	牛乳	3.5
猪肉	9.5	鸡肉	20	大豆	40

四、蛋白质的测定方法

测定蛋白质的方法可分为两大类：一类是利用蛋白质的共性，即含氮量、肽键和折光率等测定蛋白质含量；另一类是利用蛋白质中特定氨基酸残基、酸性和碱性基团以及芳香基团等测定蛋白质含量。

新鲜食品中的含氮化合物大都以蛋白质为主体，所以测定食品中的蛋白质的含量时，往往只测定总氨量，然后乘以蛋白质换算系数，即可得到蛋白质含量。凯氏定氮法可用于所有动、植物食品的蛋白质含量测定，但因样品中常含有核酸、生物碱、含氮类脂、卟啉以及含氮色素等非蛋白质的含氮化合物，故结果通常不够精确，称为“粗蛋白质含量”。凯氏定氮法可分为常量凯氏定氮法和微量凯氏定氮法。

（一）常量凯氏定氮法

1. 实验原理

样品与浓硫酸、催化剂一同加热消化，使蛋白质分解，其中碳和氢被氧化为二氧化碳和水逸出，而样品中的有机氮转化为氨与硫酸结合成硫酸铵。然后加碱蒸馏，使氨蒸出，用硼酸吸收后再以标准盐酸或硫酸溶液滴定，根据标准酸消耗量可计算出蛋白质的含量。

1）样品消化

消化反应方程式如下：

$$2NH_2(CH_2)_2COOH + 13H_2SO_4 \xrightarrow{\Delta} (NH_4)_2SO_4 + 6CO_2\uparrow + 12SO_2\uparrow + 16H_2O\uparrow$$

浓硫酸具有脱水性，使有机物脱水后变成碳、氢、氮。浓硫酸又有氧化性，将有机物碳化后的碳氧化为二氧化碳，硫酸则被还原为二氧化硫。

$$2H_2SO_4 + C \xrightarrow{\Delta} 2SO_2 + 2H_2O + CO_2$$

二氧化硫使氮还原为氨，本身被氧化为三氧化硫，氨随之与硫酸作用生成硫酸铵留在酸性溶液中。

$$H_2SO_4 + 2NH_3 \longrightarrow (NH_4)_2SO_4$$

在消化反应中，为了加速蛋白质的分解，缩短消化时间，常加入下列物质。

（1）硫酸钾。加入硫酸钾可提高溶液的沸点从而加快有机物分解。其原因主要在于随着消化过程中硫酸不断地被分解，水分不断逸出而使硫酸钾浓度增大，故沸点升高。硫酸钾加入量不能太大，否则消化体系温度过高，会使已生成的铵盐发生热分解放出氨而造成损失。此时，发生的化学反应如下：

$$K_2SO_4 + H_2SO_4 \xrightarrow{\Delta} 2KHSO_4$$

$$2KHSO_4 \xrightarrow{\Delta} K_2SO_4 + H_2O\uparrow + SO_3\uparrow$$

$$(NH_4)_2SO_4 \xrightarrow{\Delta} NH_3\uparrow + (NH_4)HSO_4$$

除硫酸钾外，也可以加入硫酸钠、氯化钾等盐来提高沸点，但效果不如硫酸钾。

$$(NH_4)HSO_4 \xrightarrow{\Delta} NH_3\uparrow + SO_3\uparrow + H_2O$$

（2）硫酸铜。硫酸铜起催化剂的作用。使用时常加入少量双氧水、次氯酸钾等作为氧化剂以加速有机物氧比。有机物全部被消化完后，不再有硫酸亚铜（褐色）生成，溶液呈现清澈的蓝绿色。故硫酸铜除起催化剂的作用外，还可指示消化终点，并可在下一步蒸馏时作为碱性反应的指示剂。

加入硫酸铜后的化学反应方程式如下：

$$2CuSO_4 \xrightarrow{\Delta} Cu_2SO_4 + SO_2\uparrow + O_2\uparrow$$

$$C + 2CuSO_4 \xrightarrow{\Delta} Cu_2SO_4 + SO_2\uparrow + CO_2\uparrow$$

$$Cu_2SO_4 + 2H_2SO_4 \longrightarrow 2CuSO_4 + 2H_2O + SO_2\uparrow$$

2）蒸馏

蒸馏过程的反应方程式如下：

$$2NaOH + (NH_4)_2SO_4 \xrightarrow{\Delta} 2NH_3\uparrow + Na_2SO_4 + 2H_2O$$

3）吸收与滴定

加热蒸馏所放出的氨可用硼酸溶液进行吸收，待吸收完全后，再用盐酸标准溶液滴定，因硼酸呈微弱酸性（Ka_1=5.8×10^{-10}），用酸滴定不影响指示剂的变色反应，但它有吸收氨的作用。吸收及滴定反应方程如下：

$$2NH_3 + 4H_3BO_3 \longrightarrow (NH_4)_2B_4O_7 + 5H_2O$$

$$(NH)_2B_4O_7 + 5H_2O + 2HCl \longrightarrow 2NH_4Cl + 4H_3BO_3$$

也可以采用硫酸或盐酸标准溶液吸收蒸馏释放出来的氨，然后再用氢氧化钠标准溶液反滴定吸收液中过剩的硫酸或盐酸，从而计算出总氮量。

2. 适用范围

此法可应用于各类食品中蛋白质含量的测定。

（二）微量凯氏定氮法

1. 实验原理

与常量凯氏定氮法相同。

2. 说明及注意事项

（1）蒸馏前给水蒸气发生器内装水至 2/3 体积处，加甲基橙指示剂数滴及硫酸数毫升，以使其始终保持酸性，这样可以避免水中的氨被蒸出而影响测定结果。

（2）硼酸吸收液（20g/L）每次的用量为 25 mL，用前加入甲基红-溴甲酚绿混合指示剂 2 滴。

（3）在蒸馏时，水蒸气发生要均匀充足。蒸馏过程中不得停火断气，否则将发生倒吸。

（4）加碱要足量，操作要迅速；漏斗采用水封措施，以避免氨由此逸出损失。

【工作过程】

一、工作课时

要求本单元的"理论+实训"课时为"6+6"课时。

二、具体工作过程

（一）常量凯氏定氮法的工作过程

1. 样品消化

（1）准确移取豆乳样品 20 mL，移入 500 mL 凯氏烧瓶中。

（2）加入研细的硫酸铜 0.5 g、硫酸钾 10 g 和浓硫酸 20 mL，轻轻摇匀。

（3）安装消化装置，并在凯氏烧瓶口放一小漏斗，并将其以 45°角斜支于有小孔的石棉网上。

（4）用电热包加热，待内容物全部碳化、泡沫停止产生后，加大火力，保持瓶中液体微沸，至液体变蓝绿色透明后，再继续加热微沸 30 min，冷却小心加入 200 mL 蒸馏水，再放冷，加入玻璃珠数粒以防蒸馏时爆沸。

2. 蒸馏与吸收

（1）连接好凯氏蒸馏装置，塞紧瓶口，冷凝管下端插入吸收瓶液面下（瓶内预先装入 40 g/L 硼酸溶液 50 mL 及混合指示剂 2～3 滴）。

（2）放松夹子，通过漏斗加入 70～80 mL 氢氧化钠溶液（40%），并摇动凯氏烧瓶，至瓶内溶液变为深蓝色，或产生黑色沉淀，再加入 100 mL 蒸馏水（从漏斗中加入），夹紧夹子，加热蒸馏。

（3）蒸馏至氨全部蒸出（馏液约 250 mL 即可），将冷凝管下端提离液面，用蒸馏水冲洗管口，继续蒸馏 1 min 用表面皿接几滴馏出液，以奈氏试剂检查，如无红棕色物生成，表示蒸馏完毕，即可停止加热。

3. 滴定

（1）将上述吸收液用盐酸标准溶液（0.100 0 mol/L）直接滴定，溶液由蓝色变为微红色即为终点。

（2）记录盐酸溶液用量，同时做空白实验（除不加样品外，从消化开始操作完全相同），记录空白实验消化盐酸标准溶液的体积。

4. 数据记录及处理

（1）数据记录。将数据记录于表 9-2。

表 9-2　数据记录表

项　目	第　一　次	第　二　次	第　三　次
盐酸标准溶液浓度（mol/L）			
样品滴定消耗盐酸标准溶液体积（mL）			
空白滴定消耗盐酸标准溶液体积（mL）			
消耗盐酸标准溶液体积平均值（mL）			

（2）按下式计算豆乳饮料中蛋白质的含量：

$$w=\frac{c\times(V_1-V_2)\times\dfrac{M}{1\,000}}{m}\times F\times 100\%$$

式中　w——蛋白质的质量分数，%；

c——盐酸标准溶液的浓度，mol/L；

V_1——滴定样品吸收液时消耗盐酸标准溶液体积，mL；

V_2——滴定空白吸收液时消耗盐酸标准溶液体积，mL；

m——样品质量，g；

M——氮的摩尔质量，14.01 g/mol；

F——氮换算为蛋白质的系数。

（二）微量凯氏定氮法的工作过程

1. 样品消化

同常量凯氏定氮法。

2. 蒸馏与吸收

（1）将消化完全的溶液冷却后，定容于 100 mL 容量瓶中，摇匀。

（2）连接好微量凯氏定氮装置，移取定容消化液 10 mL 置于反应管中。

（3）经漏斗加入 10 mL 氢氧化钠溶液（400 g/L）使其呈强碱性，用少量蒸馏水冲洗漏斗数次，夹好漏斗夹，进行水蒸气蒸馏。

（4）同时，冷凝管下端预先插入盛有 10 mL 硼酸（40 g/L 或 20 g/L）吸收液的液面下。

（5）蒸馏至吸收液中所加的混合指示剂变为绿色开始计时，继续蒸馏 10 min 后，将冷凝管尖端提离液面再蒸馏 1 min。

（6）用蒸馏水冲洗冷凝管尖端后停止蒸馏。

3. 滴定

蒸馏液用 0.010 00 mol/L 盐酸标准溶液滴定至灰色为终点。同时做空白实验。

4. 豆乳饮料中蛋白质含量的计算

$$w=\frac{c\times(V_1-V_2)\times\frac{14}{1\,000}}{m}\times F\times 100\%$$

式中 w——豆乳饮料中蛋白质的质量分数，%；

c——盐酸标准溶液的物质的量浓度，mol/L；

V_1——样品消耗硫酸或盐酸标准溶液的体积，mL；

V_2——试剂空白消耗硫酸或盐酸标准溶液的体积，mL；

14——氮的摩尔质量，g/mol；

F——氮换算为蛋白质的系数；

m——样品的质量或体积，g（或 mL）。

三、操作注意事项

（1）所用试剂溶液应用无氨蒸馏水配制。

（2）消化时不要用强火，应保持和缓沸腾，以免黏附在凯氏瓶内壁上的含氮化合物在无硫酸存在的情况下未消化完全而造成氮损失。

（3）消化过程中应注意不时转动凯氏烧瓶，以便利用冷凝酸液将附在瓶壁上的固体残渣洗下并促进其消化完全。

（4）样品中若含脂肪或糖较多时，消化过程中易产生大量泡沫，为防止泡沫溢出瓶外，在开始消化时应用小火加热，并时时摇动；或者加入少量辛醇、液体石蜡或硅油做消泡剂，并同时注意控制热源强度。

（5）当样品消化液不易澄清透明时，可将凯氏烧瓶冷却，加入双氧水（30%）2～3 mL 后再继续加热消化。

（6）若取样量较大，如干试样超过 5 g，可按每克试样 5 mL 的比例增加硫酸用量。

（7）一般消化至呈透明后，继续消化 30 min 即可，但对于含有特别难以氨化的氮化合物的样品，如含赖氨酸、组氨酸、色氨酸、酪氨酸或脯氨酸等，需适当延长消化时间。有机物如分解完全，消化液呈蓝色或浅绿色，但含铁量多时，呈较深的绿色。

（8）蒸馏装置不能漏气。

（9）蒸馏前若加碱量不足，消化液呈蓝色不生成氢氧化铜沉淀，此时需再增加氢氧化钠用量。

（10）硼酸吸收液的温度不应超过 40 ℃，否则会减弱对氨的吸收作用而造成损失，此时可置于冷水浴中进行操作。

（11）蒸馏完毕后，应先将冷凝管下端提离液面清洗管口，再蒸 1 min 后关掉热源，否则可能造成吸收液倒吸。

【质量检测】

1. 工作过程检测

要正确、熟练地使用滴定管、刻度吸管、容量瓶；实验过程严格按照操作规程进行，消化、蒸馏、滴定操作正确、熟练；执行安全操作，保持实验现场的整洁。实验结束后及时清洁实验用具并归位。

2. 实验数据检测

实验数据处理合理、准确，两次测定的结果之差不超过平均值的10%。实验报告书写合理规范，结果评价准确。

【知识与技能检测】

一、理论知识检测

（一）填空题

1. 凯氏定氮法消化过程中硫酸的作用是__________和__________；硫酸铜的作用是__________和__________。

2. 凯氏定氮法的主要操作步骤分为消化、蒸馏、吸收、滴定；在消化步骤中，需加入少量辛醇并注意控制热源强度，目的是__________；在蒸馏步骤中，清洗仪器后从进样口先加入__________，然后将吸收液置于冷凝管下端并要求__________，再从进样口加入__________至反应管内的溶液有黑色沉淀生成或变成深蓝色，然后通水蒸气进行蒸馏；蒸馏完毕，首先应__________，再停火断气。

3. 用凯氏定氮法测蛋白质含量时，加入硫酸钾的作用是__________。

4. 消化加热应注意，含糖或脂肪多的样品应加入__________、__________、__________做消泡剂。

5. 消化完毕时，溶液应呈__________颜色，若含铁量较多时，呈__________色。

6. 用甲基红-溴甲酚绿混合指示剂，其在碱性溶液中呈__________色，在中性溶液中呈__________色，在酸性溶液中呈__________色。

7. 凯氏定氮法用盐酸标准溶液滴定吸收液，溶液由__________色变为__________色。

8. 用微量凯氏定氮法测蛋白质含量时，在蒸气发生瓶中要__________使呈酸性以防氨蒸出。

9. 凯氏定氮法释放出的氨可采用硼酸作为吸收液，也可采用__________或__________作吸收液。

（二）单项选择题

1. 硫酸钾在定氮法中消化过程的作用是（　　）。

A. 催化　　B. 显色　　C. 氧化　　D. 提高温度

2. 凯氏定氮法碱化蒸馏后，用（　　）做吸收液。

A. 硼酸溶液　　B. 氢氧化钠溶液　　C. 萘氏试纸　　D. 蒸馏水

3．凯氏定氮法测牛乳中蛋白质的含量时，消化液中的氮以（　　）的形式馏出。

A．氯化铵　　B．硫酸氨　　C．氢氧化铵　　D．硝酸铵

4．凯氏定氮法测食品中蛋白质的含量时，蒸馏时间一般为（　　）。

A．5 min　　B．30 min　　C．60 min　　D．120 min

5．测定食品中蛋白质含量的仲裁方法是（　　）。

A．双缩脲法　　B．凯氏定氮法

C．紫外法　　D．考马斯亮兰染色法

6．凯氏定氮法测蛋白质含量时，所用的消化剂是（　　）。

A．硫酸钠 硫酸钾　　B．硝酸钠 硫酸钾

C．硫酸铜 硫酸钡　　D．硫酸铜 硫酸钾

7．凯氏定氮法测蛋白质含量的实验中，混合指示剂是由 1 g/L 的溴甲酚绿和 1 g/L 的甲基红按（　　）的比例配比而成的。

A．1:5　　B．1:2　　C．2:1　　D．5:1

（三）简答题

1．检测食品中蛋白质含量的方法有哪些？

2．为什么说用凯氏定氮法测定出的食品中的蛋白质含量为粗蛋白含量？

3．在消化过程中加入的硫酸铜、硫酸钾和浓硫酸的作用是什么？

4．样品消化过程中内容物的颜色会发生什么变化？为什么？

5．样品经消化进行蒸馏之前为什么要加入氢氧化钠？这时溶液的颜色会发生什么变化？为什么？如果没有变化，说明什么问题？

6．微量凯氏定氮法蒸馏装置的水蒸气发生器中的水为什么要用硫酸调成酸性？

7．蛋白质测定的结果计算为什么要乘上蛋白质系数？

（四）计算题

欲测定大豆的蛋白质含量。先称取捣碎均匀的样品 0.650 2 g（含水分为 10.85 g/（100 g）），样品经消化处理后定容至 100 mL，吸取消化稀释液 10.00 mL 进行碱化蒸馏，以 0.048 50 mol/L 盐酸标准溶液滴定硼酸吸收液，耗用 6.05 mL；试剂空白耗用 0.10 mL。求大豆蛋白质的含量。

二、技能检测

以牛乳为例，简述牛乳蛋白质检测的具体步骤和计算公式。

工作任务二　酱油中氨基酸态氮含量的测定

【任务描述】

分别采用双指示剂甲醛滴定法和电位滴定法对酱油中氨基酸态氮含量进行检测，对两种测定方法进行比较，找出差异，同时掌握电位滴定法测定氨基酸态氮的基本原理及

操作要点、酸度计的校正和操作技能。

【作业质量要求】

（1）正确、熟练地使用滴定管、刻度吸管、容量瓶、酸度计和磁力搅拌器。

（2）电极校正正确，滴定操作正确、熟练。

（3）遵守操作规程，保持操作现场整洁。

（4）正确执行安全技术操作规程。

【学习目标】

（1）了解氨基酸含量的检测方法。

（2）熟知双指示剂法测定氨基酸态氮含量的原理和操作技能。

（3）掌握电位滴定法测定氨基酸态氮含量的基本原理和操作要点。

【技能目标】

（1）熟练掌握双指示剂法测定氨基酸态氮的操作技能。

（2）熟练掌握酸度计的操作技能。

【所需仪器与试剂】

1. 实验仪器

酸度计、磁力搅拌器、250 mL 的烧杯、微量滴定管。

2. 实验试剂

pH 值为 6.18 的标准缓冲溶液、20%的中性甲醛溶液、0.05 mol/L 左右的氢氧化钠标准溶液。

【相关知识】

氨基酸中的氮含量称为“氨基酸态氮”，与测定蛋白质相比，氨基酸中的氮可以直接测定。测定方法有双指示剂甲醛滴定法和电位滴定法。

一、双指示剂甲醛滴定法

1. 实验原理

氨基酸具有酸性的羧基（—COOH）和碱性的氨基（$—NH_2$）。它们互相作用使氨基酸成为中性的内盐。加入甲醛溶液时，氨基与甲醛结合，其碱性消失。这样就可能用碱来滴定—COOH 基，并用间接的方法测定氨基酸的量。用碱完全中和羧基时的 pH 值为 8.4～9.2。

2. 特点及适用范围

本法适用于浅色样品。

3. 实验试剂

（1）40%中性甲醛：用百里酚酞作指示剂，将甲醋用碱溶液中和至淡蓝色。

（2）0.1%百里酚酞乙醇溶液。

（3）0.1 mol/L 氢氧化钠标准溶液。

4. 实验操作过程

移取含氨基酸 20～30 mg 的样品溶液两份，分别置于 250 mL 锥形瓶中，各加 50 mL 蒸馏水，其中一份加入 3 滴中性红置试剂，用 0.1 mol/L 氢氧化钠标准溶液滴定至由红变为琥珀色为终点；另一份加入 3 滴百里酚酞指示剂及中性甲醛 20 mL，摇匀，静置 1 min，用 0.1 moL/L 氢氧化钠标准溶液滴定至淡蓝色为终点。分别纪录两次所消耗的碱液体积（mL）。

5. 计算公式

$$\text{氨基酸态氮含量（\%）} = \frac{(V_2 - V_1) \times c \times 0.014}{m} \times 100\%$$

式中 V_1——用中性红作指示剂滴定时消耗氢氧化钠标准溶液的体积，mL；

V_2——用百里酚酞作指示剂滴定时消耗氢氧化钠标准溶液的体积，mL；

c——氢氧化钠标准溶液的浓度，mol/L；

m——测定用样品溶液相当于样品的质量，g；

0.014——氮的毫摩尔质量，g/mmol。

6. 说明及注意事项

（1）本法适用于测定食品中的游离氨基酸含量。

（2）因酱油颜色较深，可加适量活性炭脱色后再进行测定，或使用电位滴定法测定。

（3）与本法类似的还有单指示剂（百里酚酞）甲醛滴定法，此法用标准碱完全中和羧基使 pH 值为 8.5～9.5，但分析结果稍偏低。

二、电位滴定法

电位滴定法是根据氨基酸的两性作用，加入甲醛以固定氨基的碱性，使羧基显示出酸性，将酸度计的玻璃电极及甘汞电极（或复合电极）插入被测液中构成电池，用碱液滴定，根据酸度计指示的 pH 值判断和控制滴定终点。

【工作过程】

一、工作课时

要求本单元的“理论+实训”课时为“2+2”课时。

二、具体工作过程

用电位滴定法测定酱油中氨基酸态氮含量的工作过程如下。

1. 样品处理

（1）吸取酱油样品 5 mL 于 100 mL 容量瓶中，加水定容。

（2）吸取定容液 20.00 mL 于 250 mL 烧杯中，加水 60 mL，放入磁力转子，开动磁力搅拌器使转速适当。

（3）用标准缓冲液校正好酸度计，然后将电极清洗干净，再插入到上述样品液中，用氢氧化钠标准溶液滴定至酸度计指示 pH 值为 8.2。

（4）记下消耗的氢氧化钠溶液体积。

2. 氨基酸的滴定

（1）在上述滴定至 pH 值为 8.2 的溶液中加入 10.00 mL 的中性甲醛溶液。

（2）用氢氧化钠标准溶液滴定至 pH 值为 9.2，记下消耗的氢氧化钠溶液体积。

3. 空白滴定

（1）吸取 80 mL 蒸馏水于 250 mL 的烧杯中，用氢氧化钠标准溶液滴定至 pH 值为 8.2。

（2）在上述溶液中加入 10.00 mL 中性甲醛溶液，再用氢氧化钠标准溶液滴定至 pH 值为 9.2。

（3）记下加入甲醛后消耗的氢氧化钠溶液体积。

第一次滴定是除去其他游离酸，所消耗的氢氧化钠溶液体积不用于计算。

第二步滴定才是测定氨基酸，用消耗的氢氧化钠溶液体积进行计算。

4. 数据记录及处理

（1）数据记录。将数据记录于表 9-3。

表 9-3　数据记录表体　（单位：mL）

项　目	第　一　次	第　二　次	第　三　次	平　均　值
滴定至 pH 值为 8.2 消耗氢氧化钠溶液的体积				
滴定至 pH 值为 9.2 消耗氢氧化钠溶液的体积				

（2）按下列公式计算酱油中氨基酸含量：

$$\text{氨基酸态氮含量（\%）}=\frac{c\times(V_1-V_2)\times 0.014}{m\times\frac{20}{100}}\times 100\%$$

式中　c——氢氧化钠标准溶液的浓度，mol/L；

V_1——酱油稀释液在加入甲醛后滴定至 pH 值为 9.2 所用氢氧化钠标准溶液的体积，mL；

V_2——空白滴定在加入甲醛后滴定至pH值为9.2所用氢氧化钠标准溶液的体积，mL；

m——吸取的酱油的质量，g；

0.014——氮的毫摩尔质量，g/mmol。

三、操作注意事项

（1）酱油中的游离氨基酸有 18 种，其中谷氨酸和天冬氨酸占的比例最多，这两种氨基酸含量越高，酱油的鲜味越强，故氨基酸态氮含量不仅反映了质量的好坏，而且也是鲜味程度的指标。

（2）酱油中的铵盐影响氨基酸态氮的测定，可使氨基酸态氮测定结果偏高。因此要同时测定铵盐，将氨基酸态氮的结果减去铵盐的结果比较准确。

（3）本法准确、快速，可用于各类样品游离氨基酸含量的测定。

（4）混浊或颜色较深的样液可不经处理而直接测定。

【质量检测】

1. 工作过程检测

要正确、熟练地使用滴定管、刻度吸管、容量瓶、酸度计和磁力搅拌器；实验过程中要严格按照操作规程进行，电极校正正确，滴定操作正确、熟练；执行安全操作，保持实验现场的整洁。实验结束后及时清洁实验用具并归位。

2. 实验数据检测

实验数据处理合理、准确，两次测定的结果之差不超过平均值的10%。实验报告书写合理、规范，结果评价准确，能够反应样品的真实情况。

【知识与技能检测】

一、理论知识检测

（一）填空题

1. 双指示剂法测氨基酸总量，所用的指示剂是__________和__________。此法适用于测定食品中__________氨基酸。若样品颜色较深，可用__________处理或用__________方法测定。

2. 电位法测氨基酸含量，主要的仪器是__________、__________、__________。

（二）简答题

1. 食品中氨基酸含量的检测方法有哪些？
2. 双指示剂法测定氨基酸态氮含量的原理是什么？
3. 检测时为何要加入甲醛？选用何种玻璃仪器加入甲醛？

（三）计算题

取10%（体积分数）酱油样品10 mL，用0.100 5 mol/L的氢氧化钠标准溶液滴至pH值为8.20时，耗用氢氧化钠标准溶液4.10 mL，加入甲醛10 mL后继续用0.100 5 mol/L的氢氧化钠标准溶液滴定，共耗用氢氧化钠标准溶液11.30 mL，10 mL甲醛滴定耗用氢氧化钠标准溶液1.20 mL。试计算酱油样品中氨基酸态氮含量。

二、技能检测

以豆瓣酱为原料，简述豆瓣酱中氨基酸态氮含量的检测步骤和操作注意事项，写出相关公式。

学习情境十　食品中维生素含量的测定

工作任务一　蛋黄中维生素 A 含量的测定

【任务描述】

通过对蛋黄中维生素 A 含量的检测，了解维生素 A 检测方法之间的差异，了解紫外分光光度法、高效液相色谱法的操作方法，掌握可见分光光度计的操作技能。

【作业质量要求】

（1）正确、熟练地使用可见分光光度计、分液漏斗。

（2）正确绘制标准曲线，并能准确查出测定结果。

（3）遵守操作规程，保持操作现场整洁。

（4）正确执行安全技术操作规程。

【学习目标】

（1）掌握脂溶性维生素的理化性质。

（2）掌握维生素 A 的结构和特性。

（3）掌握试剂的检查方法，熟练掌握分光光度计的正确使用方法。

（4）了解紫外分光光度法、高效液相色谱法的操作方法。

（5）熟练掌握三氯化锑比色法测定维生素 A 的操作原理。

【技能目标】

（1）熟练掌握可见分光光度计的操作技能。

（2）熟练掌握三氯化锑比色法测定维生素 A 的操作技能。

【所需仪器与试剂】

1．实验仪器

分光光度计、回流冷凝装置。

2．实验试剂

无水硫酸钠（不吸附维生素 A）、乙酸酐、无水乙醚（不含过氧化物）、无水乙醇（不含醛类物质）、三氯甲烷（不含分解物）、250 g/L 三氯化锑-三氯甲烷溶液、氢氧化钾溶液（1+1）、氢氧化钾溶液（0.5 mol/L）、维生素 A 标准溶液、酚酞指示剂。

【相关知识】

一、脂溶性维生素的理化性质

脂溶性维生素是指溶于有机溶剂而不溶于水的一类维生素，包括维生素 A、维生素 D、维生素 E 及维生素 K。食物中的脂溶性维生素常与类脂物质共存，摄入时一起被人体吸收。脂溶性维生素具有以下理化性质。

1. 溶解性

脂溶性维生素不溶于水，易溶于脂肪、丙酮、三氯甲烷、乙醚、苯、乙醇等有机溶剂。

2. 耐酸碱性

维生素 A、D 对酸不稳定，对碱稳定；维生素 E 在无氧情况下，对热、酸、碱稳定。维生素 K 对酸、碱都不稳定。

3. 耐热、耐光、耐氧化性

维生素 A、D、E、K 耐热性都好。维生素 A 易被氧化，光和热都会促进其氧化；维生素 D 性质稳定，不易被氧化；维生素 E 容易被氧化，对可见光稳定但易被紫外线破坏；维生素 K 对热稳定，但容易被光、氧化剂及醇破坏。

根据上述性质，测定脂溶性维生素时通常先用皂化法处理样品，水洗去除类脂物。然后用有机溶剂提取脂溶性维生素（不皂化物），浓缩后溶于适当的溶剂中进行测定。在皂化和浓缩时，为防止维生素的氧化分解，常加入抗氧化剂（如焦性没食子酸、抗坏血酸等）。对于某些含脂肪量低、脂溶性维生素含量较高的样品，可以先用有机溶剂抽提，然后皂化，再提取。对于那些对光敏感的维生素，分析操作一般需要在避光条件下进行。

二、维生素 A 含量的测定方法

维生素 A 的测定方法有三氯化锑比色法、紫外分光光度计法和高效液相色谱法。其中前两种方法应用比较广泛。

（一）三氯化锑比色法

三氯化锑比色法的原理：维生素 A 在三氯甲烷中与三氯化锑相互作用，产生蓝色物质，其深浅与溶液中所含维生素 A 的含量成正比，在 620 nm 波长下测定其吸光度即可确定维生素 A 的含量。

（二）紫外分光光度计法

1. 实验原理

维生素 A 的异丙醇溶液在 325 nm 波长下有最大吸收峰，其吸光度与维生素 A 的含量成正比。

2. 实验仪器

紫外分光光度计。

3. 试剂

维生素A标准溶液、异丙醇。

4. 实验操作过程

（1）标准曲线的绘制。分别取维生素A标准溶液（每毫升含10 I・U）0.0 mL、1.0 mL、2.0 mL、3.0 mL、4.0 mL、5.0 mL，于10 mL棕色容量瓶中，用异丙醇定容。以空白溶液调仪器零点，于紫外分光光度计上在325 nm波长下分别测定吸光度，绘制标准曲线。

（2）样品测定。称取适量样品，按照三氯化锑比色法进行皂化。提取、洗涤、脱水，蒸发溶剂后，迅速用异丙醇溶解并移入50 mL容量瓶中，用异丙醇定容，于紫外光光度计325 nm处测定其吸光度，从标准曲线上查出相当的维生素A含量。

5. 计算公式

$$\text{维生素A含量（I・U/100 g）}=\frac{c\times V}{m}\times 100$$

式中　c——由标准曲线查得维生素A含量，I・U/mL；

V——样品的异丙醇溶液体积，mL；

m——样品重量，g。

（三）高效液相色谱法

高效液相色谱法测定维生素A是近几年发展起来的方法，此法能快速分离和测定视黄醇及它的同分异构体、酯及其衍生物。

1. 实验原理

皂化、提取样品中的维生素A后，用高效液相色谱法C_{18}反相柱将二者分离，用紫外检测器检测，内标法定量。

样品中维生素A含量的计算公式如下：

$$x=\frac{c}{m}\times V\times\frac{100}{1000}$$

式中　x——维生素A的含量，mg/100 g；

c——由标准曲线上查得维生素A的含量，μg/mL；

V——样品浓缩定容体积，mL；

m——样品质量，g。

2. 实验仪器

（1）高效液相色谱仪：带紫外分光检测器。

（2）旋转蒸发器。

（3）高速离心机及与之配套的1.5～3.0 mL的塑料离心器，具塑料盖。

（4）高纯氮气。

（5）紫外分光光度计。

3. 实验试剂

（1）不含过氧化物的无水乙醚。

（2）不含醛类物质的无水乙醇。

（3）无水硫酸钠。

（4）甲醇：重蒸后使用。

（5）重蒸水：水中加少量高锰酸钾，临用前蒸馏。

（6）10%抗坏血酸溶液（M/V）：临用前配制。

（7）氢氧化钾溶液（1+1）（M/V）。

（8）10%氢氧化钠溶液（M/V）。

（9）5%硝酸银溶液（M/V）。

（10）银氨溶液：滴加氨水于5%硝酸银溶液中，直至生成沉淀重新溶解，再加10%氢氧化钠溶液数滴，如发生沉淀，继续加氨水溶解。

（11）维生素A标准溶液：视黄醇（纯度为85%）经皂化处理后使用，用脱醛乙醇溶解维生素A标准品，使其浓度大约为1 mL相当于1 mg视黄醇。临用前用紫外分光光度法标定其准确浓度，标定方法如下：

取维生素A标准溶液若干微升，分别稀释至3.00 mL乙醇中，并分别按给定波长测定维生素A的吸光值，用此吸光系数计算出维生素A的浓度。

（12）内标溶液：称取苯并芘（纯度98%），用脱醛乙醇配制成10 μg/mL的内标溶液。

4. 实验操作过程

1）样品处理

其操作过程如下。

（1）皂化。称取1～10 g样品（含维生素A约3 μg，维生素E各异构体约40 μg）于皂化瓶中，加30 mL无水乙醇搅拌至颗粒分散均匀。加5 mL10%抗坏血酸、2.00 mL苯并芘内标液，混匀。再加10 mL氢氧化钾溶液（1+1），于沸水浴上回流30 min，使皂化完全。皂化后立即放入冰水中冷却。

（2）提取、洗涤。同比色法（每次使用提取液及洗液可适量增加），洗至pH试纸呈中性。

（3）浓缩。将乙醚提取液经无水硫酸钠（约5 g）滤入与旋转蒸发器配套的250～300 mL球形蒸发瓶内，用约10 mL乙醚冲洗分液漏斗及无水硫酸钠3次，洗液并入蒸发瓶内。接旋转蒸发器，于55 ℃水浴中减压蒸馏回收乙醚。待瓶中剩下约2 mL乙醚时，取下蒸发瓶，用氮气吹干。立即加入2.00 mL乙醇溶解提取物。将乙醇液移入一小塑料离心管中，离心 5 min，上清液供色谱分析用。若样品中维生素含量过少，可用氮气将乙醇液吹干后，再用少量乙醇重新定容，记下体积比。

2）标准曲线的绘制

取一定量的维生素A，与内标苯并芘液混合均匀，在给定色谱条件下，使维生素A的峰高约为满量程的79%，以此作为高浓度点；高浓度的1/2为低浓度点，分别用这两种浓度的混合标准溶液进行色谱分析。流出曲线以维生素峰面积与内标物峰面积之比为从坐标，以维生素浓度为横坐标，绘制标准曲线或计算直线回归方程。

5. 说明及注意事项

（1）高效液相色谱法是对食品中维生素A的测定方法，最小检出量为0.8 ng。

(2)用微处理机二点内标法进行定量时,可按其计算公式计算或由微机直接给出结果。

【工作过程】

一、工作课时

要求本单元的“理论+实训”课时为“4+4”课时。

二、具体工作过程

用三氯化锑比色法测定蛋黄中维生素A的工作过程如下。

(一)样品处理

1. 皂化

称取 0.5～5 g 捣碎或充分混匀的蛋黄样品于锥形瓶中,加入 10 mL 氢氧化钾溶液(1+1)及 20～40 mL 乙醇,在电热板上回流 30 min。加入 10 mL 水,稍稍振摇,若无混浊现象,表示皂化完全。

2. 提取

将皂化液移入分液漏斗。先用 30 mL 水分两次冲洗皂化瓶,再用 50 mL 乙醚分两次冲洗皂化瓶,所有洗涤液并入分液漏斗中,振摇 2 min(注意放气),提取不皂化部分。静止分层后,水层放入第二分液漏斗。皂化瓶再用 30 mL 乙醚分两次冲洗,洗涤液倾入第二分液漏斗,振摇后静止分层,将水层放入第三分液漏斗,醚层并入第一分液漏斗。如此重复操作,直至水层不再使三氯化锑-三氯甲烷溶液呈蓝色为止。

3. 洗涤

在第一分液漏斗中,加入 30 mL 水,轻轻振摇,静止片刻后,放入水层。再加入 15～20 mL 氢氧化钾溶液(0.5 mol/L),轻轻振摇后,弃去下层碱液。继续用水洗涤,至水洗液不再使酚酞变红为止。醚液静置 10～20 min 后,小心放掉析出的水。

4. 浓缩

将醚液经过无水硫酸钠滤入三角瓶中,再用约 25 mL 乙醚冲洗分液漏斗和硫酸钠两次,洗液并入三角瓶内。用水浴蒸馏,回收乙醚,待瓶中剩约 5 mL 乙醚时取下。减压抽干,立即加入一定量的三氯甲烷(约 5 mL),使溶液中维生素A含量在适宜浓度范围内(3～5 μg/L)。

(二)标准曲线绘制

准确吸取维生素A标准溶液 0 mL、0.1 mL、0.2 mL、0.3 mL、0.4 mL、0.5 mL 于 6 个 10 mL 容量瓶中,用三氯甲烷定容,得到维生素A标准系列使用液。再取 6 个 3 mL 比色杯顺次移入标准系列使用液各 1 mL,每个杯中加乙酸酐 1 滴,制成标准比色列。在 620 nm 波长处,以 10 mL 三氯甲烷加 1 滴乙酸酐调节零点。然后将标准比色系列按顺序移到光路前,迅速加入 9 mL 三氯化锑-三氯甲烷溶液,于 6 s 内测定吸光度(每支比色杯都在临测前加入显色剂)。以维生素 A 含量为横坐标，以吸光度为纵坐标，绘制曲线。

（三）样品测定

取 2 个 3 cm 比色杯，分别加入 1 mL 三氯甲烷（样品空白液）和 1 mL 样品溶液，各加 1 滴乙酸酐。其余步骤同标准曲线的制备。分别测定样品空白液和样品溶液的吸光度，从标准曲线中查出相应的维生素 A 的含量。

（四）维生素 A 含量的计算

$$x=\frac{c}{m}\times V\times\frac{100}{1\,000}$$

式中 x——样品中维生素 A 的含量，mg/100 g（或国际单位，每国际单位=0.3 μg）；

c——由标准曲线上查得样品中维生素 A 的含量，μg/mL；

m——样品质量，g；

v——样品体积，mL；

100——以每 100 g 样品计。

三、操作注意事项

（1）乙醚为溶剂的萃取体系，易发生乳化现象。在提取、洗涤操作中，不要用力过猛，若发生乳化，可加几滴乙醇破乳。

（2）所用氯仿中不应含有水分，因三氧化锑遇水会出现沉淀，干扰比色测定。故在每毫升氯仿中应加入乙酸酐 1 滴，以保证脱水。

（3）由于三氯化锑与维生素 A 所产生的蓝色物质很不稳定，通常 6 s 后便开始褪色，因此要求反应在比色杯中进行，产生蓝色后立即读取吸光值。

（4）维生素 A 见光易分解，整个实验应在暗处进行，防止阳光照射；或采用棕色玻璃避光。

（5）测定结果也可从每 100 g 食品中所含维生素 A 的国际单位表示，每国际单位维生素 A 相当于 0.3 μg 维生素 A。

（6）如果样品中含 β-胡萝卜素干扰测定，可将浓缩蒸干的样品用正己烷溶解，以氧化铝为吸附剂，丙酮-己烷混合液为洗脱剂进行柱层析。

（7）三氯化锑腐蚀性强，不能沾在手上。此外，三氯化锑遇水生成白色沉淀，因此用过的仪器要先用稀盐酸浸泡后再清洗。

（8）维生素 A 含量高的样品（如猪肝），可直接用研磨提取法处理样品。

（9）比色法除用三氯化锑作显色剂外，还可用三氟乙酸、三氯乙酸作显色剂，其中三氟乙酸没有遇水发生沉淀而使溶液混浊的缺点。

【质量检测】

1. 工作过程检测

要正确、熟练地使用可见分光光度计、分液漏斗；实验过程严格按照操作规程进行，正确绘制标准曲线，并能准确查出测定结果；执行安全操作，保持实验现场的整洁。实验结束后及时清洁实验用具并归位。

2. 实验数据检测

实验数据处理合理、准确，两次测定的结果之差不超过平均值的10%。实验报告书写合理、规范，结果评价准确。

【知识与技能检测】

一、理论知识检测

1. 按溶解性质不同，维生素可分为________________和________________。

2. 测定脂溶性维生素含量时，样品的处理过程包括__________、__________、__________和__________。

3. 采用三氯化锑比色法测定维生素 A 时，为了防止氯仿中水的干扰，在氯仿中应加入____________以保证脱水。

4. 食品中维生素 A 含量的检测方法有哪些？

5. 测定维生素 A 含量时，为什么要先用皂化法处理样品？

二、技能检测

以动物肝脏为例，说说动物肝脏中维生素 A 含量的检测步骤和注意事项。

工作任务二　胡萝卜汁中胡萝卜素含量的测定

【任务描述】

通过对食品中胡萝卜素含量检测的讲解，使学生了解胡萝卜素的性质及生理功能，掌握其检测方法，并熟练掌握纸层析法的操作技能。

【作业质量要求】

（1）正确、熟练地使用可见分光光度计、旋转蒸发仪、点样器和皂化回馏装置。

（2）正确绘制标准曲线，并能准确查出测定结果。

（3）遵守操作规程，保持操作现场整洁。

（4）正确执行安全技术操作规程。

【学习目标】

（1）熟知食品中胡萝卜素含量的测定方法。

（2）理解层析法的基本原理。

（3）熟知层析法测定胡萝卜素含量的基本原理。

（4）掌握胡萝卜素的层析分离与定量测定方法。

【技能目标】

（1）掌握胡萝卜素层析分离的操作技能。

（2）熟练掌握分光光度计的操作技能。

（3）能正确绘制标准曲线，并能准确查出测定结果。

【所需仪器与试剂】

1. 实验仪器

（1）实验室常用设备。

（2）玻璃层析缸。

（3）分光光度计。

（4）旋转蒸发仪、150 mL 球形瓶。

（5）恒温水浴锅。

（6）皂化回馏装置。

（7）点样器或微量注射器。

（8）新华滤纸。（定性，快速或中速，101 号）。

2. 实验试剂

（1）石油醚（沸程为 30～60 ℃），同时是展开剂。

（2）丙酮（分析纯）。

（3）丙酮-石油醚（3+7）。

（4）无水硫酸钠（分析纯）。

（5）硫酸钠溶液（5%）。

（6）氢氧化钾溶液（1+1）：取 50 g 氢氧化钾，溶于 50 mL 水。

（7）无水乙醇，需经脱醛处理。

（8）β-胡萝卜素标准溶液：取 5 mg β-胡萝卜素标准品，溶于 10 mL 三氯甲烷中，浓度约为 500 μg/mL。

β-胡萝卜素标准溶液的标定：吸取标准溶液 10.0 μL，加正己烷 3.00 mL，混匀。用 1 cm 比色杯，以正己烷为空白，在 450 nm 波长下测定吸光值。

$$c=\frac{\overline{A}}{E}\times\frac{1}{1\,000}\times\frac{3.01}{0.01}$$

式中 c——胡萝卜素标准溶液浓度，mg/mL；

$\overline{A}$——平均吸光值；

E——胡萝卜素在正己烷溶液中，入射光波长 450 nm，比色杯厚度 1 cm，溶液浓度为 1 ppm 的吸光系数，其值为 0.263 8；

1/1 000——将 ppm 换成 mg/mL；

3.01/0.01——测定过程中稀释倍数的换算。用时稀释成 50 μg/mL 的标准使用液。

【相关知识】

胡萝卜素是一种天然色素，有多种异构体和衍生物，这些异构体和衍生物总称为类胡萝卜素，其中在分子结构中含有 β-紫罗宁残基的类胡萝卜素，在人体内可转变为维生素 A，故称为维生素 A 原，如 α、β、γ-胡萝卜素，其中以 β-胡萝卜素效价最高，每毫克 β-胡萝卜素约相当于 167 μg 维生素 A。

胡萝卜素对热、酸、碱比较稳定，但紫外线和空气中的氧气可促使其氧化破坏。因其为脂溶性维生素，故可用有机溶剂从食物中提取。

胡萝卜素本身是一种色素，在 450 nm 波长处有最大吸收，故只要能完全分离，便可定性和定量。但在植物体内，胡萝卜素经常与叶绿素、叶黄素等共存，在提取 β-胡萝卜素时，这些色素也能被有机溶剂提取，因此在测定前，必须将胡萝卜素与其他色素分开。常用的方法是层析法。

一、层析法的基本原理

层析是色谱分析的一种，是以分配为机理的分离方法。不同的物质在不同的两相中具有不同的分配系数，当两相作相对运动时，物质在两相中的分配反复进行，使分配系数只有微小差异的组分得以分离并定量。在上述两相中，固定不动的一相称为固定相，处于流动状态的称为流动相。

根据两相所处状态，把用气体作为流动相的称为“气相色谱”，用液体作为流动相的称为“液相色谱”。根据固定相的形式把固定相装于管子中的色谱称为柱色谱，把固定相呈平面板状的色谱称为平板色谱，如纸层析、薄层层析。

纸层析以滤纸纤维及其结合水形成的复合物为固定相。将待分离的样品溶液点在滤纸的一端，在密闭的容器中，用适宜的展开剂作为流动相，带动样品斑点从滤纸的一端向另一端迁移，此称为展开。由于样品中，各组分与滤纸亲和力的强弱差异及在展开剂中溶解度的大小不同，在展开过程中，经过反复的吸附、解吸，经一定时间产生差速迁移，使样品中各组分得以分离。经显色剂显色，可在滤纸上看到分离的斑点。这些斑点就是通常所说的色谱。

常用的展开剂有正乙烷（石油醚）、正庚烷、环己烷、四氯化碳、甲苯、苯、乙醚、二氯甲烷、三氯甲烷、乙酸乙酯、吡啶、丙酮、丁醇、丙醇、乙醇、甲醇、乙酸、水、氨水。

在两相中，吸附力强、溶解度大的组分，迁移速度快，斑点离原点距离就大；反之距离就小。各组分在滤纸中的位置，可用比移值 R_f 来表示。根据 R_f 值可以定性，根据斑点大小及颜色深浅可以定量。

$$比移值（R_f）=\frac{原点至斑点中心的距离}{原点至溶剂前沿的距离}$$

展开方法有上行法、下行法、水平法、倾斜法等。对比移值相近的复杂组分可以用溶剂组成连续变化的梯度展开法，用同一溶剂（或不同溶剂）做二元展开等。

纸层析是一种简单、迅速、有效的分离、鉴定或定量有机物质的方法，在食品检验中，多用于糖类、氨基酸、维生素等成分分析，以及食品中有害物质如黄曲霉毒素、有机氯农药和有机磷农药残留量的分析，并且都能得到较满意的效果。

二、用纸层析法测定胡萝卜素的实验原理

以丙酮和石油醚提取食物中的胡萝卜素及其他植物色素，以石油醚为展开剂进行纸层析。胡萝卜素极性最小，移动速度最快，从而与其他色素分开。剪下含胡萝卜素的区

带，洗脱后于 450 nm 波长下进行比色测定。

【工作过程】

一、工作课时

要求本单元的“理论+实训”课时为“4+4”课时。

二、具体工作过程

用纸层析法测定胡萝卜汁中胡萝卜素含量的工作过程如下。

1. 样品提取

（1）取适量混合均匀的样品置于 100 mL 锥形瓶中，加入 20 mL 丙酮、5 mL 石油醚，振摇 1 min，静置 5 min。

（2）将上述提取液转入盛有 100 mL 硫酸钠溶液（50 g/L）的分液漏斗中，再在锥形瓶中加入 10 mL 丙酮与石油醚的混合液，振摇 1 min，放置 5 min，将提取液并入分液漏斗中，如此提取 2～3 次，直至提取物无色为止。

2. 洗涤

（1）将提取液静置分层，弃去下层水溶液，反复用硫酸钠溶液（50 g/L）振摇洗涤，每次约 15 mL，直至下层水溶液清亮为止。

（2）将上述石油醚提取液通过盛有 10 g 无水硫酸钠的小漏斗，漏入球形瓶，用少量石油醚分数次洗净分液漏斗和无水硫酸钠层内的色素，洗涤液并入球形瓶内。

3. 浓缩与定容

将上述球形瓶内的提取液于旋转蒸发仪上减压蒸发，水浴温度为 60 ℃，蒸发至约 1 mL 时，取下球形瓶，用氮气吹干，立即加入 2.00 mL 石油醚定容。

4. 纸层析

（1）点样。在滤纸下端距底边 4 cm 处画一基线，在基线上取 *A*、*B*、*C*、*D* 4 点，如图 10-1 所示。吸取 0.100～0.400 mL（随胡萝卜素含量而定，估计吸光值在 0.1～0.7 之间）样品浓缩液在 *AB* 两点之间和 *CD* 两点之间迅速来回进行带状点样，一次点完。

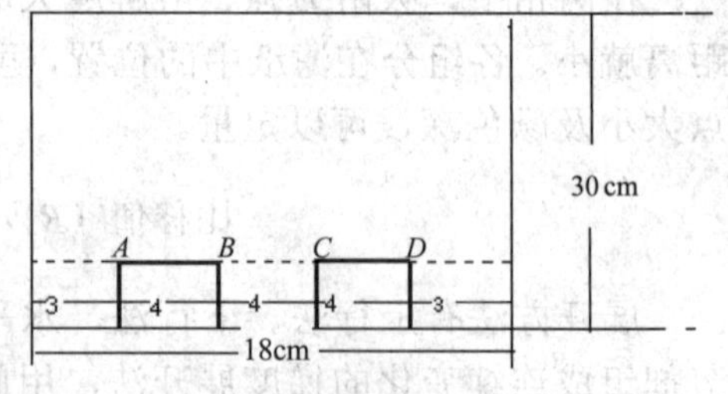

图 10-1 纸层析点样示意图

（2）展开。待纸上所点样液自然挥发至干后，将滤纸卷成圆筒状，将两边连接固定，基线处于纸筒底端，置于预先用石油醚饱合过的层析缸内，上行展开。

（3）洗脱。待胡萝卜素与其他色素完全分离后，取出滤纸，石油醚自然挥发至干，剪下位于展开剂前沿的胡萝卜素层析带，立即放入盛有 5 mL 石油醚的具塞试管中，用力振摇，使胡萝卜素完全溶入溶剂中。

5. 比色测定

以石油醚调节零点，用 1 cm 比色皿于 450 nm 波长下测定吸光度，从标准曲线上查出相应的含量。

6. 标准曲线绘制与样品测定

取 β-胡萝卜素标准使用液（50 μg/mL）1.00 mL、2.00 mL、3.00 mL、4.00 mL、6.00 mL、8.00 mL，分别置于 100 mL 具塞锥形瓶内，按样品测定步骤进行操作。点样体积为 0.100 mL，标准曲线各点胡萝卜素含量依次为 2.50 μg、5.00 μg、7.50 μg、10.00 μg、15.00 μg、20.00 μg。为测定低含量样品，可在 0 至 2.50 μg 之间加做几点。以胡萝卜素含量为横坐标，以吸光度为纵坐标绘制标准曲线。

7. 胡萝卜汁中胡萝卜素含量的计算

$$x = c \times \frac{V_2}{V_1} \times \frac{100}{m} \times \frac{1}{1\,000}$$

式中　x——样品中胡萝卜素的含量，以 β-胡萝卜素计，mg/100 g；

c——在标准曲线上查得的胡萝卜素含量，μg；

V_1——点样体积，mL；

V_2——样品石油醚提取液浓缩后的定容体积，mL；

m——样品质量，g。

三、操作注意事项

（1）纸层析法为国家标准方法，方法简便，色带清晰，最小检出限为 0.11 μg。

（2）样品和标准溶液的提取一定要注意避免丢失。

（3）浓缩提取液时，一定要防止蒸干，避免胡萝卜素在空气中氧化或因高温、紫外线直射等外界因素而遭到破坏。定容、点样、层析后剪层析带等操作环节一定要迅速。

（4）层析分离也可采用氧化镁、氧化铝作为吸附剂进行柱层析，洗脱色素后进行比色，这样分离较好，但比纸层析费时、费事。

（5）没有新华中速滤纸时，也可用普通滤纸，但层析展开时，溶剂前沿距底部不得少于 20 cm。

【质量检测】

1. 工作过程检测

要正确、熟练地使用可见分光光度计、旋转蒸发仪、点样器和皂化回馏装置；实验过程严格按照操作规程进行，正确绘制标准曲线，并能准确查出测定结果；执行安全操作，保持实验现场的整洁。实验结束后及时清洁实验用具并归位。

2. 实验数据检测

实验数据处理合理、准确，两次测定的结果之差不超过平均值的 10%。实验报告书写合理、规范，结果评价准确，能够反应样品的真实情况。

【知识与技能检测】

一、理论知识检测

1．简述层析法的基本原理。
2．简述胡萝卜素的测定原理。
3．胡萝卜素的测定有哪些步骤？
4．胡萝卜素提取浓缩条件是什么？为什么？

二、技能检测

以品种不同的两种胡萝卜为例，分别测定其胡萝卜素含量，并且比较两者在胡萝卜素含量上有何区别，写出具体的测定步骤。

工作任务三 果蔬汁中维生素 C 含量的测定

【任务描述】

通过对食品中维生素 C 含量测定的讲解，要求学生了解维生素 C 含量测定的具体方法和适用范围，同时要求学生掌握 2,6-二氯靛酚-乙醚萃取法的操作技能。

【作业质量要求】

（1）正确、熟练地使用可见分光光度计、比色管和容量瓶。
（2）遵守操作规程，保持操作现场整洁。
（3）正确执行安全技术操作规程。

【学习目标】

（1）了解食品中维生素 C 含量的检测方法。
（2）了解 2,4-二硝基苯肼比色法及荧光比色法的测定原理和测定步骤。
（3）掌握 2,6-二氯靛酚-乙醚萃取法的测定原理和操作技能。

【技能目标】

（1）熟练掌握可见分光光度计的操作技能。
（2）熟练掌握 2,6-二氯靛酚-乙醚萃取法的操作技能。

【所需仪器与试剂】

1．实验仪器

（1）分光光度计。
（2）比色管。
（3）容量瓶。

2. 实验试剂

（1）丙酮（分析纯）。

（2）乙醚（分析纯）。

（3）硫酸铜溶液（100 g/L）。

（4）草酸溶液（20g/L）。

（5）1/2 I_2 标准溶液（0.1mol/L）：称取 13 g 碘和 35 g 碘化钾，溶于 100 mL 水中，转移至 1 000 mL 容量瓶中，加水稀释至刻度，摇匀，贮存于棕色具塞瓶中。

碘标准溶液的标定：称取 0.15 g 在硫酸干燥器中已干燥至恒重的基准三氧化二砷（准确至 0.000 2 g），置于碘量瓶中，加 4 mL 氢氧化钠溶液（1mol /L）、50 mL 水和 2 滴酚酞指示剂（10 g/L），用硫酸溶液（2 mol/L）中和，加 3 g 碳酸氢钠和 3 mL 淀粉指示剂（5 g/L），用 1/2I_2 标准溶液 0.1 mol/L 滴定至溶液呈蓝色，同时做空白实验。

（6）1/2 I_2 标准溶液（0.0l mol/L）：在使用时，将 25 mL1/2 I_2 标准溶液（0.1 mol/L）稀释至 250 mL。

（7）L-抗坏血酸标准溶液（0.88 mg/mL）：称取 0.22 g L-抗坏血酸，用草酸溶液（20 g/L）溶解并稀释至 250 mL。临用时配制。

L-抗坏血酸标准溶液的标定：吸取 L-抗坏血酸标准溶液 20.00 mL，加淀粉指示剂（5 g/L）1 mL，用 1/2 I_2 标准溶液滴定至微蓝色。

（8）L-抗坏血酸标准溶液（0.088 mg/mL）：吸取 L-抗坏血酸标准溶液（0.88mg/mL）25.00 mL，用草酸溶液（20 g/L）稀释至 250mL。

（9）2,6-二氯靛酚标准溶液：称取 0.2 g 的 2,6 二氯靛酚，用少量热的重蒸馏水湿润，再慢慢加入热的重蒸馏水，搅拌溶解，过滤。冷却后，将滤液用重蒸馏水稀释至 1 L。保存于冰箱中，一周至少标定一次。

2,6-二氯靛酚标准溶液的标定：吸取 10.00 mL L-抗坏血酸标准溶液（0.088 mg/mL），置于 50 mL 比色管中，按测定样品的步骤标定 2,6-二氯靛酚溶液的滴定度。

$$T=\frac{m}{V}$$

式中　T—— 2,6-二氯靛酚溶液相当于 L-抗坏血酸的滴定度，mg/mL；

m—— 10.00 mL L-抗坏血酸标准溶液中含 L-抗坏血酸的质量，mg；

V—— 标定时消耗 2,6-二氯靛酚溶液的体积，mL。

（10）5 g/L 淀粉指示剂：称取 0.5 g 可溶性淀粉，用 5 mL 冷水调匀后，在搅拌下缓缓注入 100 mL 沸水中，再煮沸 2～3min，直至溶液透明，加 0.1 g 碘化汞做保存剂。

【相关知识】

维生素 C 是一种已糖醛基酸，具有抗坏血病的作用，所以又称做“抗坏血酸”。维生素 C 广泛存在于植物组织中，新鲜的水果、蔬菜，特别是枣、辣椒、苦瓜、柿子叶、猕猴桃、柑橘等食品中含量尤为丰富。

维生素 C 具有较强的还原性，对光敏感，氧化后的产物称为“脱氢抗坏血酸”，仍然具有生理活性。进一步水解则生成 2,3-二酮古乐糖酸，失去生理作用。在食品中，这三种形式均有存在，但主要是前两者，故许多国家的食品成分表均以抗坏血酸和脱氢抗坏血酸的总量表示。

测定维生素C常用的方法有2,6-二氯靛酚-乙醚萃取法、2,4-二硝基苯肼比色法、荧光比色法及高效液相色谱法等。

2,6-二氯靛酚-乙醚萃取法测定的是还原型抗坏血酸，该法简便，也较灵敏，但特异性差，样品中的其他还原性物质（如 Fe^{2+}、Sn^{2+}、Cu^{2+}等）会干扰测定，使测定值偏高。深色样液滴定终点不易辨别。

2,4-二硝基苯肼比色法和荧光比色法测得的都是抗坏血酸和脱氢抗坏血酸的总量。

2,4-二硝基苯肼比色法操作复杂，特异性较差，易受共存物质的影响，结果中包括二酮古洛糖酸，故测定值往往偏高。荧光比色法受干扰的影响较小，且结果不包括二酮古洛糖酸，故准确度较高，重现性好，灵敏度与2,4-二硝基苯肼比色法基本相同，但操作较复杂。

高效液相色谱法可同时测抗坏血酸和脱氢抗坏血酸的含量，具有干扰少、准确度高、重现性好、灵敏、简便、快速等优点，是上述几种方法中最先进、可靠的方法。

本任务中主要介绍 2,6-二氯靛酚-乙醚萃取法、2,4-二硝基苯肼比色法和荧光比色法。

一、2,6-二氯靛酚滴定-乙醚萃取法

2,6-二氯靛酚能被L-抗坏血酸还原为无色体，微过量的2,6-二氯靛酚用乙醚提取，然后由醚层中的玫瑰红色来确定终点。到达终点时，稍过量的2,6-二氯靛酚在酸性介质中呈浅红色。

二、2,4-二硝基苯肼比色法

1. 实验原理

先将样品中的还原型抗坏血酸用活性炭氧化为脱氢抗坏血酸，加2,4-二硝基苯肼生成红色脎，根据脎在硫酸溶液中的含量与总抗坏血酸含量成正比的原理，在波长520 nm处进行比色测定。通过以下公式可计算出样品中维生素C的含量：

$$x=\frac{cV}{m}\times F\times\frac{100}{1000}$$

式中 x——样品中总抗坏血酸含量，mg/100 g；

c——由标准曲线查得或由回归方程算得“样品氧化液”中总抗坏血酸的浓度，mg/mL；

V——试样用1%草酸溶液定容的体积，mL；

F——样品氧化处理过程中的稀释倍数；

m——试样质量，g。

2. 实验仪器

（1）恒温箱或恒温水浴锅。

（2）可见紫外分光光度计。

（3）组织捣碎机。

3. 实验试剂

（1）硫酸（1+9）：小心加 900 mL 浓硫酸于 100 mL 水中。

（2）硫酸溶液（4.5 mol/L）：取 250 mL 浓硫酸，慢慢加入 700 mL 水中，冷却后用水稀释至 1 000 mL。

（3）2,4-二硝基苯肼溶液（20 g/L）：称取 2 g 2,4-二硝基苯肼溶于 100 mL 4.5 mol/L 硫酸溶液中，过滤后贮于冰箱内备用，每次用前必须过滤。

（4）草酸溶液（20 g/L）：溶解 20 g 草酸（$H_2C_2O_4$）于 700 mL 水中，用水稀释至 1 000 mL。

（5）草酸溶液（10 g/L）：稀释 500 mL 草酸溶液（20 g/L）至 1 000mL。

（6）硫脲（10 g/L）：溶解 5 g 硫脲于 500 mL 草酸溶液（10 g/L）中。

（7）硫脲（20 g/L）：溶解 10 g 硫脲于 500 mL 草酸溶液（10 g/L）中。

（8）盐酸溶液（1 mol/L）：取 100 mL 盐酸，稀释至 1 200 mL。

（9）抗坏血酸标准溶液：溶解 100 mg 纯抗坏血酸于 100 mL 草酸溶液（10 g/L）中。此溶液每毫升相当于 1 mg 抗坏血酸。

（10）活性炭：将 100 g 活性炭加到 1 mol/L 盐酸 750 mL 中，在水浴上煮沸回流 1～2 h，抽气过滤，用水洗至滤液无高价铁离子为止，然后置于 110 ℃干燥箱中烘干。

检查铁离子可利用普鲁氏蓝反应：将亚铁氰化钾（20 g/L）与盐酸（1+99）等量混合，滴入上述洗出滤液，如有铁离子则产生蓝色沉淀。

4. 实验操作过程

1）绘制标准曲线

（1）于 50 mL 抗坏血酸标准溶液中加 2 g 用酸处理过的活性炭，振摇 1min，过滤。

（2）取 10 mL 滤液放入 500 mL 容量瓶中，加 5.0 g 硫脲用草酸溶液（10 g/L）稀释至刻度，此溶液抗坏血酸浓度为 20 μg/mL。

（3）吸取上述稀释液 5 mL、10 mL、20 mL、25 mL、40 mL、50 mL、60 mL 分别置于 100 mL 容量瓶中，用硫脲溶液（10 g/L）稀释至刻度，得一标准系列。每个容量瓶中对应的抗坏血酸浓度分别为 1 μg/mL、2 μg/mL、4 μg/mL、5 μg/mL、8 μg/mL、10 μg/mL、12 μg/mL。

（4）上述标准系列中每一浓度的溶液吸取 3 份，每份 4 mL，分别置于 3 支试管中，其中 1 支作为空白试管，在其余试管中各加入 1.0 mL 2,4-二硝基苯肼溶液（20 g/L），将所有试管都放入（37±0.5）℃的恒温箱或水浴中保温 3 h。

（5）保温 3 h 后将空白试管取出，冷却至室温，加入 1.0 mL 2,4-二硝基苯肼溶液（20 g/mL），10～15 min 后与所有试管一同放入冰水中冷却。

（6）试管放入冰水中后，向每一试管中慢慢滴加 5 mL 硫酸（9+1），滴加时间至少需要 1 min，边加边摇动试管。

（7）将试管从冰水中取出，在室温下放置 30 min。以空白液调零，用 1cm 比色皿在波长 520 nm 处测定吸光度。

（8）以吸光度值为纵坐标：抗坏血酸浓度（μg/mL）为横坐标绘制标准曲线。

2）样品制备（全部实验过程要避光）

（1）鲜样制备。称 100 g 鲜样和 100 g 草酸（20 g/L），倒入捣碎机中打成匀浆。称取 10～40 g 匀浆（含 1～2 mg 抗坏血酸）转移到 100 mL 容量瓶中，用草酸（10 g/L）稀释至刻度，摇匀。

（2）干样制备。准确称取样品 1～4 g（含 1～2 mg 抗坏血酸）于乳钵内，用草酸溶液（10 g/L）磨成匀浆，转入 100 mL 容量瓶中，并定容，摇匀。

（3）液体样品。直接取样（含 1～2 mg 抗坏血酸），用草酸溶液（10 g/L）定容至 100 mL。

将上述样品溶液过滤，滤液备用。不易过滤的样品可用离心机离心后，倾出上层清液，过滤后备用。

3）氧化处理

吸取 25 mL 上述滤液于锥形瓶中，加入用酸处理过的活性炭 2 g，振摇 1 min 过滤，弃去初滤液数毫升。取 10 mL 此氧化提取液，加入 10 mL 硫脲溶液（20 g/L），混合均匀。

4）测定

于 3 支试管各加入 4 mL 氧化处理后的稀释液，以下操作过程按 1）绘制标准曲线，自（4）“其中 1 支作为空白试管”起依次操作。

5. 说明及注意事项

（1）加入硫脲可防止抗坏血酸氧化，且有助于成脎反应的进行。加入硫脲时宜直接垂直滴入溶液，勿滴在管壁上。

（2）加入硫酸后显色，因糖类的存在会造成显色不稳定，30 min 后影响将减少，故加硫酸后 30 min 方可比色。

（3）于冰浴上加入硫酸须一滴一滴加入，边加边摇，若加得过快，温升过高，将使糖类炭化产生焦糖色，影响测定结果。溶液温度需保持 10 ℃以下。

三、荧光比色法

1. 实验原理

样品中的维生素 C 用草酸提取后，用 2,6-二氯靛酚氧化成脱氢维生素 C，再与邻苯二胺反应生成具有紫蓝色荧光的喹啉衍生物。在激发波长 365 nm、荧光波长 430 nm 处测定其荧光强度，与标准比较定量。

样品中维生素 C 的含量可由下式求得：

$$X_{V_c}=\frac{I_1-I_0}{Q_1-Q_0}\times c\times\frac{V}{V_1}\times 100$$

式中 X_{Vc}——样品中维生素 C 含量，mg/100mL；

I_1——样品溶液的荧光强度；

I_0——样品空白溶液的荧光强度；

Q_1——标准溶液的荧光强度；

Q_2——标准空白溶液的荧光强度；

c——抗坏血酸标准溶液的质量浓度，mg/mL；

V——吸取样品溶液的体积，mL；

V_1——样品稀释混合液的总体积，mL。

2. 实验仪器

荧光分光光度计。

3. 实验试剂

（1）草酸溶液（10 g/L）。

（2）乙酸钠溶液（500 g/L）。

（3）硼酸-乙酸钠溶液：将 3 g 硼酸溶于 500 g/L 乙酸钠溶液中并稀释至 100 mL。

（4）邻苯二胺溶液（0.2 g/L）：称取 200 mg 邻苯二胺，溶于 100 mL 水中。

（5）2,6-二氯靛酚溶液：称取 50 mg 2,6-二氯靛酚和 50 mg 碳酸氢钠，溶于 50 mL 水中。

（6）硫脲溶液（20 g/L）：将 2 g 硫脲溶于 50%（体积分数）乙醇溶液中并稀释至 100 mL，临用前配制。

（7）抗坏血酸标准溶液（0.2 mg/mL）：精确称取抗坏血酸 20 mg，用草酸溶液（10 g/L）溶解，置于 100 mL 棕色容量瓶中，用草酸溶液（10 g/L）稀释至刻度，摇匀，低温保存。

（8）抗坏血酸标准使用液（0.1 mg/mL）：吸取 25.00 mL 抗坏血酸标准溶液，置于 50 mL 棕色容量瓶中，用草酸溶液（10 g/L）稀释至刻度，摇匀。

（9）硫酸喹啉标准溶液：准确称取 10.0 mg 喹啉，用硫酸溶液（0.05 mol/L）溶解后，移入 1 000 mL 容量瓶中，再用硫酸溶液（0.05 mol/L）稀释至刻度，摇匀（此溶液每毫升相当于 10 μg 喹啉）；使用时，用硫酸溶液（0.05mol/L）配制成每毫升相当于 0.1 μg 喹啉。此溶液用于校正荧光光度计的灵敏度。

4. 实验操作过程

（1）样品处理。吸取 V mL 样品，用草酸溶液（10 g/L）稀释至 50 mL，使 L-抗坏血酸的质量浓度控制在每毫升 10～100 μg，摇匀。

（2）测定。吸取 5.00 mL 抗坏血酸标准使用液（0.1 mg/mL），置于 50 mL 容量瓶中。另吸取 5.00 mL 样品溶液，移入另一 50 mL 容量瓶中。在两容量瓶中分别逐滴加入 2,6-二氯靛酚溶液至溶液恰好呈微红色。再加入 2～3 滴硫脲溶液（20 g/L）使红色刚好褪去。加水稀释至刻度，摇匀。

取 2 支 20 mL 试管，各加入 2.0 mL 样品溶液，在 1 支试管中加入硼酸-乙酸钠溶液 1.0 mL，摇匀，放置 15 min，作为样品空白溶液；在另 1 支试管中加入乙酸钠溶液 1.0 mL，摇匀，作为样品溶液。另取两支 20 mL 试管，分别加入 L-抗坏血酸标准溶液 2.0 mL，在 1 支试管中加入硼酸-乙酸钠溶液 1.0 mL，摇匀，放置 15 min，作为标准空白溶液；在另 1 支试管中加入乙酸钠溶液 1.0mL，摇匀，作为标准溶液。

在 4 支试管中各加入邻苯二胺溶液 6.0 mL，摇匀后在暗处放置 30 min。然后置于荧光分光光度计中，以激发波长 365 nm 选择灵敏度（每次用硫酸喹啉标准溶液校正仪器的灵敏度），用发射波长 430 nm 测定标准溶液和样品溶液的荧光强度。

【工作过程】

一、工作课时

要求本单元的“理论+实训”课时为“4+4”课时。

二、具体工作过程

用2，6-二氯靛酚乙醚萃取法测定果汁饮料中维生素 C 含量的工作过程如下。

1. 样品溶液制备

将样品混匀后，称取含 L-抗坏血酸 4～10 mg 有代表性的样品（精确至 0.001 g），用草酸溶液（20 g/L）稀释至 200 mL，混匀。

2. 空白试液制备

按样品处理中所确定的取样量称取同一样品（精确至 0.001 g），置于 250 mL 锥形瓶中，加入 20 mL 硫酸铜溶液（100 g/L），加水使总体积约为 100 mL。小心加热至沸腾并保持微沸 15 min，冷却至室温。将此溶液转移至 200 mL 容量瓶中，用水稀释至刻度，摇匀。

3. 测定

取 10～15 支 50 mL 比色管，在每支比色管中均加入 10.00 mL 样品溶液和 2.5 mL 丙酮。放置 3 min 后，在第一支比色管中加入 1 mL 2,6-二氯靛酚溶液，充分混匀，精确控制 40 s 后，加入 2 mL 乙醚，充分振摇，放置几分钟，待乙醚与水溶液分层后，观察醚层有无出现玫瑰红色。若出现淡玫瑰红色，则表明已到测定的暂定终点；若醚层无色，则在第二支比色管中加入 1.5 mL 2,6-二氯靛酚溶液；若醚层还不显红色，则在其余比色管中逐一加入 2.0 mL、2.5 mL、3.0 mL、3.5 mL、4.0 mL、4.5 mL、5.0 mL 2,6-二氯靛酚溶液，直至醚层出现玫瑰红色为止，即达到暂定终点。达到暂定终点时 2,6-二氯靛酚溶液常常过量，需要进一步实验，以确定精确终点。

若加到 3.0 mL 2,6-二氯靛酚溶液时醚层出现红色，则从剩余比色管中开始分别加入 2.6 mL、2.7 mL、2.8 mL、2.9 mL 2,6-二氯靛酚溶液，直至醚层出现淡玫瑰红色为止。若加到 2.9 mL 2,6-二氯靛酚溶液时醚层刚好显红色，则 2.9 mL 为精确终点。若加到 2.9 mL 2,6-二氯靛酚溶液醚层仍不显红色，则 3.0 mL 为精确终点。

对于 L-抗坏血酸含量低于 2 mg/100 g 的样品，应用 100 mL 比色管直接加倍取样测定。丙酮和乙醚的量也要相应加倍，操作同上。

4. 空白试液测定

吸取空白试液10.00 mL，置于50 mL比色管中，加2.5 mL丙酮，按样品溶液测定方法，逐一加入不同量的2,6-二氯靛酚溶液，直至醚层出现玫瑰红色为止，测得所需的2,6-二氯靛酚溶液的量。

5. 果蔬汁中维生素C含量的计算

$$X_{V_c}=\frac{(V_a-V_b)\times T}{m}\times 100$$

式中 X_{V_c}——100g（mL）样品中所含维生素C的量，mg/100 g（或mg/100mL）；

V_a——测定样品溶液时所需的2,6-二氯靛酚溶液的体积，mL；

V_b——测定空白试液时所需的2,6-二氯靛酚溶液的体积，mL；

T——2,6-二氯靛酚溶液相当于L-抗坏血酸的滴定度，mg/mL；

m——10.00mL样品溶液中所含样品的量，g（或mL）。

三、操作注意事项

（1）此法是测定果蔬汁中L-抗坏血酸的标准分析法。

（2）处理样品时采用草酸（20 g/L），以防止维生素C氧化损失。

（3）若样品中含有 Fe^{2+}、Cu^{2+}、Sn^{2+}、亚硫酸盐、硫代硫酸盐等还原性杂质时，会使结果偏高。

（4）同一样品3次测定结果允许的相对偏差为：L-抗坏血酸含量≥10 mg/100 g的样品应小于2%；L-抗坏血酸含量<10 mg/100 g的样品应小于5%。

【质量检测】

1. 工作过程检测

要正确、熟练地使用可见分光光度计、比色管和容量瓶；实验过程严格按照操作规程进行，执行安全操作，保持实验现场的整洁。实验结束后及时清洁实验用具并归位。

2. 实验数据检测

实验数据处理合理、准确，两次测定的结果之差不超过平均值的10%。实验报告书写合理、规范，结果评价准确。

【知识与技能检测】

一、理论知识检测

1. 食品中维生素C含量的测定方法有哪些？

2．测定果蔬汁中维生素 C 含量的标准分析方法是什么？

3．测定出口饮料中维生素 C 含量的标准分析方法是什么？

4．测定时使用草酸溶液的作用是什么？

5．荧光比色法测定时的激发波长和荧光波长各是多少？

6．在 2,4-二硝基苯肼比色法中，加入活性炭和硫脲的作用是什么？

7．维生素 A 及维生素 C 的测定中样品处理及提取有何不同之处？为什么？

二、技能检测

以市面出售的果汁为原料，检测果汁中维生素 C 的含量，同时与瓶上标注的含量进行比较，并写出检测步骤和计算过程。

学习情境十一　食品中防腐剂含量的测定

工作任务一　果汁饮料中防腐剂含量的测定

【任务描述】

通过对果汁饮料中防腐剂的检测，让学生了解苯甲酸（钠）、山梨酸（钾）的理化性质以及测定方法，熟练掌握滴定法测定苯甲酸（钠）以及硫代巴比妥酸比色法测定山梨酸（钾）含量的操作技能，同时进一步巩固分光光度计的使用方法。

【作业质量要求】

（1）正确、熟练地使用可见分光光度计、比色管和容量瓶。

（2）正确绘制标准曲线，并能准确查出测定结果。

（3）遵守操作规程，保持操作现场整洁。

（4）正确执行安全技术操作规程。

【学习目标】

（1）熟知防腐剂的概念以及特点。

（2）了解苯甲酸（钠）和山梨酸（钾）的测定方法。

（3）了解苯甲酸（钠）和山梨酸（钾）的理化性质。

（4）掌握滴定法测定苯甲酸（钠）的原理和操作步骤。

（5）掌握使用硫代巴比妥酸测定山梨酸（钾）的原理和操作步骤。

【技能目标】

（1）掌握滴定法测定苯甲酸（钠）的操作技能。

（2）掌握使用硫代巴比妥酸测定山梨酸（钾）的操作技能。

（3）熟练掌握分光光度计的操作技能。

【所需仪器和试剂】

1. 实验仪器

（1）分光光度计。

（2）10 mL 比色管。

2. 实验试剂

（1）无水乙醚。

（2）盐酸（6 mol/L）。

（3）氢氧化钠（100 g/L）。

（4）氯化钠饱和溶液。

（5）氯化钠。

（6）中性乙醇（95%，体积分数）：以酚酞为指示剂，用氢氧化钠中和至微红色。

（7）酚酞指示剂。

（8）中性醚醇混合液：将乙醚与中性乙醇按 1:1 的体积比混合，以酚酞作为指示剂，用氢氧化钠中和至微红色。

（9）氢氧化钠标准溶液（0.05 mol/L）。

（10）石蕊试纸。

（11）重铬酸钾-硫酸溶液：重铬酸钾（1/60 mol/L）与硫酸（0.15 mol/L）按 1:1 比例混合均匀，备用。

（12）硫代巴比妥酸溶液：准确称取 0.5 g 硫代巴比妥酸于 100 mL 容量瓶中，加入 20 mL 水，加 10 mL 氢氧化钠溶液（1 mol/L），充分摇匀，使之完全溶解后再加入 11 mL 盐酸（1 mol/L），用水定容（临用时现配，6 h 内使用）。

（13）山梨酸钾标准溶液：准确称取 250 mg 山梨酸钾于 250 mL 容量瓶中，用蒸馏水溶解并定容，此液含山梨酸钾 1 mg/mL，使用时再稀释成 0.1 mg/mL。

【相关知识】

一、防腐剂的概念和特点

防腐剂是一种能够抑制食品中微生物生长和繁殖的化学物质。如果按照国家规定的数量使用，不仅可以防止食品生霉，而且可以防止食品变质，并能延长保存时间，同时对食用者也不会引起相关危害。因此，对防腐剂的使用必须控制一定的使用量，而且防腐剂应具备以下特点。

（1）凡加入食品中的防腐剂，首先是对人体无毒、无害、无副作用的。

（2）长期使用添加防腐剂的食品，不应该使机体组织产生任何的病变，更不能影响第二代发育、生长。

（3）加入防腐剂之后，对食品的质量不能有任何的影响和分解。

（4）食品加入防腐剂之后，不能掩蔽劣质食品的质量或改变任何感官性状。

目前，我国许可使用的防腐剂品种有苯甲酸、苯甲酸钠、山梨酸、山梨酸钾、丙酸钠、丙酸钙、对羟基苯甲酸乙酯和丙酯、脱氢醋酸等。

二、苯甲酸、苯甲酸钠和山梨酸、山梨酸钾的性质

苯甲酸又名“安息香酸”，为白色有丝光的鳞片或针状结晶，熔点为 122 ℃，沸点为 249.2 ℃，100 ℃开始升华，在酸性条件下可随水蒸气蒸馏，微溶于水，易溶于氯仿、丙酮、乙醇、乙醚等有机溶剂，化学性质较稳定。苯甲酸钠为白色颗粒或结晶性粉末，无臭或微有香味，在空气中稳定，易溶于水和乙醇，难溶于有机溶剂，其水溶液呈弱碱性（pH 值约为 8），在酸性条件下（pH 值为 2.5～4）能转化为苯甲酸。

在酸性条件下苯甲酸及苯甲酸钠防腐效果较好，适宜用于偏酸的食品（pH 值为 4.5～5）。苯甲酸进入人体后，大部分与甘氨酸结合形成无害的马尿酸，其余部分与葡萄糖醛酸结合生成苯甲酸葡萄糖醛酸甙，从尿中排出，不在人体内积累。苯甲酸的毒性较小，1996 年 FAO/WHO 限定苯甲酸及盐的 ADI（一日摄取容许量）值以苯甲酸计为 0～5 mg/kg。我国《食品添加剂使用卫生标准》(GB2760—1996)规定，碳酸饮料中苯甲酸的最大使用量为 0.2 g/kg，低盐酱菜、酱类、蜜饯、食醋、果酱（不包括罐头）、果汁饮料、塑料桶装浓缩果疏汁最大限量以苯甲酸计为 2 g/kg。

山梨酸又名"花楸酸"，为无色、无嗅的针状结晶，熔点为 134 ℃，沸点为 228 ℃，难溶于水，易溶于乙醇、乙醚、氯仿等有机溶剂，在酸性条件下可随水蒸气蒸馏，化学性质稳定。山梨酸钾易溶于水，难溶于有机溶剂，与酸作用生成山梨酸。山梨酸及其钾盐也是用于酸性食品的防腐剂，适合于在 pH 值为 5～6 时使用。它是通过与霉菌、酵母菌酶系统中的巯基结合而达到抑菌作用。但对厌氧芽孢杆菌、乳酸菌无效。

山梨酸是一种直链不饱和脂肪酸，可参与体内正常代谢，并被同化而产生二氧化碳和水，对人体几乎没有毒性，是一种比苯甲酸更安全的防腐剂。FAO/WHO 联合食品添加剂专家委员会 1996 年提出的山梨酸和山梨酸钾的 ADI 值以山梨酸计为 0～25 mg/kg。我国《食品添加剂使用卫生标准》（GB2760—1996）规定，山梨酸和山梨酸钾可用于肉、鱼、禽类制品，最大限量为 0.075 g/kg；水果、蔬菜保鲜及碳酸饮料中的限量为 0.2 g/kg；胶原蛋白肠衣、低盐果酱、酱类、蜜饯、果汁饮料、果冻中的限量为 0.5 g/kg；果酒中的限量为 0.6 g/kg；塑料桶装浓缩果疏汁、软糖、鱼干制品、即食豆制食品、糕点、面包、即食海蛰、乳酸菌饮料中的限量为 1.0 g/kg。

三、测定方法

（一）气相色谱法

苯甲酸或山梨酸的测定方法有气相色谱法、高效液相色谱法、薄层色谱法、紫外分光光度法、中和法、硫代巴比妥酸比色法。其中，紫外分光光度法和中和法只适用于测定苯甲酸，硫代巴比妥酸比色法只适用于测定山梨酸。

1. 实验原理

样品酸化后，用乙醚提取苯甲酸、山梨酸，用带氢火焰离子化检测器的气相色谱仪进行分离测定，与标准系列比较定量。测出苯甲酸、山梨酸量后，再分别乘以适当的相对分子质量比，求出苯甲酸钠、山梨酸钾的含量。

计算公式如下：

$$x=\frac{m_1\times 1000}{m\times\frac{5}{25}\times\frac{V_2}{V_1}\times 1000}$$

式中　x——样品中苯甲酸或山梨酸的含量，mg/kg；

m_1——测定用样品液中苯甲酸或山梨酸的质量，μg；

m——样品的质量，g；

V_1——加入石油醚—乙醚（3+1）混合溶剂的体积，mL；

V_2——测定时进样的体积，mL；

5——测定时吸取液乙醚提取液的体积，mL；

25——样品乙醚提取总体积，mL。

2. 色谱条件

（1）检测器：氢火焰离子化检测器。

（2）色谱柱：内径 3 mm、长 2 m 玻璃柱，内装涂以 5%（质量分数）DEGS 和 1%（质量分数）磷酸固定液的 60～80 目 Chromosorb WAW。

（3）流速：载气为氮气，50 mL/min。

（4）温度：进样口为 230 ℃，检测器为 230 ℃，柱温为 170 ℃。

3. 说明及注意事项

（1）本法为国家标准方法，可同时测定食品中苯甲酸和山梨酸的含量，山梨酸保留时间为 173 s，苯甲酸保留时间为 368 s。本法适用于酱油、果汁、果酱中苯甲酸和山梨酸含量的检测，最低检出限为 1 μg；用于色谱分析的样品为 1 g 时，最低检出浓度为 1 mg/kg。

（2）制备样品溶液时，称取一定量事先混合均匀的样品，置于 25 mL 带塞量筒中，加 0.5 mL 盐酸（1+1）酸化，用 15 mL、10 mL 乙醚提取两次，每次振摇 1 min，将上层乙醚提取液吸入另一个 25 mL 带塞量筒中。合并乙醚提取液。用 3 mL 氯化钠酸性溶液（40 g/L）洗涤两次，静止 15 min，用滴管将乙醚层通过无水硫酸钠滤入 25 mL 容量瓶中。加乙醚至刻度，混匀。准确吸取 5 mL 乙醚提取液于 10 mL 带塞刻度试管中，置 40 ℃水浴上挥干，加入 2 mL 丙酮溶解残渣，备用。

（3）通过无水硫酸钠层过滤后的乙醚提取液应达到去除水分的目的，否则乙醚提取液在 40 ℃挥去乙醚后如仍残留水分会影响测定结果。这时必须将残留水分挥干，但会吸出极少量的白色氯化钠，当出现此情况时，应搅动残留的无机盐后加入石油醚-乙醚（3+1）振摇，取上清液进样，否则氯化钠覆盖了部分苯甲酸和山梨酸，使测定结果偏低。

（二）高效液相色谱法

1. 实验原理

样品加温除去二氧化碳和乙醇，调节 pH 值至近中性，过滤后进高效液相色谱仪，经反相色谱分离后根据保留时间和峰面积进行定性和定量。

计算公式如下：

$$x=\frac{m_1\times 1\,000}{m\times\frac{5}{25}\times\frac{V_2}{V_1}\times 1\,000}$$

式中 x——样品中苯甲酸或山梨酸的含量，mg/kg；

m_1——测定用样品液中苯甲酸或山梨酸的质量，μg；

m——样品的质量，g；

V_1——加入石油醚—乙醚（3+1）混合溶剂的体积，mL；

V_2——测定时进样的体积，mL；

5—— 测定时吸取液乙醚提取液的体积，mL；

25—— 样品乙醚提取总体积，mL。

2. 色谱条件

（1）检测器：紫外检测器，波长为 230 nm，灵敏度为 0.2 AUFS；

（2）色谱柱：YWG-C_{18}，4.6 mm×150 mm，5 μm，或其他型号 C_{18} 柱；

（3）流动相：甲醇+乙醇铵溶液（0.02 mol/L）（5+95）；

（4）流速：1.0 mL/min。进样量：10 μL。

3. 说明及注意事项

（1）本法为国家标准分析方法，可同时测定食品中苯甲酸、山梨酸和糖精钠的含量，适用于酱油、果汁、果酱。山梨酸灵敏波长为 254 nm，在此波长测苯甲酸和糖精钠的灵敏度较低，苯甲酸和糖精钠的灵敏波长为 254 nm，为照顾三种被测组分灵敏度，本法采用 230 nm。

（2）含二氧化碳的样品需经加热除去，含酒精的样品加氢氧化钠溶液调至碱性，于沸水浴中加热以除去酒精。

（3）被测溶液的 pH 值对测定和色谱柱使用寿命均有影响，pH 值>8 或 pH 值<2 时，影响被测组分的保留时间，对仪器有腐蚀作用。苯甲酸和山梨酸的测定以中性为宜。

（三）薄层色谱法

1. 实验原理

样品酸化后，用乙醚提取苯甲酸、山梨酸。将样品提取液浓缩，点于聚酰胺薄层板上，展开。显色后，根据薄层板上苯甲酸、山梨酸的比移值，与标准比较定性，并可进行概略定量。

计算公式如下：

$$x=\frac{m_1\times 1\,000}{m\times\frac{5}{25}\times\frac{V_2}{V_1}\times 1\,000}$$

式中　x——样品中苯甲酸或山梨酸的含量，mg/kg；

m_1——测定用样品液中苯甲酸或山梨酸的质量，μg；

m——样品的质量，g；

V_1——加入石油醚—乙醚（3+1）混合溶剂的体积，mL；

V_2—— 测定时进样的体积，mL。

5—— 测定时吸取液乙醚提取液的体积，mL；

25—— 样品乙醚提取总体积，mL。

2. 说明及注意事项

（1）本法为国家标准分析方法，可同时测定食品中苯甲酸、山梨酸和糖精钠的含量，适用于酱油、果汁、果酱中苯甲酸或山梨酸含量的测定。本法灵敏度高，但操作烦琐，重现性差。

（2）样品中如含有二氧化碳，应先加热除去；富含脂肪和蛋白质的样品应除去脂肪和蛋白质，以防用乙醚提取时发生乳化，除去的方法同食品中糖精钠的测定。

（3）样品处理时，酸化的目的是使苯甲酸钠、山梨酸钠转变为苯甲酸或山梨酸，便于乙醚提取。

（四）紫外分光光度法

1．实验原理

样品中苯甲酸在酸性溶液中可以随水蒸气蒸馏出来，与样品中非挥发性成分分离，然后用重铬酸钾溶液和硫酸溶液进行激烈氧化，使除苯甲酸以外的其他有机物氧化分解，将此氧化后的溶液再次蒸馏，用碱液吸收苯甲酸，第二次所得的蒸馏液中基本不含除苯甲酸以外的杂质。根据苯甲酸钠在 225 nm 处有最大吸收，故测定吸光度可计算出苯甲酸含量。

2．说明及注意事项

（1）样品处理。称取均匀的样品 10.0 g，置于 250 mL 蒸馏瓶中，加磷酸 1 mL、无水硫酸钠 20 g、水 70 mL、玻璃珠 3 粒进行蒸馏。用预先加有 5 mL 0.1 mol/L 氢氧化钠的 50 mL 容量瓶接收馏出液，当蒸馏液收集到 45 mL 时，停止蒸馏，用少量水洗涤冷凝器，最后用水稀释至刻度。吸取蒸馏液 25 mL，置于另一个 250 mL 蒸馏瓶中，加入 1/30 mo1/L 重铬酸钾溶液 25 mL、2 mol/L 硫酸溶液 6.5 mL，连接冷凝装置，水浴上加热 10 min，冷却，取下蒸馏瓶，加入磷酸 1 mL、无水硫酸钠 20 g、水 40 mL、玻璃珠 3 粒，按上述方法进行第二次蒸馏，收集馏出液，最后用水稀释至刻度。

（2）根据样品中苯甲酸含量，取 5～20 mL 第二次蒸馏液，用 0.01 mol/L 氢氧化钠定容，以 0.01 mol/L 氢氧化钠为对照液，于 225 nm 处测定吸收度。

（3）用 5 mL 氢氧化钠（1 mol/L）代替 1 mL 磷酸进行第一次蒸馏，按上述样品处理方法做空白实验，测定空白溶液的吸光度。

（五）中和法

在弱酸条件中，用乙醚将样品中的苯甲酸提取出来，将乙醚挥发后，用中性酒精或醇醚混合物溶解内容物，用酚酞做指示剂，采用 0.1 mol/L 标准氢氧化钠滴定至终点，然后根据氢氧化钠消耗的体积计算苯甲酸或苯甲酸钠的含量。

（六）硫代巴比妥酸比色法

样品中的山梨酸在酸性溶液中，用水蒸气蒸馏出来，然后用 $K_2Cr_2O_7$ 氧化成丙二醛和其他产物，丙二醛与硫代巴比妥酸反应，生成红色物质，颜色的深浅与山梨酸含量成正比，于 530 nm 处比色测定。

【工作过程】

一、工作课时

要求本单元的“理论+实训”课时为“4+4”课时。

二、具体工作过程

（一）用滴定法测定果汁饮料中苯甲酸（钠）含量的工作过程

1．样品处理

取 50 mL 混合均匀的果汁样品，移入 250 mL 容量瓶，用饱和氯化钠溶液定容，放置 2 h 后，过滤，并收集滤液备用。

2. 提取

（1）吸滤液 100 mL 于 500 mL 分液漏斗中。

（2）在分液漏斗中加入 6 mol/L 盐酸溶液至呈酸性（用石蕊试纸实验）。

（3）用 150 mL 乙醚分三次提取，每次振荡不能太激烈以防乳化，合并醚层另置于一 250 mL 分液漏斗中。

（4）用蒸馏水洗涤乙醚提取液至不呈酸性（以石蕊试纸实验），将乙醚提取液置于锥形瓶中，于 45 ℃水浴回收并挥干乙醚。

3. 滴定

（1）在上述锥形瓶中加入 30 mL 中性醚醇混合溶液及 10 mL 水，加酚酞 2 滴。

（2）以 0.05 mol/L 氢氧化钠标准溶液滴定至微红色为止。

4. 果汁饮料中苯甲酸（钠）含量的计算

$$\text{苯甲酸含量（g/kg）}=\frac{c\times V\times 122.1\times 250}{m\times 100}$$

$$\text{苯甲酸钠含量（g/kg）}=\frac{c\times V\times 144.1\times 250}{m\times 100}$$

式中　c——氢氧化钠标准溶液的浓度，mol/L；

V——标准氢氧化钠消耗的体积，mL；

m—— 样品重量，g；

122.1—— 苯甲酸的摩尔质量，g/mol；

144.1—— 苯甲酸钠的摩尔质量，g/mol。

（二）用硫代巴比妥酸比色法果汁饮料中山梨酸（钾）含量的测定工作过程

1. 样品处理

移取一定量体积的果汁饮料于 250 mL 容量瓶中定容，摇匀，过滤，备用。

2. 标准曲线绘制

吸取 0.0 mL、2.0 mL、4.0 mL、6.0 mL、8.0 mL、10.0 mL 山梨酸钾标准溶液于 250 mL 容量瓶中，用水定容，分别吸取 2.0 mL 于相应的 10 mL 比色管中，加 2 mL 重铬酸钾硫酸溶液，于 100 ℃水浴中加热 7 min，立即加入 2.0 mL 硫代巴比妥酸，继续加热 10 min，立刻用冷水冷却，在 530 nm 处测吸光度，绘制标准曲线。

3. 样品测定

吸取样品处理液 2 mL 于 10 mL 比色管中，按标准曲线绘制操作，于 530 nm 处测定吸光度，从标准曲线上查出相应浓度。

4. 果汁饮料中山梨酸（钾）含量的计算

$$x_1=\frac{c\times 250}{m\times 2}$$

$$x_2 = \frac{x_1}{1.34}$$

式中 x_1——山梨酸钾的含量，g/kg；

x_2——山梨酸的含量，g/kg；

c——试液中含山梨酸钾的浓度，mg/mL；

m——称取匀浆相当于试样质量，g；

1.34——山梨酸与山梨酸钾之间的换算系数。

三、操作注意事项

1. 用滴定法测定果汁饮料中苯甲酸（钠）含量的注意事项

（1）在被测试样中用氯化钠饱和溶液，其主要作用是除去试液中所含蛋白质及水解产物，以免在用乙醚进行提取时产生乳化现象，造成两相分离的困难，同时避免氨基酸对滴定的影响。另一个作用是由于氯化钠的加入可降低苯甲酸的溶解度，以减少其在提取及水洗过程中的损失。

（2）用乙醚提取时不要上下振荡以免生成乳浊液而不宜分离，应旋转分液漏斗进行提取，若形成乳浊液，可用玻璃棒搅拌，或进行一两次上下的激烈振荡，或进行离心分离。

（3）提取剂也可用三氯甲烷。

（4）当苯甲酸含量低时，氢氧化钠标准溶液的浓度应配成 0.01 mol/L。

（5）滴定法适用于样品含苯甲酸为 0.1%以上的分析，浓度低时宜用紫外分光光度法。

2. 用硫代巴比妥酸比色法测定果汁饮料中山梨酸（钾）含量的注意事项

（1）样品处理也可采用水蒸气蒸馏，但操作复杂，本法选用直接提取后进行比色，回收率达 90%。

（2）硫代巴比妥酸须现用现配，山梨酸标准液应低温保存，可使用数日。

（3）氧化-显色过程应严格控制条件。

【质量检测】

1. 工作过程检测

要正确、熟练地使用可见分光光度计、比色管和容量瓶；实验过程严格按照操作规程进行，正确绘制标准曲线，并能准确查出测定结果；执行安全操作，保持实验现场的整洁。实验结束后及时清洁实验用具并归位。

2. 实验数据检测

实验数据处理合理、准确，两次测定的结果之差不超过平均值的 10%。实验报告书写合理、规范，结果评价准确。

【知识与技能检测】

一、理论知识检测

1. 我国经常使用的食品防腐剂有哪几种？

2．测定食品中苯甲酸（钠）、山梨酸（钾）的方法有哪些？

3．使用滴定法测定苯甲酸（钠）含量时，加入氯化钠的作用是什么？

4．滴定法的适用范围是什么？

5．硫代巴比妥酸比色法的测定原理是什么？

二、技能检测

以果酒为例，简述果酒中苯甲酸钠的检测步骤及测定中的注意事项，并写出计算公式。

工作任务二　果酒中二氧化硫含量的测定

【任务描述】

通过对果酒中二氧化硫的检测，让学生了解果酒中二氧化硫的理化性质、测定方法及操作要点，熟练掌握的盐酸副玫瑰苯胺比色法和蒸馏法的操作技能，同时进一步巩固分光光度计、蒸馏器和滴定管的使用方法。

【作业质量要求】

（1）正确、熟练地使用可见分光光度计、容量瓶和滴定管。

（2）正确绘制标准曲线，并能准确查出测定结果。

（3）遵守操作规程，保持操作现场整洁。

（4）正确执行安全技术操作规程。

【学习目标】

（1）熟知漂白剂的概念及特点。

（2）了解二氧化硫含量的测定方法。

（3）了解二氧化硫的理化性质。

（4）掌握盐酸副玫瑰苯胺比色法的原理、操作步骤及操作要点。

【技能目标】

（1）掌握盐酸副玫瑰苯胺比色法和蒸馏法的操作技能。

（2）熟练掌握分光光度计、蒸馏器和滴定的操作技能。

【所需仪器和试剂】

1. 实验仪器

分光光度计。

2. 实验试剂

（1）四氯汞钠吸收液：称取 27.2 g 氯化高汞及 11.9 g 氯化钠溶于水中，并稀释至 1 000 mL，放置过夜，过滤后备用。

（2）氨基磺酸铵溶液（120 g/L）。

（3）甲醛溶液（2 g/L）：吸取 0.55 mL 无聚合沉淀的甲醛（360 g/L），加水稀释至 100 mL，混匀。

（4）淀粉指示剂。

（5）亚铁氰化钾溶液：称取 10.6 g 亚铁氰化钾[$K_4Fe(CN)_6 \cdot 3H_2O$]，加水溶解并稀释至 100 mL。

（6）乙酸锌溶液：称取 22 g 乙酸锌[$Zn(CH_3COO)_2 \cdot 2H_2O$]溶于少量水中，加入 3 mL 冰醋酸，用水稀释至 100 mL。

（7）盐酸副玫瑰苯胺溶液：称取 0.1 g 盐酸副玫瑰苯胺（$C_{19}H_{18}N_2Cl \cdot 4H_2O$）于研钵中，加少量水研磨，使溶解，并稀释至 100 mL；取出 20 mL 置于 100 mL 容量瓶中，加盐酸（6 mol/L），充分摇匀后，使溶液由红变黄，如不变黄再滴加少量盐酸直至出现黄色，用水定容至 100 mL，混匀备用（若无盐酸副玫瑰苯胺可用盐酸品红代替）。

（8）碘溶液（0.1 mol/L）。

（9）硫代硫酸钠标准溶液（0.100 0 mol/L）。

（10）二氧化硫标准溶液：称取 0.5 g 亚硫酸氢钠，溶于 200 mL 四氯汞钠吸收液中，放置过夜，上清液用定量滤纸过滤备用；吸取 10.0 mL 亚硫酸氢钠-四氯汞钠溶液于 250 mL 碘量瓶中，加 100 mL 水，准确加入 20.00 mL 碘溶液（0.1 mol/L）、5 mL 冰醋酸，摇匀，置暗处 2 min 后，迅速以硫代硫酸钠标准溶液（0.100 0 mol/L）滴定至淡黄色，加 0.5 mL 淀粉指示液呈蓝色，继续滴至无色；另取 100 mL 水，准确加入 20.0 mL 碘溶液（0.1 mol/L）、5 mL 冰醋酸，按同一方法做试剂空白实验。

（11）二氧化硫标准使用液：取二氧化硫标准液，用四氯汞钠吸收液稀释成 2 μg/mL 的二氧化硫溶液，临用时配制。

（12）氢氧化钠溶液（0.5 mol/L）。

（13）硫酸溶液（0.25 mol/L）。

【相关知识】

在食品的加工生产中，为了使食品保持特有的色泽，常加入漂白剂，依靠漂白剂所具有的氧化或还原能力来抑制、破坏食品的变色因子，使食品褪色或免于发生褐变。一般在食品的加工过程中要求漂白剂除对食品的色泽有一定作用外，对食品的品质、营养价值及保存期均不应有不良的改变。

漂白剂从作用机理分为两类：①还原型（二氧化硫、亚硫酸钠、亚硫酸氢钠、焦亚硫酸钠等）；②氧化型（双氧水、次氯酸等）。

测定还原型漂白剂含量的方法有：①盐酸副玫瑰苯胺比色法（国标法）；②滴定法（中和法）；③蒸馏法；④极谱法；⑤高效液相色谱法。

对漂白剂的使用，可单一使用，也可混合使用。随着进出口贸易的不断扩大，外国食品不断进入我国市场，日本近几年正使用一种混合漂白剂，其成分为次亚硝酸钠 70%、亚硫酸氢钠 14%、无水焦磷酸 3%、聚磷酸钠 8%、偏磷酸钠 3%、无水碳酸钠 2%。这种混合漂白剂比上述任一单独漂白剂效果稳定，同时可防止食品变色及褪色。

我国国家标准规定：饼干、食糖、粉丝、粉条残留二氧化硫含量不得超过 50 mg/kg；蘑菇罐头、竹笋、葡萄酒等不得超过 25 mg/kg。二氧化硫本身没有营养价值，不是食品不可缺少的成分，如果使用量过大，对人体的健康会带来一定的影响。当溶液浓度为0.5%～1%时，即产生毒性，一方面有腐蚀作用；另一方面破坏血液凝结作用并生成血红素，最后导致神经系统发生麻痹现象。

在漂白剂含量的测定中只讲还原型二氧化硫含量的测定，目前多数采用盐酸副玫瑰苯胺比色法测定。

盐酸副玫瑰苯胺比色法在国内用得较多，这种方法的关键是把样品中二氧化硫提取出来，常用四氯汞钠做萃取液（在分析中为了避免二氧化硫的损失，常以四氯汞钠做吸收液）。此外，还常采用蒸馏法。

一、盐酸副玫瑰苯胺比色法

吸收液用氯化汞与氯化钠作用生成四氯汞钠，当样品中的二氧化硫与吸收液作用之后，生成一种稳定的络合物（可防止二氧化硫的损失），这种络合物与甲醛及盐酸副玫瑰苯胺作用生成紫红色络合物，颜色的深浅与二氧化硫浓度的大小成正比，可在波长580 nm下比色测定。反应方程式如下：

$$HgCl_2 + 2NaCl \longrightarrow Na_2HgCl_4$$

$$Na_2HgCl_4 + SO_2 + H_2O \longrightarrow [HgCl_2SO_3]^{2-} + 2H^+ + 2NaCl$$

$$[HgCl_2SO_3]^{2-} + HCHO + 2H^+ \longrightarrow HgCl_2 + HOCH_2\square SO_3H$$

$HOCH_2 \cdot SO_3H$+酸漂副品红 ⟶ 聚玫瑰红甲基磺酸（紫红色络合物）

二、蒸馏法

1. 实验原理

在密闭容器中对样品进行酸化并加热蒸馏，以释放出其中的二氧化硫，释放物用乙酸铅溶液吸收。吸收后用浓盐酸酸化，再以碘标准溶液滴定，根据所消耗的碘标准溶液量计算出样品中二氧化硫的含量。本法适用于色酒及葡萄糖糖浆、果脯中二氧化硫的测定。

计算公式如下：

$$x = \frac{(V_1 - V_2) \times 0.01 \times 0.032 \times 1\,000}{m}$$

式中　x——样品中二氧化硫总含量，g/kg；

V_1——滴定样品所用碘标准滴定溶液的体积，mL；

V_2——滴定试剂空白所用碘标准滴定溶液的体积，mL；

m——样品质量，g；

0.032——每毫摩尔二氧化硫的质量，g/mmol。

0.01——滴定时所用碘标准溶液的浓度，mol/L。

2. 实验仪器

（1）全玻璃蒸馏器。

（2）碘量瓶。

（3）酸式滴定管。

3. 实验试剂

（1）盐酸（1+1）：浓盐酸用水稀释至一半浓度。

（2）乙酸铅溶液（20 g/L）：称取 2 g 乙酸铅，溶于少量水中并稀释至 100 mL。

（3）碘标准滴定溶液（0.010 mol/L）：将碘标准溶液（0.100 mol/L）用水稀释 10 倍。

（4）淀粉指示液（10 g/L）：称取 1 g 可溶性淀粉，用少许水调成糊状，缓缓倾入 100 mL 沸水中，随加随搅拌，煮沸 2 min，放冷，备用，此溶液应临用时配制。

4. 实验操作过程

1）样品处理

（1）在接收瓶中加入 10 mL 双氧水（0.3%）、3 滴指示剂，加氢氧化钠（0.01 mol/L）1 滴中和（溶液颜色变为橄榄绿色），把接收瓶与冷凝器相连，冷凝器的接管口插入接收瓶液面以下。

（2）称取液体样品 20 g 或固体样品 1～5 g 于 100 mL 蒸馏瓶中，加 2 mL 乙醇（固体样品再加 20 mL 水）、2 滴硅油，加入 10 mL 磷酸溶液，迅速装上装置。

（3）接通氮气流路，并以 0.5～0.6 L/min 的流速通气，加热样品液 10 min，然后取下吸收瓶，导管端用少量水冲洗，洗液并入接收瓶，备用。

（4）用 20 mL 水代替样品，以上述同样操作制作空白样液。

2）样品测定

将上述样品液和空白液分别用氢氧化钠（0.01 mol/L）滴定至橄榄绿色为终点。

5. 说明及注意事项

（1）亚硫酸和食品中的醛（乙醛等）、酮（酮戊二酸、丙酮酸）和糖（葡萄糖、果糖、甘露糖）相结合，以结合型的亚硫酸存在于食品中。加碱是为了将糖中的二氧化硫释放出来，加硫酸是为了中和碱，这是因为总的显色反应是在微酸性条件下进行的。

（2）葡萄酒加四氯汞钠后，在不同时间测定，测定值随放置时间而增加，72 h 后达到最大值，并和碘量法测定值一致。

【工作过程】

一、工作课时

要求本单元的“理论+实训”课时为“4+4”课时。

二、具体工作过程

用盐酸副玫瑰苯胺比色法测定果酒中二氧化硫含量的工作过程如下。

1. 样品处理

吸取 10 mL 果酒样液，移入 100 mL 容量瓶中，加入 20 mL 四氯汞钠吸收液，用水定容，摇匀，必要时过滤，备用。

2. 标准曲线绘制

吸取二氧化硫标准使用液 0.00 mL、0.20 mL、0.40 mL、0.60 mL、0.80 mL、1.00 mL、1.50 mL、2.00 mL（相当于 0.0 μg、0.4 μg、0.8 μg、1.2 μg、1.6 μg、2.0 μg、3.0 μg、4.0 μg 二氧化硫），分别置于 25 mL 带塞比色管中，各加入四氯汞钠洗手液至 10 mL。然后各加 1 mL 氨基磺酸氨溶液（12 g/L）、1mL 甲醛溶液（1 mol/L）及 1 mL 盐酸副玫瑰苯胺溶液，摇匀，放置 20 min。以零管调节零点，用 1 cm 比色杯于波长 550 nm 处测吸光度，绘制标准曲线比较。

3. 样品测定

吸取 0.55 mL 样品处理液于 25 mL 容量瓶中，按标准曲线绘制操作进行，于波长 550 nm 处测吸光度，由标准曲线查出试液中二氧化硫的含量。

4. 结果计算

$$x=\frac{A_1\times 1\,000}{m\times\dfrac{V}{100}\times 1\,000\times 1\,000}$$

式中　x——样品中二氧化硫的含量，g/kg；

A_1——测定用样液中二氧化硫的含量，μg；

m_1—— 样品质量，g；

V—— 测定用样液的体积，mL。

三、操作注意事项

（1）本方法为国家标准分析法 GB/T5009·34—1996 中的第一法，适用于食品中亚硫酸盐残留量的测定，最低检出浓度为 1 mg/kg。

（2）颜色较深的样品，须用活性炭脱色。

（3）样品中加入四氯汞钠吸收液以后，溶液中的二氧化硫含量在 24 h 之内稳定，故测定须在 24 h 内进行。

（4）亚硫酸易与食品中的醛（乙醛）、酮（酮戊乙酸、丙酮酸）及糖（葡萄糖、单糖）等结合，形成结合态亚硫酸，样品处理时加入氢氧化钠可使结合态亚硫酸释放出来。

（5）亚硝酸对反应有干扰，加入氨基磺酸铵是为了分解亚硝酸，反应式为：

$$HNO_2+NH_2SO_2ONH_4\longrightarrow NH_4HSO_4+N_2\uparrow+H_2O$$

（6）盐酸副玫瑰苯胺加入盐酸调节成黄色，必须放置过夜后使用，以空白试管不显色为宜，否则需重新用盐酸调节。

（7）盐酸副玫瑰苯胺中盐酸用量对显色有影响：加入量多，显色浅；加入量少，显色深，对测定结果有较明显的影响，因此须严格控制。

（8）显色反应的最适温度为 20～25 ℃，温度低会使灵敏度低，因此样品试管和标准试管应在相同温度条件下进行。

（9）对于饼干、粉丝等固体样品处理方法是：称取 5.0～10.0 g 研磨均匀的样品，以少量水湿润并移入 100 mL 容量瓶中，然后加入 20 mL 四氯化汞钠吸收液，浸泡 4h 以上，若上层溶液不澄清，可加入亚铁氰化钾溶液及乙酸锌溶液各 2.5 mL，最后用水稀释至 100 mL 刻度，过滤后收集滤液。

（10）二氧化硫标准溶液的浓度随放置时间的延长逐渐降低，因此临用必须标定其浓度。

【质量检测】

1. 工作过程检测

要正确、熟练地使用可见分光光度计、容量瓶和滴定管；实验过程严格按照操作规程进行，正确绘制标准曲线，并能准确查出测定结果；执行安全操作，保持实验现场的整洁。实验结束后及时清洁实验用具并归位。

2. 实验数据检测

实验数据处理合理、准确，两次测定的结果之差不超过平均值的 10%。实验报告书写合理、规范，结果评价准确。

【知识与技能检测】

一、理论知识检测

1. 我国经常使用的食品漂白剂有哪几种？
2. 简述食品二氧化硫的测定方法。
3. 使用蒸馏法测定二氧化硫含量时，如何计算？
4. 盐酸副玫瑰苯胺比色法和蒸馏法测定的原理是什么？
5. 用盐酸副玫瑰苯胺比色法测定加入盐酸需放置过夜后使用，为什么要严格控制使用量？
6. 如何标定二氧化硫溶液浓度？标定时应注意什么？
7. 盐酸副玫瑰苯胺法测定食品中亚硫酸盐时，加入四氯汞钠溶液的作用是什么？

二、技能检测

以食糖为例，简述食糖中二氧化硫含量的检测步骤，并写出计算公式。

工作任务三　汽水中人工合成色素含量的测定

【任务描述】

通过对汽水中人工合成色素含量的检测，让学生了解人工合成色素的理化性质以及测定方法，熟练掌握薄层层析法和高效液相色谱仪测定人工合成色素的操作技能，熟练掌握高效液相色谱仪的使用方法，同时进一步巩固分光光度计的使用方法。

【作业质量要求】

（1）正确、熟练地使用层析缸、薄层板、微量注射器和分光光度计。

（2）正确绘制标准曲线，并能准确查出测定结果。

（3）遵守操作规程，保证操作现场整洁。

（4）正确执行安全技术操作规程。

【学习目标】

（1）熟知人工合成色素和天然色素的特点及区别。

（2）了解人工合成色素含量的测定方法。

（3）了解人工合成色素的理化性质。

（4）掌握薄层层析法和高效液相色谱法测定人工合成色素含量的原理和操作步骤。

【技能目标】

（1）掌握薄层层析法测定人工合成色素含量的操作技能。

（2）掌握高效液相色谱法测定人工合成色素含量的操作技能。

（3）熟练掌握高效液相色谱仪和分光光度计的操作技能。

【所需仪器和试剂】

1. 实验仪器

层析缸、中速滤纸、薄层板（5 cm×20 cm）、电吹风、水泵、微量注射器、分光光度计、展开槽（25 cm×6 cm×4 cm）。

2. 实验试剂

聚酰胺粉、硫酸（1+10）、甲醇-甲醛溶液（6+4）、甲醇（分析纯）、柠檬酸溶液（20%）、钨酸钠溶液（10%）、石油醚（沸程为 30～60℃）、精制海砂、乙醇-氨溶液、乙醇溶液（50%）、硅胶 G、水（pH 值为 6）、盐酸（1+10）、氢氧化钠溶液（5%）、碎瓷片、甲醇-乙二胺-氨水（7+3+3）、甲醇-氨水-乙醇（10+3+2）、柠檬酸（2.5%）-氨水-乙醇（8+1+2）、色素标准使用液（0.1 mg/mL）。

【相关知识】

食用色素是以食品着色、改善食品的色泽为目的的食品添加剂，它可分为食用天然色素和食用合成色素两大类。天然色素是从一些动、植物组织中提取的，安全性高，但稳定性和着色能力差，难以调出任意的色泽，且资源较短缺，目前还不能满足食品工业的需求。合成色素是用有机物合成的，主要来源于煤焦油及其副产品，资源十分丰富。合成色素具有稳定性好、色泽鲜艳、附着力强、能调出任意色泽等优点，因而得到广泛应用，但由于许多合成色素本身或其代谢产物具有一定的毒性，有致泻性与致癌性，因此必须对合成色素的使用范围及用量加以限制，确保其使用的安全性。

食用合成色素种类较多，国际上允许使用的有 30 多种，我国允许使用的主要有苋菜红、胭脂红、赤藓红、新红、诱惑红、玫瑰红、柠檬黄、日落黄、亮蓝、靛蓝、牢固绿等。目前，在食品行业中使用单元色素已较少，需使用复合色素方可达到较满意的色泽，因而给其分析测定带来了一定困难。

合成色素含量的测定方法主要有薄层层析法和高效液相色谱法。

一、薄层层析法

在酸性条件下，用聚酰胺吸附水溶性合成色素，使其与天然色素、蛋白质、脂肪、淀粉等物质分离。然后在碱性条件下，先加适当的溶液，再用薄层层析法进行分离鉴别，与标准比较定性、定量。

二、高效液相色谱法

1. 实验原理

合成色素在酸性条件下用聚酰胺粉吸附或用液-液分配提取，然后制成样液（水溶液），注入高效液相色谱仪，经反相色谱分离，以保留时间和峰面积进行定性和定量。

计算公式如下：

$$\text{色素含量（g/kg）}=\frac{c\times 1000}{m\times\frac{V_1}{V_2}\times 1000}$$

式中 c——进样体积中色素的含量，mg；

V_1——样品稀释总体积，mL；

V_2——进样体积，mL；

m——样品质量，g。

2. 实验仪器

高效液相色谱仪。

3. 实验试剂

（1）甲醇（分析纯，经滤膜过滤 FH0.5 μ）。

（2）乙酸铵溶液（0.02 mol/L）。

（3）含 0.05%氨水的乙酸铵溶液（0.02 mol/L）：取 0.5 mL 氨水，用乙酸铵溶液 0.02 mol/L 定容至 1000 mL，混匀备用。

（4）甲醇-甲酸溶液（6+4）。

（5）柠檬酸溶液（20%）。

（6）乙醇-氨水-水溶液（7+2+1）。

（7）三正辛胺正丁醇溶液（5%）：吸取 5 mL 三正辛胺，用正丁醇定容至 100 mL，混匀备用。

（8）饱和硫酸钠溶液。

（9）硫酸钠溶液（2%）。

（10）正己烷（分析纯）。

（11）聚酰胺粉（过 200 目筛）。

（12）水（pH 值为 6）。

（13）色素标准溶液：柠檬黄、日落黄、苋菜红、胭脂红、赤藓红、亮蓝以 60%计，靛蓝以 40%计，配成 1.00 mg/mL 的水溶液，临用时加水稀释成 0.1 mg/mL。经滤膜（HA0.45 μ）过滤备用。

4. 色谱条件

（1）检测器：UV254 nm、0.2 AUFS。

（2）色谱柱：YWG-C_{18}，4.6 mm×250 mm，10μm，不锈钢柱。

（3）流动相：甲醇（0.02 mol/L）、乙酸铵溶液（pH 值为 4）。

（4）梯度洗脱：甲醇（20%～35%，5 min；35%～98%，5 min；98%，6 min）。

（5）流速：1 mL/min。

5. 说明及注意事项

（1）本法为 GB/T5009.35—1996 中的第一法，样品处理同薄层色谱法。

（2）色素提取有聚酰胺粉吸附法和液-液分配法。样品不含赤藓红时，用聚酰胺粉吸附法；含赤藓红时，用液-液分配法。

（3）聚酰胺粉吸附法同薄层色谱法中，只是定容之后需经 0.45 μ 滤膜过滤。液-液分配法是将制备好的样液移入分液漏斗中，加入 2 mL 盐酸、10～20 mL 三正辛胺正丁醇溶液（5%），充分振摇提取，静置，分取有机相，重复 2～3 次，合并有机相，然后用饱和硫酸钠液洗 2～3 次，每次 8～10 mL，将有机相转入蒸发皿中，水浴加热浓缩至 10 mL 左右，再转入分液漏斗中，加 60 mL 正己烷，混匀，加 2%氨水提取 2～3 次，每次 5 mL 左右，合并氨水层（含水溶性酸性合成色素），再用正己烷洗 2～3 次，分取氨水层。用乙醇调至中性，然后水浴加热蒸发至近干，用水转入 5 mL 容量瓶中，定容，经 0.45 μ 滤膜过滤。取色素标准溶液 10 μL 注入高效液相色谱仪中，经分析得出色谱图，再取色素提取液 10 μL 注入高效液相色谱仪测定。

（4）用高效液相色谱仪测定时，测定一个样品后，将流动相中甲醇浓度恢复至 20%，使之稳定 20 min 后，再开始测定第二个样品。

【工作过程】

一、工作课时

要求本单元的“理论+实训”课时为“4+4”课时。

二、具体工作过程

用薄层层析法测定汽水中人工合成色素含量的工作过程如下。

（一）样品处理

吸取汽水 50 mL 置于 100 mL 烧杯中，加热排除二氧化碳。

（二）吸附分离

1. 吸附

将处理过的汽水加热至 70 ℃之后，加入 0.5～1.0 g 聚酰胺粉，并充分混匀，然后添加柠檬酸溶液（20%）直至溶液 pH 值均为 4，使色素吸附完全（如溶液中仍有颜色，可再加入少量的聚酰胺粉）。

2. 洗涤

将吸附色素的聚酰胺全部转入 G_3 垂融漏斗或玻璃漏斗中过滤（如用前者可用水泵抽滤），用 pH 值均为 4 的 0℃柠檬酸溶液反复洗涤，每次 20 mL，若含天然色素，可再用甲醇-甲酸洗涤 1～3 次，每次 20 mL，直至洗涤无色为止。再用 70 ℃水洗涤至中性，洗涤过程中必须充分搅拌。

3. 解吸

用 20 mL 左右乙醇-氨溶液分次解吸全部色素，收集全部解吸液，水浴驱氨。若是单元色，用水定容至 50 mL，用分光光度计比色；若为混合色，将解吸液水浴浓缩至 2 mL 左右，转入 5 mL 容量瓶中，用乙醇（50%）洗涤，洗液并入容量瓶中，用乙醇（50%）定容。

（三）薄层层析法定性

1. 薄层板的制备

称取 1.6 g 聚酰胺粉、0.4 g 可溶性淀粉及 2 g 硅胶 G，置于合适研钵中，干燥 1 h，置干燥器中备用。

2. 点样

用点样管吸取浓缩定容后的样液处从左至右点成与底边平行的条状，在板的右边点 2 μL 色素标准溶液。

3. 展开

取适量的展开剂，倒入展开槽中，将薄层板放入展开，待色素明显分开后，取出晾干，与标准色斑比较其比移值，确定色素种类。

（四）测定

1. 单元色样品溶液的制备

将薄层层析板上的条状色斑剪下，用刀刮下移入漏斗中，用乙醇-氨溶液解吸色素（少量多次至解吸液无色），收集解吸液于蒸发皿中水浴驱氨后转入 10 mL 比色管中，用水定容备用。

2. 标准曲线绘制

分别吸取 0 mL、0.5 mL、1.0 mL、2.0 mL、3.0 mL、4.0 mL 胭脂红、苋菜红、柠檬黄、日落黄色素标准使用液，或 0 mL、0.2 mL、0.4 mL、0.6 mL、0.8 mL、1.0 mL 亮蓝、靛蓝色素标准使用液，分别置于 10 mL 带塞比色管中，加水至刻度，在特定波长处（胭脂红为 510 nm，苋菜红为 520 nm，柠檬黄为 430 nm，日落黄为 482 nm，亮蓝为 627 nm，靛蓝为 620 nm）测定吸光度，绘制标准曲线。

3. 样品测定

取单元色样品液在对应波长下测定吸光度，在标准曲线上查得色素含量。平行测定两次，两次测定的结果之差不得超过平均值的 20%。

（五）数据记录及处理

1. 数据记录

（1）将色素标准溶液（胭脂红、苋菜红、柠檬黄、日落黄）的吸光度填入表 11-1。

表 11-1　色素标准溶液的测定（一）

吸取色素标准溶液的体积（mL）	0.0	0.50	1.0	2.0	3.0	4.0
各色素液中色素的质量（mg）	0.0	0.05	0.10	0.20	0.30	0.40
吸光度						

（2）将色素标准溶液（亮蓝、靛蓝）的吸光度填入表 11-2。

表 11-2　色素标准溶液的测定（二）

吸取色素标准溶液的体积（mL）	0.0	0.20	0.40	0.60	0.80	1.0
各色素液中色素的质量（mg）	0.0	0.02	0.04	0.06	0.08	1.0
吸光度						

（3）测定，将样品测定的数据填入表 11-3。

表 11-3　样品的测定

测定次数	样品质量（g）	样液总体积（mL）	样液点板体积（mL）	吸光度
1				
2				

2. 标准曲线绘制

以各标准液中色素的质量为横坐标，测得各标准液的吸光度为纵坐标，绘制标准曲线。根据各样品液的吸光度，从标准曲线上查出各样品液中色素的质量。

3. 结果计算

按下式计算汽水中各色素的含量：

$$\text{色素含量（mg / kg）} = \frac{m_1 \times 1000}{m \times \frac{V_2}{V_1} \times 1000}$$

式中　m_1——测定用样液中色素含量，mg；

m——样品质量（或体积），g（或 mL）；

V——样品体积，mL；

V_2——样液点板体积，mL；

V_1——样品解吸后样液总体积，mL。

计算平行测定结果的平均值和两次测定结果之差与平均值的百分比。

三、操作注意事项

(1)本法为国家标准分析方法 GB/T5009.35—1996 中的第二法，最低检出量为 50 µg，点样量为 1 g，样品最低检出浓度约为 50 mg/kg。

（2）样品处理时，含二氧化碳的饮料需加热排除二氧化碳；果酒、配制酒要加热排出乙醇；淀粉、软糖、硬糖、蜜饯等用水加热溶解，用柠檬酸溶液（20%）调节酸碱度直至 pH 值约为 4；奶糖用乙醇-氨溶液溶解，水浴上加热浓缩，立即用硫酸（1+10）调至微酸性，再加钨酸钠溶液（10%）使蛋白质沉淀，过滤，收集滤液；蛋糕首先脱水、脱脂，再用乙醇-氨溶液直至提取完全，然后按处理奶糖的方法提取色素、沉淀蛋白质和收集滤液。

（3）处理过的样液加热至 70 ℃之后，加入 0.5～1.0 g 聚酰胺粉，并充分混匀，然后用柠檬酸溶液（20%）调节酸碱度直至 pH 值约为 4，使色素吸附完全，因为聚酰胺粉在偏酸性（pH 值为 4～6）条件下对色素吸附力较强。如溶液中仍有颜色，可再加入少量的聚酰胺粉。如样品色素浓度太高，要用水适当稀释，因为在浓溶液中，色素钠盐的钠离子不容易解离，不利于聚酰胺粉吸附。

（4）样液中的色素被聚酰胺粉吸附后，全部转入 G_3 垂融漏斗或玻璃漏斗中过滤，当用热水洗涤聚酰胺粉以便除去可溶性杂质时，要求用 pH 值约为 4 的 70℃柠檬酸溶液反复洗涤，防止吸附的色素被洗脱下来，使定量结果偏低。若含天然色素，可再用甲醇-甲酸洗涤至无色，再用 70 ℃水洗涤至中性，洗涤过程中必须充分搅拌。

（5）用乙醇-氨溶液分次解吸全部色素，收集全部解吸液，水浴驱氨。若是单元色，用水定容至 50 mL，用分光光度计比色；若为混合色，将解吸液水浴浓缩至 2 mL 左右，转入 5 mL 容量瓶中，用乙醇（50%）洗涤、定容。在进行蒸发浓缩时，要控制水浴温度在 70～80 ℃，使其缓慢蒸发，勿溅出皿外，另外，要经常摇动蒸发皿，防止色素干结在蒸发皿的壁上。

（6）采用聚酰胺粉薄层板进行定性、定量分析，用点样管吸取浓缩定容后的样液 0.5 mL，在离底边 2 cm 处从左至右点成与底边平行的条状，在板的右边点 2 µL 色素标准溶液。在点样时最好用电吹风边点边吹干，在原线上点，直至点完一定量。另外，点样线缝宽不得超过 2 mm。

（7）苋菜红与胭脂红用甲醇-乙二胺-氨水（10+3+2）展开剂；靛蓝、亮蓝用甲醇-氨水-乙醇（5+1+10）展开剂；柠檬黄与其他色素用柠檬酸钠溶液（25 g/L）-氨水-乙醇（8+1+2）展开剂。取适量展开剂倒入展开槽中，将薄层板放入展开，待色素明显分开后，取出晾干，与标准色斑比较其比移值，确定色素种类。在展开之前，展开剂在缸中应预先平衡 1 h，使缸内蒸气压饱和，不至于出现边缘效应。

（8）层析用的溶剂系统不可以使用或存放太久，否则浓度和极性都将起变化，影响分离效果，最好两天换一次，以保证分离效果。

【质量检测】

1. 工作过程检测

要正确、熟练地使用层析缸、薄层板、微量注射器和分光光度计；实验过程严格按照操作规程进行，正确绘制标准曲线，并能准确查出测定结果；执行安全操作，保持实验现场的整洁。实验结束后及时清洁实验用具，并归位。

2. 实验数据检测

实验数据处理合理、准确，两次测定的结果之差不超过平均值的10%。实验报告书写合理、规范，结果评价准确，能够反应样品的真实情况。

【知识与技能检测】

一、理论知识检测

1．我国经常使用的天然色素和人工合成色素有哪些？

2．测定食品中人工合成色素含量的方法有哪些？

3．测定食品中合成色素含量时，样品溶液为什么要用柠檬酸溶液（20%）调节酸碱度直至pH值约为4。

4．简述薄层层析法测定人工合成色素含量的原理。

二、技能检测

以蛋糕奶油为原料，简述蛋糕奶油中人工合成色素含量的检测步骤，并写出计算公式。

工作任务四　香肠、泡菜中护色剂含量的测定

【任务描述】

通过对香肠、泡菜中亚硝酸盐含量的检测，让学生了解亚硝酸盐的理化性质以及测定方法；熟练掌握盐酸萘乙二胺法测定亚硝酸盐含量的操作技能，同时了解硝酸盐含量的测定方法以及镉柱的使用，进一步巩固分光光度计的使用方法。

【作业质量要求】

（1）正确、熟练地使用可见分光光度计、刻度吸管、容量瓶和组织捣碎机。

（2）正确绘制标准曲线，并能准确查出测定结果。

（3）遵守操作规程，保持操作现场整洁。

（4）正确执行安全技术操作规程。

【学习目标】

（1）熟知发色剂的概念以及特点。

（2）了解亚硝酸盐及硝酸盐含量的测定方法。

（3）了解亚硝酸盐及硝酸盐含量的理化性质。

（4）掌握亚硝酸盐含量的测定原理和操作步骤。

【技能目标】

（1）掌握盐酸萘乙二胺法测定亚硝酸盐含量的操作技能。

（2）熟练掌握分光光度计的操作技能。

【所需仪器和试剂】

1. 实验仪器

组织捣碎机、分光光度计、50mL 比色管。

2. 实验试剂

氢氧化铝乳液、果蔬提取剂、对氨基苯磺酸溶液（0.4%）、盐酸萘乙二胺溶液（0.2%）、亚硝酸钠标准使用液（5 μg/mL）。

【相关知识】

护色剂又叫“呈色剂”或“发色剂”，是一些能够使肉与肉制品呈现良好色泽的物质，最常用的是硝酸盐和亚硝酸盐。亚硝酸盐和硝酸盐添加在制品中后转化为亚硝酸，亚硝酸易分解出亚硝基（NO），生成的亚硝基会很快与肌红蛋白反应生成鲜艳的、亮红色的亚硝基肌红蛋白（MbNO），亚硝基肌红蛋白遇热后，放出巯基（-SH），变成了具有鲜红色的亚硝基血色原，从而赋予食品鲜艳的红色。同时，亚硝酸盐对抑制微生物的增殖有一定作用，与食盐并用可增加抑菌，对肉毒梭状芽孢杆菌有特殊抑制作用。亚硝酸盐和硝酸盐作为食品添加剂，过多地使用会对人体会产生毒害作用。亚硝酸盐与仲胺反应生成具有致癌作用的亚硝胺，过多地摄入亚硝酸盐会引起正常血红蛋白（二价铁）转变成正铁血红蛋白（三价铁）而失去携氧功能，导致组织缺氧。以亚硝酸钠计 ADI 为 0～0.2 mg/kg，以硝酸钠计 ADI 为 0～5 mg/kg。我国卫生标准规定，亚硝酸钠、硝酸钠的使用限于肉类制品及肉类罐头，最大使用量为：硝酸钠为 0.5 g/kg，亚硝酸钠为 0.15 g/kg，残留量以亚硝酸钠计，肉类罐头不超过 0.05 g/kg，肉制品不超过 0.03 g/kg。

硝酸盐和亚硝酸盐的测定方法很多，公认的测定法为盐酸萘乙二胺法测亚硝酸盐含量，镉柱法测硝酸盐含量，其他还有气相色谱法、荧光法和离子选择性电极法等。

一、亚硝酸盐的测定——盐酸萘乙二胺法

盐酸萘乙二胺法也叫“格里斯试剂比色法”。其实验原理是：样品经沉淀蛋白质、除去脂肪后，在弱酸性溶液中，亚硝酸盐与对氨基苯磺酸起重氮化反应，生成重氮化合物，再与盐酸萘乙二胺形成紫红色的重氮染料，其颜色深浅与亚硝酸根含量成正比，故可在最大吸收波长 540 nm 处，测定吸光度并与标准比较定量。

二、硝酸盐的测定——镉柱法

1. 实验原理

样品经沉淀蛋白质、除去脂肪后，得到提取液，将提取液通过镉柱或加入镉粉，在

pH 值为 9.6～9.7 的氨缓冲溶液中，使其中的硝酸根离子还原成亚硝酸根离子。

在镉柱中，镉定量地将 NO_3^- 还原成 NO_2^- 的化学方程式为：

$$Cd + NO_3^- \longrightarrow CdO + NO_2^-$$

镉柱经使用后用稀盐酸除去表面的氧化镉可重新使用，其化学方程式为：

$$CdO + 2HCl \longrightarrow CdCl_2 + H_2O$$

在弱酸性条件下，亚硝酸根与对氨基苯磺酸重氮化后，再与 N-1 萘基乙二胺形成红色染料，测得亚硝酸盐总量，由总量减去亚硝酸盐含量即得硝酸盐含量。计算公式如下：

$$\text{硝酸盐含量（mg/kg）} = \frac{(m_1 - m_2) \times 1.232 \times 1\,000}{m \times \frac{V_2}{V_1} \times 1\,000}$$

式中　m——样品的质量，g；

m_1——经镉粉还原后测得亚硝酸钠的质量，μg；

m_2——直接测得亚硝酸盐的质量，μg；

V_1——样品处理液总体积，mL；

V_2——测定用样液体积，mL；

1.232——亚硝酸钠换算成硝酸钠的系数。

2. 实验仪器

（1）海绵状镉粉。在 500 mL 硫酸镉溶液中投入足量的锌棒，经 3～4 h，当其中的镉全部被锌置换后，用玻璃棒轻轻刮下，取出残余锌棒，使镉沉底，倾去上层清液，以水用倾斜法多次洗涤，然后移入粉碎机中，加 500 mL 水，捣碎约 2 s，用水将金属细粒洗至标准筛上，取 20～40 目之间的部分，置试剂瓶中，用水封盖保存，备用。

（2）镉柱（见图 11-1）。取 25 mL 酸式滴定管数支，向柱底压入 1 cm 高玻璃棉作垫，上置一小漏斗，将新配制的镉粉带水加入柱内，边装边轻轻敲击柱，排除柱内空气，加镉粉至 8～10 cm 高，上面用 1 cm 高的玻璃棉覆盖，上置一储液漏斗。当镉柱填装好后，先用盐酸洗涤，再以水洗两次，每次 25 mL，调节镉柱流速至 3～5 mL/min。镉柱不用时用水封盖，随时都要保持水平面在镉层之上，不得使镉层夹有气泡。

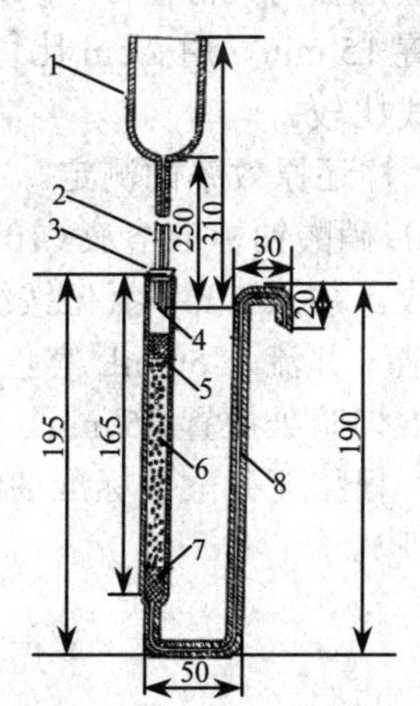

图 11-1　镉柱装置图

1—储液漏斗；2—进液毛细管；3—橡皮塞；4—镉柱玻璃管；5,7—玻璃棉；6—海绵状镉；8—出液毛细管

（3）分光光度计。

（4）50 mL 比色管。

3. 实验试剂

（1）氨缓冲溶液（pH 值为 9.6～9.7）：量取 20 mL 盐酸，加 50 mL 水，混合后加 50 mL 氨水，再定容至 1000 mL。

（2）稀氨缓冲溶液：量取 50 mL 氨缓冲溶液，加水稀释定容至 500 mL。

（3）盐酸（0.1mol/L）。

（4）硝酸钠标准溶液：精密称取 0.123 2 g 在 110～120 ℃干燥至恒重的硝酸钠，加水溶解，定容于 500 mL 容量瓶中；此溶液相当于 200 μg/mL 亚硝酸钠。

（5）硝酸钠标准使用液：吸取硝酸钠标准溶液 2.5 mL，置于 100 mL 容量品中，加水定容；此溶液相当于 5 μg/mL 亚硝酸钠（临用前配制）。

4. 实验操作过程

（1）样品中硝酸盐的提取。称取 5.0 g 经绞碎混匀的样品，置于 50 mL 烧杯中，加 12.5 mL 硼砂饱和溶液，搅拌均匀，用 300 mL70℃左右的水，将样品全部洗入 500 mL 容量瓶中，置沸水浴中加热 15 min，取出冷却至室温，然后一面转动一面加入 5 mL 亚铁氰化钾溶液，摇匀，再加入 5 mL 乙酸锌溶液以沉淀蛋白质，加水至刻度，混匀，放置 30 min，除去上层脂肪，清液用滤纸过滤，弃去初滤液 30 mL，滤液备用。

（2）标准曲线绘制。吸取 0.00 mL、0.2 mL、0.40 mL、0.60 mL、0.80 mL、1.00 mL、1.40 mL、2.00 mL、2.50 mL 亚硝酸钠标准使用液（相当于 0 μg、1 μg、2 μg、3 μg、4 μg、5 μg、7.5 μg、10 μg、12.5 μg 亚硝酸钠），分别置于 50 mL 比色管中。加入 2 mL 对氨基苯磺酸溶液，摇匀，静置 3～5 min 后加入 1 mL0.2%盐酸萘乙二胺溶液，加水至刻度，混匀，静置 15 min，用 2 cm 比色杯，以零管调节零点，于波长 538 nm 处测吸光度，绘制标准曲线比较。

（3）镉柱还原效率的测定。先加 25 mL 氯化铵缓冲液于柱中，至液面接近海绵镉时，吸取 2.0 mL 硝酸钠标准溶液（10 μg/mL），经镉柱还原，控制流速 3～5 mL/min，用 50 mL 容量瓶接收。加入 5 mL 氯化铵缓冲溶液，液面接近海绵镉时，加入 15 mL 水洗柱，还原液与洗液一并流入 50 mL 容量瓶中。加 5 mL 乙酸（60%）、10 mL 显色剂，加水稀释至刻度，混匀暗处放置 25 min。以标准零管调节零点，用 1 cm 比色杯于波长 550 nm 处测吸光度，根据亚硝酸盐标准曲线计算还原效率（如镉柱还原率小于 95%，应经盐酸浸泡活化处理）。

$$还原效率\ (\%)=\frac{m\times 1.232}{20}\times 100$$

式中 m——20 μg 硝酸盐还原后测得亚硝酸盐的质量，μg；

20——硝酸盐的质量，μg；

1.232——亚硝酸盐换算成硝酸盐的系数。

5. 说明及注意事项

（1）本方法为国家标准方法（GB/T5009.33—1996），适用于食品中硝酸盐含量的测定，最低检出限为 1.4 mg/kg。

（2）在制取海绵状镉和装填镉柱时最好在水中进行，勿使镉粒暴露于空气中以免氧化。镉柱每次使用完毕后，应先以 25 mL 盐酸（0.1mol/L）洗涤，再以水洗两次，每次 25 mL，最后用水覆盖镉柱。

（3）为保证硝酸盐测定结果准确，镉柱还原效率应当经常检查。镉柱维护得当，使用一年效能尚无显著变化。

（4）在沉淀蛋白质时，硫酸锌溶液的用量不宜过多。否则，在经镉柱还原时，由于加 5 mL 氯化铵缓冲液（pH 值为 9.6～9.7）而生成氢氧化锌白色沉淀，堵塞镉柱，影响测定。

（5）镉是有害元素之一，在制作海绵状镉或处理镉柱时，其废弃液中含有大量的镉，不要将这些有害的镉倒入下水道污染水源和农田，要经过处理之后再倒入下水道。另外，不要用手直接接触镉，同时不要弄到皮肤上，一旦接触，立即用水冲洗。

【工作过程】

一、工作课时

要求本单元的“理论+实训”课时为“4+4”课时。

二、具体工作过程

用盐酸萘乙二胺法测定香肠、泡菜中亚硝酸盐含量的工作过程如下。

1．样品处理

（1）香肠的处理。称取 5 g 经绞碎混匀的香肠样品，置于 50 mL 烧杯中，加 12.5 mL 饱和硼砂溶液，搅拌均匀，用 300 mL 70 ℃左右的热水将样品全部洗入 500 mL 容量瓶中，置沸水浴中加热 15 min，取出后冷却至室温。然后一面转动，一面加入 5 mL 亚铁氰化钾溶液，摇匀，再加入 5 mL 醋酸锌溶液，以沉淀蛋白质。加水至刻度，摇匀，放置 30 min，除去上层脂肪，清液用滤纸过滤，弃去初滤液 30 mL，滤液备用。

（2）泡菜的处理。称取适量泡菜样品，用组织捣碎机捣碎，取适量匀浆置于 500 mL 容量瓶中，加 100 mL 水，加果蔬提取剂 100 mL，振摇提取 1 h，加 40 mL 氢氧化钠溶液（2.5 mol/L），用蒸馏水定容后立即过滤。取 60 mL 滤液置于 100 mL 容量瓶中，加氢氧化铝乳液至刻度，用滤纸过滤，滤液应无色透明。

2．标准曲线绘制及样品测定

吸取上述滤液 40 mL 于 50 mL 比色管中，另吸取 0.00 mL、0.20 mL、0.40 mL、0.60 mL、0.80 mL、1.00 mL、1.50 mL、2.00 mL 亚硝酸钠标准使用液（相当于 0 μg、1 μg、2 μg、3 μg、4 μg、5 μg、7.5 μg、10 μg 亚硝酸钠）分别置于 50 mL 比色管中。于标准和样品管中分别加入 2 mL 对氨基苯磺酸溶液（4 g/L），混匀，静止 3～5 min 后各加入 1 mL 盐酸萘乙二胺溶液（2 g/L），加水至刻度，混匀静止 15 min，以零管调节零点，用 2 cm 比色杯于波长 538 nm 处测吸光度，绘制标准曲线比较定量。同时做试剂空白。

3．数据记录及处理

（1）数据记录。将标准吸收曲线数据和样品测定数据分别填入表 11-4 和表 11-5。

表 11-4 标准吸收曲线数据记录表

亚硝酸钠标准液量（mL）	0.00	0.20	0.40	0.60	0.80	1.00	1.50	2.00
亚硝酸钠含量（μg/50 mL）	0.0	1.0	2.0	3.0	4.0	5.0	7.5	10
吸光度								

表 11-5 样品测定数据记录表

测定次数	样品质量（g）	样液总体积（mL）	测定用样液体积（mL）	吸光度
1				
2				

（2）以各标准液中的亚硝酸钠含量为横坐标，测得各标准液的吸光度为纵坐标，绘制标准曲线。根据样品液的吸光度，从标准曲线上查出样品液中亚硝酸钠的含量。

（3）在重复性条件下，获得的两次独立测定结果的绝对差值不得超过算术平均值的10%。

4. 香肠、泡菜中亚硝酸盐含量的计算

$$x=\frac{m_1\times 1\,000}{m\times\frac{V_2}{V_1}\times 1\,000}$$

式中 x——样品中亚硝酸盐的含量，g/kg；

m——样品质量，g；

m_1——测定用样液中亚硝酸盐的含量，mg；

V_1——样品处理液总体积，mL；

V_2——测定用样液体积，mL。

三、操作注意事项

（1）本方法为国家标准方法（GB/T5009.33—1996），适用于食品中亚硝酸盐的测定，最低检出限为 1 mg/kg。

（2）本实验用水应为重蒸馏水，以减少误差。

（3）亚铁氰化钾和乙酸锌溶液作为蛋白质沉淀剂，使产生的亚铁氰化锌沉淀与蛋白质产生共沉淀。

（4）蛋白质沉淀剂也可采用硫酸锌溶液（30%）。

（5）饱和硼砂溶液的作用有两个：①作为亚硝酸盐提取剂；②作为蛋白质沉淀剂。

（6）N-1-萘基乙二胺有致癌作用，使用时应注意安全。

【质量检测】

1. 工作过程检测

要正确、熟练地使用可见分光光度计、刻度吸管、容量瓶和组织捣碎机；实验过程严格按照操作规程进行，正确绘制标准曲线，并能准确查出测定结果；执行安全操作，保持实验现场的整洁。实验结束后及时清洁实验用具并归位。

2．实验数据检测

实验数据处理合理、准确，两次测定的结果之差不超过平均值的10%。实验报告书写合理、规范，结果评价准确，能够反应样品的真实情况。

【知识与技能检测】

一、理论知识检测

1．我国经常使用的食品发色剂有哪几种？
2．测定食品中亚硝酸盐及硝酸盐的方法有哪些？
3．酸萘乙二胺法测定亚硝酸盐的操作要点有哪些？
4．酸萘乙二胺法测定亚硝酸盐的原理是什么？
5．镉柱的还原效率为多少时符合要求？
6．亚硝酸盐测定时加入饱和硼砂的作用是什么？

二、技能检测

以青刀豆为原料，简述青刀豆中亚硝酸盐含量的检测步骤，操作注意事项，并写出计算公式。

学习情境十二　食品中有毒有害物质含量的测定

工作任务一　方便面中铅含量的测定

【任务描述】

通过多媒体课件的演示与视频的播放，使学生巩固原子吸收分光光度计的操作技能，了解双硫腙的理化性质，熟知双硫腙比色法的测定原理，并且能熟练掌握分光光度计的操作技能。

【作业质量要求】

（1）正确、熟练地使用可见分光光度计、刻度吸管和容量瓶。

（2）正确绘制标准曲线，并能准确查出测定结果。

（3）遵守操作规程，保持操作现场整洁。

（4）正确执行安全技术操作规程。

【学习目标】

（1）了解食品中铅含量的测定方法。

（2）掌握双硫腙比色法测定食品中铅含量的原理及步骤。

（3）熟知原子分光光度法测定食品中铅含量的操作条件和测定波长。

【技能目标】

（1）掌握双硫腙比色法测定食品中铅含量的操作技能。

（2）能正确、熟练地使用分光光度计。

【所需仪器和试剂】

1. 实验仪器

（1）玻璃仪器：均用10%～20%（体积分数）硝酸浸泡24 h以上，用自来水反复冲洗，最后用水冲洗干净。

（2）可见分光光度计。

2. 实验试剂

（1）氨水（1+1）。

（2）盐酸（6 mol/L）：量取100 mL盐酸，加水稀释至200 mL。

（3）酚红指示剂（质量分数为0.1%的乙醇溶液）。

（4）盐酸羟氨溶液（200 g/L）：称取20 g盐酸羟胺，加水溶解至约50 mL，加2滴酚红指示液，加氨水（1+1），调节 pH 值至 8.5～9.0（由黄变红，再多加 2 滴），用双硫腙-三氯甲烷溶液提取至三氯甲烷层绿色不变为止，再用三氯甲烷洗两次，弃去三氯甲烷层，水层加盐酸（6 mol/L）呈酸性，加水稀释至 100 mL。

（5）柠檬酸铵溶液（200 g/L）：称取 50 g 柠檬酸铵，溶于 100 mL 水中，加 2 滴酚酞指示液，加氨水（1+1），调节 pH 值至 8.5～9.0，用双硫腙-三氯甲烷溶液提取数次，每次 10～20 mL，至三氯甲烷层绿色不变为止，再用三氯甲烷洗两次，每次 5 mL，弃去三氯甲烷层，加水稀释至 250 mL。

（6）氰化钾溶液（100 g/L）。

（7）不含氧化物的三氯甲烷。

检查方法为：量取 10mL 三氯甲烷，加 25 mL 新煮沸过的水，振摇 3 min，静置分层后，取 10mL 水液，加数滴碘化钾溶液（150 g/L）及淀粉指示液，振摇后不显蓝色即表示不含氧化物。

处理方法为：于三氯甲烷中加入 1/10～1/20 体积的硫代硫酸钠溶液（200 g/L）洗涤，再用水洗，加入少量无水氯化钙脱水后进行蒸馏，弃去最初及最后的 1/10 馏出液，收集中间馏出液备用。

（8）淀粉指示液：称取 0.5 g 可溶性淀粉，加 5 mL 水搅匀后，慢慢倒入 100 mL 沸水中，边倒边搅拌，煮沸后放冷备用。临用时配制。

（9）硝酸（1+99）：量取 1 mL 硝酸，加水稀释至 100 mL。

（10）双硫腙溶液：0.05%（质量分数）三氯甲烷溶液，保存于冰箱中，必要时用下述方法纯化。

称取 0.5 g 研细的双硫腙，溶于 50 mL 三氯甲烷中，如不全溶，可用过滤纸过滤于 250 mL 的分液漏斗中，用氨水（1+99）提取三次，每次 100 mL，将提取液用棉花过滤至 500 mL 分液漏斗中，用盐酸（6 mol/L）调至酸性，将沉淀出的双硫腙用三氯甲烷提取 2～3 次，每次 20 mL，合并三氯甲烷层，用等量水洗涤两次，弃去洗涤液，在 50 ℃水浴上蒸去三氯甲烷。精制的双硫腙置于硫酸干燥器中，干燥备用。

（11）双硫腙使用液：吸取 1.0 mL 双硫腙溶液，加三氯甲烷至 10 mL，混匀。以三氯甲烷调节零点，用 1 cm 比色皿于 510 nm 处测得吸光度，用下式计算出配制 100 mL 双硫腙使用液（70%透光率）所需双硫腙溶液的体积（mL）。

$$V=\frac{10\times(2-\lg 70)}{A}=\frac{1.55}{A}$$

式中　V——双硫腙溶液的消耗量，mL；

A——吸光度。

（12）铅标准溶液：准确称取 0.159 8 g 硝酸铅，加 10 mL 硝酸（1+99），全部溶解后，移入 100 mL 容量瓶中，加水稀释至刻度。此溶液每毫升相当于 1 mg 铅。

（13）铅标准使用液：吸取 1.0 mL 铅标准溶液，置于 100 mL 容量瓶中，加水稀释至刻度。此溶液每毫升相当于 10 μg 铅。

【相关知识】

测定食品中铅的方法有原子吸收分光光度法、双硫腙比色法极谱法、离子选择电极法和分光光度法等。双硫腙比色法应用比较广泛，原子吸收分光光度法由于其灵敏度高、测定手续简便快捷、可同时测定多种元素的特点，也得到迅速的推广应用。本任务主要介绍这两种方法。

一、原子吸收分光光度法

1. 实验原理

样品经消化后，导入原子吸收分光光度计中，经火焰原子化后，吸收波长 283.3 nm 的共振线，其吸光度与铅含量成正比，与标准系列比较定量。

样品中铅含量可通过下式计算：

$$x=\frac{A-A_0}{m\times\frac{V_2}{V_1}}$$

式中 x——样品中铅的含量，mg/kg；

A——测定用样品中铅的质量，μg；

A_0——试剂空白液中铅的质量，μg；

m——样品的质量，g；

V_1——样品处理后的总体积，mL；

V_2——注入石墨炉样液体积，mL。

2. 实验仪器

（1）所用玻璃仪器均用 10%～20%（体积分数）硝酸浸泡 24 h 以上，用自来水反复冲洗，最后用水冲洗干净。

（2）原子吸收分光光度计。

3. 实验试剂

（1）硝酸。

（2）硝酸（6 mol/L）：量取 38 mL 硝酸，加水稀释至 100 mL。

（3）硝酸（1+199）：量取 1 mL 硝酸，加水稀释至 200 mL。

（4）硝酸（1+9）：量取 10 mL 硝酸，加水稀释至 100 mL。

（5）过硫酸铵。

（6）硫酸钠溶液（5 g/L）。

（7）石油醚。

（8）铅标准溶液：准确称取 1.000 0 g 金属铅（质量分数不小于 99.99%），分次加入硝酸（6 mol/L）溶解，总量不超过 37 mL，移入 100 0 mL 容量瓶中，加水稀释至刻度。此溶液每毫升相当于 1 mg 铅。

（9）铅标准使用液：吸取 10.0 mL 铅标准溶液，置于 100 mL 容量瓶中，加硝酸（1+199）稀释至刻度。如此多次稀释至每毫升相当于 1 μg 铅。

4. 实验操作过程

1）样品处理

称取 1.0～5.0 g 样品，置于石英或坩埚中，加 5 mL 硝酸，放置 30 min，小火蒸干，继续加热碳化，移入高温炉中，在 500 ℃高温下灰化 1 h，取出放冷，再加硝酸浸湿灰分，小火蒸干。称取 2 g 过硫酸铵，覆盖灰分，再移入高温炉中，在 800 ℃高温下灰化 20 min，冷却后取出，以硝酸溶液（1+199）少量多次洗入 10 mL 容量瓶中，并稀释至刻度，备用。

称取与消化样品相同量的硝酸、过硫酸铵，按同一方法做试剂空白实验。

2）标准曲线制备

吸取 0 mL、0.5 mL、1.0 mL、2.0 mL、3.0 mL、4.0 mL 铅标准使用液，分别置于 100 mL 容量瓶中，加硝酸（1+199）稀释至刻度，混匀（当各取 50 μL 注入石墨时，其曲线各点的铅含量为 0 ng、5.0 ng、10.0 ng、20.0 ng、30.0 ng、40.0 ng）。

3）仪器条件

测定波长为 283.3 nm。灯电流、狭缝、空气乙炔流量及灯头高度均按仪器说明调至最佳状态。

4）样品测定

将铅标准溶液、试剂空白液和处理好的样品溶液分别导入火焰原子化器进行测定，记录其对应的吸光度，与标准曲线比较定量。

5）说明及注意事项

（1）分析过程中应全部使用去离子水（电阻率大于 $8\times10^{5}\Omega$），所用的仪器都要用硝酸（1+5）浸泡过夜，用水反复冲洗后，再用去离子水冲洗干净。

（2）在采取和制备样品过程中，应避免样品被铅污染。

（3）本法测定铅的最低检出浓度为 5 μg/kg，允许的相对误差小于 20%，适用于测定食品中铅的含量。

（4）湿法消解时，要适时加入混合酸，若溶液未转黑时补加混合酸，就会不起作用；若变黑过后一段时间再补加混合酸，析出的碳烧结成块，不易氧化。

二、双硫腙比色法

1. 双硫腙的性质

双硫腙又名“打萨腙”、“二苯硫腙”等，学名为“二苯基硫卡巴腙”。双硫腙为紫黑色结晶粉末，可溶于三氯甲烷及四氯化碳中；溶液呈绿色，但浓度大时为两色性（光通过时为红色，反射光呈绿色）；不溶于水，又不溶于酸，微溶于乙醇，可溶于氨碱性水溶液。

二硫腙在有氧化剂（如 Fe^{3+} 、Cu^{2+} 等）存在时，日光照射下易氧化为二苯硫卡巴二腙。此氧化物不溶于酸性或碱性水溶液，但溶于三氯甲烷和四氯化碳中，呈黄色至棕色。不与金属起螯合反应。市售的二硫腙中常含有此化合物，故使用时必须精制纯化。

2. 实验原理

样品经消化后，在 pH 值为 8.5～9.0 时，铅离子与双硫腙生成红色络合物，溶于三氯甲烷。此红色络合物的深浅与铅离子的浓度成正比，可与标准系列比较定量。加入柠檬酸铵、氰化钾和盐酸羟胺等，防止铁、铜、锌等离子干扰。

【工作过程】

一、工作课时

要求本单元的“理论+实训”课时为“2+2”课时。

二、具体工作过程

双硫腙比色法测定方便面中铅含量的工作过程如下。

1. 样品处理

（1）称取 5.0 g 研碎的方便面，置于坩埚中，加热至碳化。

（2）然后将坩埚移入高温炉中，在 500 ℃高温下灰化 3 h，放冷，取出坩埚。

（3）在坩埚中加入 1 mL 硝酸，润湿灰分，用小火蒸干，在 500 ℃高温下灼烧 1 h，放冷，取出坩埚。

（4）加入 1 mL 硝酸（1+1），加热，使灰分溶解，移入 50 mL 容量瓶中，用水洗涤坩埚，洗液并入容量瓶中，加水至刻度，混匀备用。

2. 标准曲线绘制及样品测定

（1）吸取 10.0 mL 消化后的定容溶液和同量的试剂空白液，分别置于 125 mL 分液漏斗中，各加水至 20 mL。

（2）吸取 0.00 mL、0.10 mL、0.20 mL、0.30 mL、0.40 mL、0.50 mL 铅标准使用液（相当于 0.0 μg、1.0 μg、2.0 μg、3.0 μg、4.0 μg、5.0 μg 铅），分别置于 125 mL 分液漏斗中，各加体积分数为 1%的硝酸溶液至 20 mL。

（3）于样品消化液、试剂空白液和铅标准液中各加 2 mL 柠檬酸铵溶液（200 g/L）、1 mL 盐酸羟胺溶液（200 g/L）和 2 滴酚红指示液，用氨水（1+1）调至红色，再各加 2 mL 氰化钾溶液（100 g/L），混匀，各加 5.0 mL 双硫腙使用液，剧烈振摇 1 min，静置分层后，三氯甲烷层经脱脂棉滤入 1 cm 比色杯中，以零管调节零点，于波长 510 nm 处测吸光度，绘制标准曲线比较。

平行测定两次，两次测定结果之差不得超过平均值的 20%。

3. 数据记录及处理

（1）数据记录。将数据记录于表 12-1。

表 12-1 数据记录表

	标准溶液						样品溶液		空白溶液
样品质量（g）	—								—
配置样品溶液的体积（mL）	—						50	50	—
吸取样品溶液的体积（mL）	—						10	10	—
吸取铅标准溶液的体积（mL）	0.00	0.10	0.20	0.30	0.40	0.50	—	—	—
各显色液中铅的质量（μg）	0.0	1.0	2.0	3.0	4.0	5.0			
测得吸光度									

（2）以各标注显色液中铅的质量为横坐标，测得各标准显色液的吸光度为纵坐标，绘制标准曲线。根据空白溶液和各样品显色液的吸光度，从标准曲线上查出空白溶液和各样品显色液中铅的质量。

（3）按下式计算样品中铅的含量

$$x=\frac{(A-A_0)\times 1000}{m\times \dfrac{V_2}{V_1}\times 1000}$$

式中　x——样品中铅的含量，mg/kg；

A——从标准曲线上查出测定用样品消化液中铅的质量，μg；

A_0——从标准曲线上查出试剂空白液中铅的质量，μg；

m——样品的质量，g；

V_1——样品消化液的总体积，mL；

V_2——测定用样品消化液体积，mL。

三、实验操作注意事项

（1）氰化钾是剧毒药品，操作时不能用嘴吸，使用后要洗手。废氰化钾溶液不要与酸接触，以防止产生氰化氢气体而引起中毒。向废氰化钾溶液中加氢氧化钠和硫酸亚铁，使它生成铁氰化钾，可降低毒性。

（2）本法测定重金属的灵敏度很高，在分析之前对所用玻璃仪器先要用硝酸（1+3）洗涤两次，再用水冲洗干净，然后用双硫腙-三氯甲烷应用液洗一次，残留在仪器中的微量双硫腙-三氯甲烷溶液不应改变颜色，否则说明玻璃仪器不洁净，应重新洗涤。

（3）双硫腙在空气中容易被氧化，氧化产物不溶于酸性或碱性水溶液，能溶解在三氯甲烷和四氯化碳中显黄色或棕色，对测定有干扰。所以要保证双硫腙的纯度和稳定性，将双硫腙储存于棕色试剂瓶中密封好，放在干燥器中备用。

（4）铅与双硫腙相结合，其颜色变化过程为：绿色—浅蓝—浅灰—灰—灰—淡紫—紫—淡红—红色。

【质量检测】

1. 工作过程检测

要正确、熟练地使用可见分光光度计、刻度吸管和容量瓶；实验过程严格按照操作规程进行，正确绘制标准曲线，并能准确查出测定结果；执行安全操作，保持实验现场的整洁。实验结束后及时清洁实验用具并归位。

2. 实验数据检测

实验数据处理合理、准确，两次测定的结果之差不超过平均值的20%。实验报告书写合理、规范，结果评价准确。

【知识与技能检测】

一、理论知识检测

1. 食品中铅含量的测定方法有哪些？
2. 双硫腙比色法测定铅含量的 pH 值为多少？
3. 双硫腙比色法测定铅时，为了防止铁、铜、锌等离子的干扰，应加入哪些试剂？
4. 原子吸收分光光度法测定铅的分析线波长为多少？

二、技能检测

请设计一实验检测皮蛋中铅的含量，写出检测步骤和注意事项，并计算。

工作任务二　糯米粉中砷含量的测定

【任务描述】

通过多媒体课件的演示与视频短片的播放，使学生巩固原子吸收分光光度计的操作技能，了解砷斑法的测定原理，并且能熟练掌握分光光度计的操作技能。

【作业质量要求】

（1）正确、熟练地使用可见分光光度计、测砷装置、吸管和容量瓶。

（2）正确绘制标准曲线，并能准确查出测定结果。

（3）遵守操作规程，保持操作现场整洁。

（4）正确执行安全技术操作规程。

【学习目标】

（1）掌握食品中砷含量的测定方法。

（2）掌握砷斑法测定食品中砷含量的操作步骤。

（3）了解银盐法测定食品中砷含量的基本原理和操作过程。

【技能目标】

（1）掌握砷斑法测定食品中砷含量的操作技能；

（2）能正确、熟练地使用砷斑测定器。

【所需仪器和试剂】

1. 实验仪器

砷斑测定器，如图 12-2 所示。

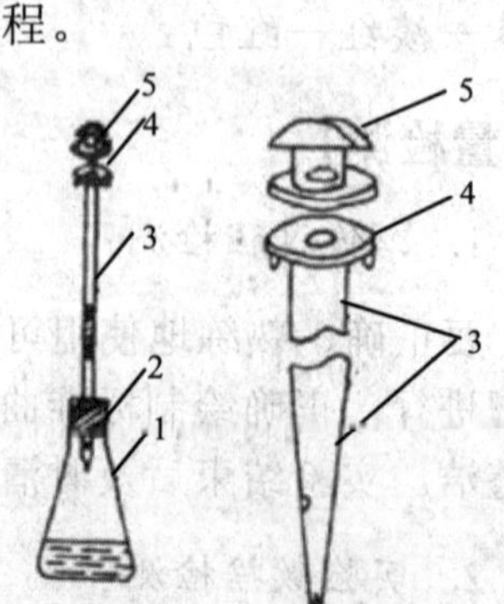

图 12-2　砷斑测定器

1—锥形瓶；2—橡皮塞；3—测砷管；4—管口；5—玻璃帽

2. 实验试剂

（1）溴化汞（50 g/L）-乙醇溶液。

（2）溴化汞试纸：将滤纸剪成直径为 2 cm 的圆片，

浸泡在溴化汞-乙醇溶液中，使用前取出，自然干燥后备用。

（3）酸性氯化亚锡溶液（400 g/L）：称取 20 g 氯化亚锡（$SnCl_2 \cdot 2H_2O$），溶于 12.5 mL 浓盐酸中，加水稀释至 50 mL，另加两颗锡粒于溶液中。

（4）乙酸铅溶液（100 g/L）。

（5）乙酸铅棉花：将脱脂棉浸泡在乙酸铅溶液（100 g/L）中，1 h 后取出，并使之疏松，在 100 ℃烘箱内干燥，取出置于玻璃瓶中塞紧，保存以备用。

（6）乙酸铅试纸：将普通滤纸浸泡在乙酸铅溶液（100 g/L）中，1 h 后取出，自然晾干，剪成条状（8 cm×5 cm），置于瓶中保存以备用。

（7）无砷锌粒。

（8）浓盐酸。

（9）碘化钾溶液（200 g/L）。

（10）硝酸镁溶液（100 g/L）。

（11）氧化镁。

（12）氢氧化钠溶液（1 mol/L）。

（13）硫酸溶液（0.5 mol/L）。

（14）砷标准溶液：准确称取预先在硫酸干燥器中干燥的三氧化二砷 0.132 0 g，溶于 10 mL 氢氧化钠溶液（1 mol/L）中，加 10 mL 硫酸溶液（0.5 mol/L），将此溶液仔细移入 1 000 mL 容量瓶中，加水稀释至刻度，摇匀；此溶液每毫升相当于 0.1 mg 砷，使用时，可将此溶液稀释成每毫升含 1.0 μg 砷的标准溶液。

【相关知识】

成品粮中含砷是由于食品在加工、贮藏、包装和运输过程中受到污染，我国食品卫生法对食品中有害元素的含量有严格规定，最高不超过 0.7 mg/kg。

一、砷斑法

砷斑法的实验原理如下。

样品经消化后，在酸性条件下，用碘化钾、氯化亚锡将五价砷还原为三价砷，再利用锌与酸作用产生的原子态氢将三价砷还原为砷化氢。当砷化氢气体遇到溴化汞试纸时，会生成黄色至黄褐色的砷斑，砷斑颜色的深浅与砷含量成正比，可进行比色定量。同时，在测定过程用乙酸铅试纸和乙酸铅棉花去除反应中生成的硫化氢气体，以消除干扰。

二、银盐法

（一）实验原理

样品经消化后，用碘化钾、氯化亚锡将五价砷还原为三价砷，然后与锌和酸作用产生的新生态氢生成砷化氢，通过用乙酸铅棉花除去硫化氢后，与溶于三乙醇胺-三氯甲烷的二乙氨基二硫代甲酸银（AgDDC）溶液作用，形成红色胶态物，与标准系列比较定量。

食品中砷的含量可通过下式计算：

$$x = \frac{(A - A_0)\times 1\,000}{m\times \frac{V_2}{V_1}\times 1\,000}$$

式中 x——样品中砷的含量，mg/kg；

A——测定用样品消化液中砷的质量，μg；

A_0——试剂空白液中砷的质量，μg；

m——样品的质量，g；

V_1——样品消化液的总体积，mL；

V_2——测定用样品消化液体积，mL。

（二）实验仪器

（1）可见分光光度计。

（2）测砷装置，如图 12-3 所示。主要有：①100～150 mL 锥形瓶（19 号标准口）；②导气管，管口 19 号标准口或经碱处理后洗净的橡皮塞（与锥形瓶密合时不应漏气），管的另一端管径为 1.0 mm。

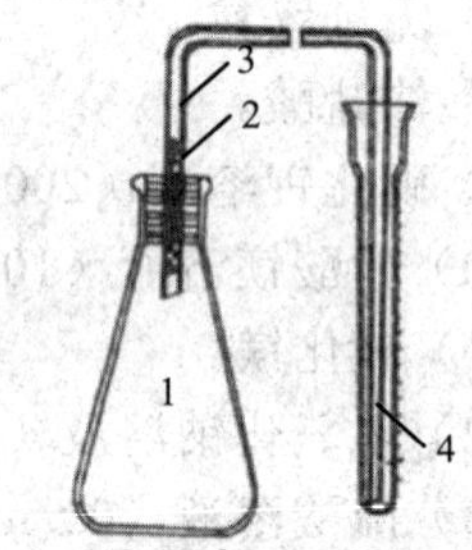

图 12-3 银盐法测砷装置

1—150 mL 三角瓶；2—乙酸铅棉花；3—导气管；4—10 mL 刻度离心管

（三）实验试剂

（1）硝酸。

（2）硫酸。

（3）盐酸。

（4）溴酸-高氯酸混合液（4+1）：量取 80 mL 硝酸，加入 20 mL 高氯酸，混匀。

（5）氧化镁。

（6）硝酸镁溶液：称取 15 g 硝酸镁[$Mg(NO_3)_2$ □$6H_2O$]，溶于水中并稀释至 100 mL。

（7）碘化钾溶液（150 g/L）（贮存于棕色瓶中）。

（8）酸性氯化亚锡溶液：称取 40 g 氯化亚锡（ $SnCl_2$ □$2H_2O$ ），加盐酸溶解，加水稀释至 100 mL，另加几颗锡粒于溶液中。

（9）盐酸（6 mol/L）：量取 50 mL 盐酸，加水稀释至 100 mL。

（10）乙酸铅（100 g/L）。

（11）乙酸铅棉花：将脱脂棉浸泡在乙酸铅溶液（100 g/L）中，1 h 后取出，并使之疏松，在 100 ℃烘箱内干燥，取出置于玻璃瓶中塞紧保存以备用。

（12）无砷锌粒。

（13）氢氧化钠溶液（200 g/L）。

（14）硫酸溶液（100 g/L）：量取 5.7 mL 硫酸，缓缓加到 80 mL 水中，冷却后加水稀释至 100 mL。

（15）二乙氨基二硫代甲酸银-三乙醇胺-三氯甲烷溶液：称取 0.25 g 二乙氨基二硫代甲酸银[$(C_2H_5)_2NCS_2Ag$]置于乳钵中，加少量三氯甲烷研磨，移入 100 mL 量筒中，加入 1.8 mL 三乙醇胺，再用三氯甲烷分次洗涤乳钵，洗液一并移入量筒中，用三氯甲烷稀释至 100 mL，放置过夜，滤入棕色瓶中贮存。

（16）砷标准溶液：准确称取 0.132 0 g 在干燥器中干燥过的或在 100 ℃干燥 2 h 的三氧化二砷，加 5 mL 氢氧化钠溶液（200 g/L），溶解后加 25 mL 硫酸溶液（100 g/L），移入 1 000 mL 容量瓶中，加新煮沸后冷却的水稀释至刻度，摇匀，贮存于棕色玻璃瓶中；此溶液每毫升相当于 0.1 mg 砷。

（17）砷标准使用液：吸取 1.0 mL 砷标准溶液，置于 100 mL 容量瓶中，加 1 mL 硫酸溶液（100 g/L），加水稀释至刻度，摇匀；此溶液每毫升相当于 1.0 μg 砷。

（四）实验操作过程

1. 样品处理

1）硝酸-高氯酸-硫酸法

本法适用于粮食、粉丝、粉条、豆干制品等食品中砷含量的测定。

首先称取 5.0 g 或 10.0 g 粉碎样品，置于 250～500 mL 定氮瓶中，加少许水使之湿润，加数粒玻璃珠，加 10～15 mL 硝酸-高氯酸混合液，放置片刻，小火缓缓加热，待作用缓和后，放置冷却。沿瓶壁加入 5 mL 或 10 mL 硫酸，再加热至瓶中液体开始变成棕色时，不断沿瓶壁滴加硝酸-高氯酸混合液，至有机物分解完全。高温加热，至产生白烟，溶液应无色或呈微黄色，澄清透明，放置冷却。在操作过程中应注意防止爆炸。

在上述溶液中加 20 mL 水，煮沸，除去残余的硝酸，至产生白烟为止。如此处理两次，放置冷却。移入 50 mL 或 100 mL 容量瓶中，用水洗涤定氮瓶，洗液并入容量瓶中，冷却后加水稀释至刻度，摇匀。此溶液 10 mL 相当于 2 g 样品，相当于加入硫酸量 1 mL。取与消化样品用相同量的硝酸-高氯酸混合液、硫酸，按同一方法做试剂空白实验。

2）硝酸-硫酸法

该法以硝酸代替硝酸-高氯酸混合液，按硝酸-高氯酸-硫酸法进行操作。

3）灰化法

（1）粮食样品的处理。称取 5.0 g 磨碎样品，置于坩埚中，加 1 g 氧化镁和 10 mL 硝酸镁溶液，混匀后浸泡 4 h，于低温或水浴锅上蒸干。用小火碳化至无烟后转移至高温炉中，于 550 ℃高温下灼烧 3～4 h，冷却后取出。加 5 mL 水分润湿灰分，用玻璃棒搅拌，用少量水将附着在玻璃棒上的灰分洗至坩埚中，于水浴蒸干后移入高温炉内，在 550 ℃高温下灰化至完全，冷却后取出。加 5 mL 水分润湿灰分，慢慢加入盐酸（6 mol/L）洗涤 3 次，每次 5 mL，再用水洗涤 3 次，每次 5 mL，洗液均并入容量瓶中，加水至刻度，摇匀。此溶液 10 mL 相当于 1 g 样品，相当于加入盐酸量（中和需要量除外）1.5 mL。此溶液全量用于银盐法测定时，不需要再加盐酸。

取与消化样品用相同量的氧化镁和硝酸镁溶液，按同一操作方法做试剂空白实验。

（2）植物油样品的处理。称取 5.0 g 样品，置于 50 mL 坩埚中，加入 10 g 硝酸镁，再在上面覆盖 2 g 氧化镁。将坩埚置于小火上加热至刚冒烟，立即取下坩埚，以防内容物溢出，待烟小后再加热至碳化完全。将坩埚移入高温炉，于 550 ℃高温下灼烧至完全，冷却后取出。加 5 mL 水湿润灰分，坩埚用盐酸（6 mol/L）洗涤 5 次，每次 5 mL，再用水洗涤 3 次，每次 5 mL，洗液均并入容量瓶中，加盐酸溶液（6 mol/L）至刻度，摇匀。此溶液 10 mL 相当于 1 g 样品，相当于加入盐酸量（中和需要量除外）1.5 mL。

取与消化样品用相同量的硝酸镁、氧化镁，按同一方法做试剂空白实验。

2. 测定

（1）硝酸-高氯酸-硫酸法消化或硝酸-硫酸法消化溶液的测定。吸取一定量样品消化溶液（相当于 5 g 样品）及同量的空白溶液，分别置于 150 mL 锥形瓶中，补加硫酸至总量为 5 mL，加水至 50～55 mL。

吸取 0.0 mL、2.0 mL、4.0 mL、6.0 mL、8.0 mL、10.0 mL 砷标准使用液（相当于 0.0 μg、2.0 μg、4.0 μg、6.0 μg、8.0 μg、10.0 μg 砷），分别置于 150 mL 锥形瓶中，加水至 40 mL，再加 10 mL 硫酸（1+1）。

在样品消化液、空白溶液和砷标准使用液中各加 3 mL 碘化钾溶液（150 g/L）和 0.5 mL 酸性氯化亚锡溶液，混匀，静置 15 min。各加 3 g 锌粒，立即分别塞上装有乙酸铅棉花的导气管，使管尖端插入盛有 4 mL 银盐溶液的离心管的液面下。在常温下反应 45 min 后，取下离心管，加三氯甲烷不足 4 mL。以零管调节零点，用 1 cm 比色皿于 520 nm 处测定其吸光度，绘制标准曲线比较定量。

（2）灰化法消化液的测定。取灰化消化液和空白液分别置于 150 mL 锥形瓶中，吸取 0.0 mL、2.0 mL、4.0 mL、6.0 mL、8.0 mL、10.0 mL 砷标准使用液（相当于 0.0 μg、2.0 μg、4.0 μg、6.0 μg、8.0 μg、10.0 μg 砷），分别置于 150 mL 锥形瓶中，加水稀释至 43.5 mL，再加 6.5 mL 盐酸。

在灰化消化液、空白液和砷标准使用液中各加 3 mL 碘化钾溶液（150 g/L）和 0.5 mL 酸性氯化亚锡溶液，混匀，静置 15 min。各加 3 g 锌粒，立即分别塞上装有乙酸铅棉花的导气管，使管尖端插入盛有 4 mL 银盐溶液的离心管的液面下。在常温下反应 45 min 后，取下离心管，加三氯甲烷补足 4 mL。以零管调节零点，用 1 cm 比色皿于 520 nm 处测定其吸光度，绘制标准曲线比较定量。

【工作过程】

一、工作课时

要求本单元的“理论+实训”课时为“2+2”课时。

二、具体工作过程

用砷斑法测定糯米粉中砷含量的工作过程如下。

1. 样品处理

（1）准确称取 10 g 样品置于坩埚中，加入 2 g 氧化镁、10 mL 硝酸镁溶液（100 g/L），在水浴上蒸干。

（2）小火碳化后，在 550 ℃高温炉中灰化至白色灰烬，冷却，加入 10 mL 浓盐酸溶解残渣，用水移入 100 mL 容量瓶中，稀释至刻度，摇匀。

（3）同时做试剂空白实验。

2. 样品测定

1）安装测砷管

将醋酸铅棉花拉松后装入各支测砷管中，长度为5～6 cm，上端至管口处不少于3 cm。棉花松紧程度要求基本一致，不得太紧或太松。然后将溴化汞试纸安放在测砷管的管口上，用橡皮圈扣紧玻璃帽，注意管口与帽盖吻合、密封。

2）样品测定

（1）准确吸取样品溶液和试剂空白液各 20 mL，分别移入砷斑测定器的三角瓶中。

（2）另取数套砷斑测定器，于三角瓶中分别加入砷标准溶液（1.0 μg/L）0.0 mL、1.0 mL、2.0 mL、3.0 mL、4.0 mL、5.0 mL。

（3）在各瓶中加入 5 mL 碘化钾溶液（200 g/L）和 2 mL 氯化亚锡溶液（400 g/L）。

（4）在样品溶液和试剂空白溶液中再加入 13 mL 浓盐酸，在标准系列溶液中各加 15 mL 浓盐酸，各加水至 45 mL，放置 10 min 后，加入 5 g 锌粒。

（5）将砷斑测定器的三角瓶迅速装上已装入溴化汞试纸、乙酸铅棉花和乙酸铅试纸的测砷管。

（6）在 25～30 ℃下避光放置 45 min。

（7）取出溴化汞试纸，将样品色斑和标准色斑比较，求出样品溶液和试剂空白液中的砷含量。

平行测定两次，两次测定的结果之差不得超过平均值的 10%。

3. 数据记录及处理

（1）数据记录。将数据记录于表 12-2。

表 12-2　数据记录表

	标准溶液						样品溶液		空白溶液
样品质量（g）	—						—	—	—
配置样品溶液的体积（mL）	—						100	100	—
吸取样品溶液的体积（mL）	—						20	20	—
吸取砷标准溶液的体积（mL）	0.0	1.0	2.0	3.0	4.0	5.0	—	—	—
各测定液中砷的质量（μg）	0.0	1.0	2.0	3.0	4.0	5.0			

（2）比较空白溶液、样品溶液于每个标准溶液的色斑，得到空白溶液和各样品溶液中砷的质量。

（3）样品中的砷含量按下式计算：

$$x=\frac{(A-A_0)\times 1\,000}{m\times\frac{V_2}{V_1}\times 1\,000}$$

式中　x——样品中砷的含量，mg/kg；

A——测定用样品消化液中砷的质量，μg；

A_0——试剂空白液中砷的质量，μg；

m——样品的质量，g；

V_1——样品消化液的总体积，mL；

V_2——测定用样品消化液体积，mL。

三、操作注意事项

（1）砷化氢气体有毒，操作时要防止其逸出，并应通风良好。

（2）测砷装置的规格，如瓶的大小与高度，测砷管的长度及圆孔直径必须一致。

（3）整个操作过程应避免阳光直接照射。

（4）锑、磷也能与溴化汞试纸显色。可用浓氨水蒸气熏的方法鉴别，如褪色则为砷，不变色为磷，变黑为硫。

（5）试剂空白测定应为无色或呈现极浅的淡黄色，若砷斑色深，说明试剂不纯。

（6）同一批测定用的溴化汞试纸的纸质必须一致，否则因疏密不同而影响色斑深度。制作时应避免手接触到纸，晾干后贮存于棕色试剂瓶内。

（7）砷斑不稳定，显色后应立即比色定量。如需保存，可将滤纸片在石油醚溶液（5%）中浸渍，挥干石油醚后避光保存。

【质量检测】

1. 工作过程检测

要正确、熟练地使用可见分光光度计、测砷装置、吸管和容量瓶；实验过程严格按照操作规程进行，正确绘制标准曲线，并能准确查出测定结果；执行安全操作，保持实验现场的整洁。实验结束后及时清洁实验用具并归位。

2. 实验数据检测

实验数据处理合理、准确，两次测定的结果之差不超过平均值的 10%。实验报告书写合理、规范，结果评价准确，能够反应样品的真实情况。

【知识与技能检测】

一、理论知识检测

1. 食品中砷含量的测定方法有哪些？

2. 砷斑法测定砷时，与新生态氢作用生成砷化氢的是何种物质？与砷化氢作用生成砷斑的是什么物质？生成的砷斑是什么颜色？

3. 测定砷时，实验结束后锌粒应如何处理？

4. 银盐法测定砷时加入氯化亚锡的作用是什么？

5. 银盐法测定砷时，影响测定结果的因素是什么？

二、技能检测

以市售酱油为原料，对酱油中砷含量进行检测，写出具体的检测步骤和计算过程。

工作任务三　乳粉中汞含量的测定

【任务描述】

通过多媒体课件的演示及教师的讲解，使学生巩固原子吸收分光光度计的操作技能，熟知双硫腙比色法测定汞的基本原理，并且能熟练掌握分光光度计的操作技能。

【作业质量要求】

（1）正确、熟练地使用可见分光光度计、刻度吸管和容量瓶。

（2）正确绘制标准曲线，并能准确查出测定结果。

（3）遵守操作规程，保持操作现场整洁。

（4）正确执行安全技术操作规程。

【学习目标】

（1）掌握食品中汞含量的测定方法。

（2）掌握双硫腙比色法测定食品中汞含量的操作步骤。

（3）熟知双硫腙比色法测定汞含量的实验条件。

（4）了解冷原子吸收法测定食品中汞含量的基本原理和操作过程。

【技能目标】

（1）掌握双硫腙比色法测定食品中汞含量的操作技能。

（2）能正确、熟练地使用可见分光光度计。

【所需仪器和试剂】

1. 实验仪器

（1）分光光度计。

（2）消化装置：500 mL 磨口锥形瓶和长 400 mm 的磨口球形冷凝管。

2. 实验试剂

（1）硝酸（优级纯）。

（2）硫酸（优级纯）。

（3）氯化亚锡（400 g/L）：称取氯化亚锡 80 g，溶于 50 mL 盐酸（优级纯）中，再加水稀释至 200 mL。

（4）吸收液：于水中加入硫酸 50 mL，放冷后，加高锰酸钾（优级纯）6 g，溶解后加水稀释至 1 000 mL。

（5）盐酸羟胺溶液（200 g/L）：称取盐酸羟胺（化学纯）20 g，溶于 100 mL 水中，加双硫腙-四氯化碳溶液 5 mL，振摇洗涤，弃去四氯化碳层，再加四氯化碳 100 mL，洗涤至四氯化碳层无色，弃去四氯化碳层备用。

（6）双硫腙-四氯化碳溶液（70%透光率）（同铅的测定中双硫腙比色法）。

（7）汞标准溶液：精密称取 105 ℃干燥的二氯化汞（分析纯）0.135 4 g，加硫酸溶液（1 mol/L）溶解，转入容量瓶中，稀释至 100 mL，混合均匀；准确吸取此溶液 1 mL 于 100 mL 容量瓶中，加硫酸溶液（1 mol/L）稀释至刻度，混合均匀；临用时准确吸取此稀释液 5 mL 于 50 mL 容量瓶中，加入硫酸溶液（1 mol/L）至刻度，混合均匀，该溶液的质量浓度为 1 μg/mL。

（8）硫酸溶液（1 mol/L）：量取 5 mL 硫酸，缓缓倒入 150 mL 水中，冷却后加水至 180 mL。

（9）四氯化碳（优级纯）：不应含氧化物。

【相关知识】

测定乳品中汞含量的主要方法有双硫腙比色法和冷原子吸收法。

一、双硫腙比色法

双硫腙比色法的实验原理如下。在酸性介质（pH值为1～2）中，低价汞和有机汞被氧化成高价汞，双硫腙与高价汞反应生成橙红色的双硫腙汞络盐，溶于四氯化碳有机溶剂，进行比色测定。

二、冷原子吸收法

1. 实验原理

在强酸性溶液中，用氯化亚锡将汞离子还原为汞，以氮气或干燥清洁空气为载体，将汞吹出。汞蒸气在波长 253.7 nm 处有强烈的反应，据此进行测定，与标准系列比较定量。

2. 实验仪器

（1）消化装置。

（2）测汞仪。

（3）汞蒸气发生器。

（4）抽气装置。

3. 实验试剂

（1）硝酸（优级纯）。

（2）硫酸（优级纯）。

（3）氯化亚锡溶液（300 g/L）。

（4）无水氯化钙（干燥用）。

（5）混合酸（5 mol/L）：将 10 mL 硫酸和 10 mL 硝酸慢慢倒入 50 mL 水内，冷却后再加水稀释至 100 mL。

（6）汞标准溶液（0.1 μg/mL）：称取在 105 ℃干燥过的二氯化汞（分析纯）0.135 4 g，加混合酸溶解后，稀释至 100 mL，混合均匀；临用时准确吸取此液 1 mL 于 100 mL 容量瓶中，加混合酸稀释至刻度，混合均匀；再准确吸取此稀释液 1 mL 于 100 mL 容量瓶中，加混合酸稀释至刻度，混合均匀。

4. 实验操作过程

（1）样品处理。称取乳粉 20 g（准确至 0.01 g）于 500 mL 圆底烧瓶中加数粒玻璃珠，连接冷凝管，通水冷却。从冷凝管上端加硝酸 30 mL、硫酸 5 mL（牛乳、酸牛乳则加 10 mL），小心转动烧瓶，防止局部碳化。小火加热，待开始发泡后停止加热，发泡停止后，加热回流 2 h，放冷后从冷凝管上端小心加入水 20 mL，继续加热回流 10 min，放冷后用适量水冲洗冷凝管，将消化液经玻璃棉滤至 100 mL 容量瓶中，并用少量水洗涤烧瓶及过滤器，洗液并入容量瓶中，加水定容，摇匀。同时做空白实验。

（2）标准曲线绘制。准确吸取汞标准溶液 0.00 mL、0.10 mL、0.20 mL、0.30 mL、0.40 mL，分别置于试管中，各加混合酸至 10 mL。

（3）样品测定。准确吸取样品溶液、空白试液各 10 mL，分别于汞蒸气发生器内，连接抽气装置，沿发生器内壁迅速加入氯化亚锡溶液 2 mL，立即通入流量为 1.5 L/min 的氮气或经活性炭处理的空气，将汞蒸气经氯化钙干燥管吹入测汞仪中，读取测汞仪上最大读数。

标准系列也按上述操作，并以汞的质量浓度为横坐标，以在测汞仪上最大读数为纵坐标，绘制标准曲线。

（4）样品中汞含量可通过下式计算：

$$w_{Hg}=\frac{m_1\times10^{-6}}{m\times\frac{10}{100}}\times100\%$$

式中　w_{Hg}——样品中汞的质量分数，%；

m_1——扣除空白后样品中汞的质量，μg；

m——样品的质量，g。

【工作过程】

一、工作课时

要求本单元的“理论+实训”课时为“2+2”课时。

二、具体工作过程

双硫腙比色法测定乳粉中汞含量的工作过程如下。

1. 样品处理

（1）称取乳粉约 6 g（准确至 0.01 g）于消化装置的烧瓶中，加数粒玻璃珠、45 mL 硝酸、10 mL 硫酸（牛乳、酸牛乳则加 15 mL 硫酸），装上冷凝管，小心加热，待开始发泡后停止加热，发泡停止后，加热回流 2 h。如加热过程中溶液变棕色，再加硝酸 5 mL，继续回流 2 h，放冷，用适量水洗涤冷凝管，洗液和消化液并入蒸馏瓶中。同时做试剂空白实验。

（2）向蒸馏瓶中加 30 mL 氯化亚锡溶液（400 g/L），摇匀，立即连接冷凝管，冷凝管下端已插入 50 mL 吸收液中，加热蒸馏，吸收液体积增至约 100 mL 为止。取下吸收液，加盐酸羟胺溶液 2 mL，待高锰酸钾颜色消失后，将溶液移入 250 mL 分液漏斗中，用少量水洗吸收瓶，洗液并入分液漏斗中，放置 40 min，并时时振摇。

2. 标准曲线绘制

取 6 支 250 mL 分液漏斗，各加 50 mL 吸收液及 60 mL 水。准确吸取汞标准液 0.00 mL、0.50 mL、1.00 mL、1.50 mL、2.00 mL、2.50 mL 分别加入分液漏斗中，摇匀。再加盐酸羟胺溶液 2 mL，放置 20 min，并时时摇动。

3. 测定

在样品液、空白试液及标准系列内分别加双硫腙-四氯化碳溶液 5 mL，用力振摇 2 min，静置分层后，经脱脂棉将四氯化碳层滤入 1 cm 比色杯中，以四氯化碳调零点，于波长 490 nm 处测吸光度，以标准系列中汞的浓度为横坐标，以吸光度为纵坐标，绘制标准曲线。

4. 计算

$$w_{Hg}=\frac{m_1\times10^{-6}}{m}\times100\%$$

式中 w_{Hg}——样品中汞的质量分数，%；

m_1——扣除空白后样品液中汞的质量，μg；

m——样品的质量，g。

三、操作注意事项

（1）测定痕量汞时，要注意试剂（尤其是盐酸）、滤纸、橡皮管上都可能含有少量汞，玻璃仪器在中性溶液中也很容易吸附汞，这些都会使测定结果不准确。因此，所用的玻璃仪器必须用硝酸（1+5）浸泡过夜，再用水反复冲洗，最后用去离子水冲洗干净。

（2）汞极易挥发，在消化样品时必须使汞保持氧化态，因此硝酸溶液应过量，以避免汞挥发损失。测定汞时一般不采用灰化法消化样品。

【质量检测】

1. 工作过程检测

正确、熟练地使用可见分光光度计、刻度吸管和容量瓶；实验过程严格按照操作规程进行，正确绘制标准曲线，并能准确查出测定结果；执行安全操作，保持实验现场的整洁。实验结束后及时清洁实验用具并归位。

2. 实验数据检测

实验数据处理合理、准确，两次测定的结果之差不超过平均值的 10%。实验报告书写合理、规范，结果评价准确，能够反应样品的真实情况。

【知识与技能检测】

一、理论知识检测

1. 食品中汞含量的测定方法有哪些？
2. 双硫腙比色法测定食品中汞的测定波长是多少？
3. 冷原子吸收法测定汞的分析线是多少？
4. 汞极易挥发，在消化样品时一般采用的消化方法有哪些？

5. 在测定食品中汞含量时有哪些注意事项？

二、技能检测

怀疑一批市售消毒牛奶中汞含量超标，请设计实验验证，要求写出具体的实验步骤和计算过程。

工作任务四　鱼类罐头中锡含量的测定

【任务描述】

通过多媒体课件的演示及讲解，使学生巩固原子吸收分光光度计的操作技能，熟知苯芴酮比色法测定锡含量的基本原理，并且能熟练掌握分光光度计的操作技能。

【作业质量要求】

（1）正确、熟练地使用可见分光光度计、刻度吸管和容量瓶。

（2）正确绘制标准曲线，并能准确查出测定结果。

（3）遵守操作规程，保持操作现场整洁。

（4）正确执行安全技术操作规程。

【学习目标】

（1）掌握鱼类罐头中锡含量的测定方法。

（2）掌握苯芴酮比色法测定食品中锡含量的步骤。

（3）原子吸收分光光度法测定食品中锡含量的步骤。

【技能目标】

（1）掌握苯芴酮比色法测定食品中锡含量的操作技能。

（2）能正确、熟练地使用可见分光光度计。

【所需仪器和试剂】

1. 实验仪器

分光光度计。

2. 实验试剂

（1）酒石酸水溶液（100 g/L）。

（2）抗坏血酸溶液（10 g/L）（临用时配制）。

（3）动物胶溶液（5 g/L）（临用时配制）。

（4）酚酞指示液（10 g/L 乙醇溶液）。

（5）氨水（1+1）。

（6）硫酸（1+9）：量取 10 mL 硫酸，倒入 90 mL 水内，混匀。

（7）苯芴酮溶液（100 mg/L）：称取 0.010 g 苯芴酮（1，3，7-三羟基-9-苯基蒽醌），加少量甲醇及硫酸（1+9）数滴溶解，用甲醇稀释至 100 mL。

（8）锡标准溶液：准确称取 0.100 0 g 金属锡（质量分数大于 99.99%），置于小烧杯中，加 10 mL 硫酸，盖上表面皿，加热至锡完全溶解，移去表面皿，继续加热至发生浓白烟，冷却，慢慢加 50 mL 水，移入 100 mL 容量瓶中，用硫酸（1+9）多次洗涤烧杯，洗液并入容量瓶中，并稀释至刻度，混匀；此溶液每毫升相当于 1.0 mg 锡。

（9）锡标准使用液：吸取 1.00 mL 锡标准溶液，置于 100 mL 容量瓶中，以硫酸（1+9）稀释至刻度，混匀；此溶液每毫升相当于 10 μg 锡。

【相关知识】

罐头食品中锡的检测方法普遍采用苯芴酮比色法和原子吸收分光光度法。

一、苯芴酮比色法

苯芴酮比色法的实验原理如下。

样品经消化后，在弱酸性溶液中四价锡离子与苯芴酮形成微溶性的橙红色络合物，在保护性胶体存在下与标准系列比较定量。加入酒石酸、抗坏血酸等以掩蔽铁离子等的干扰。

二、原子吸收分光光度法

1. 实验原理

样品经硝酸、硫酸消化后，加入硝酸铵溶液（200 g/L）作为基体改进剂，消除钠的干扰，用石墨炉原子吸收分光光度计测定对共振线 286.3 nm 波长的吸光度，与标准系列比较定量。

计算公式如下：

$$x=\frac{(A-A_0)\times V\times 25\times 1\,000}{V_1\times 1\,000}$$

式中 x—— 样品中锡的含量，mg/L；

A—— 测定用样品溶液中锡的含量，μg/mL；

A_0—— 试剂空白中锡的含量，μg/mL；

V—— 样品的定容体积，mL；

V_1—— 样品的体积，mL。

2. 实验仪器

原子吸收分光光度计、附石墨炉原子化器和锡空心阴极灯。

3. 实验试剂

（1）硝酸。

（2）硫酸。

（3）硝酸铵溶液（200 g/L）：称取 20 g 硝酸铵，加水溶解并稀释至 100 mL。

（4）锡标准溶液：准确称取纯锡 0.100 0 g 于烧杯中，加入 10 mL 硫酸，盖上表面皿，加热至锡完全溶解，移去表面皿，继续加热至发生浓白烟，冷却；慢慢加 50 mL 水，移入 100 mL 容量瓶中，用水多次洗涤烧杯，洗液并入容量瓶中，并稀释至刻度，混匀；此溶液每毫升相当于 1.0 mg 锡。

（5）锡标准使用液：吸取 1.0 mL 系标准溶液，置于 100 mL 容量瓶中，以水稀释至刻度，混匀（此溶液每毫升相当于 10 μg 锡），临用时现配。

4. 实验操作过程

（1）样品处理（与苯芴酮比色法相同）。

（2）测定。吸取 0.0 mL、0.5 mL、1.0 mL、2.0 mL、3.0 mL、4.0 mL、5.0 mL 锡标准使用液，分别置于 50 mL 容量瓶中，各加 10 mL 硝酸铵溶液（200 g/L），加水至刻度，摇匀。此系列溶液每毫升相当于 0.0 μg、0.1 μg、0.2 μg、0.4 μg、0.6 μg、0.8 μg、1.0 μg 锡。

（3）吸取样品溶液、空白溶液各 2.00 mL，分别置于 50 mL 容量瓶中，各加 10 mL 硝酸铵溶液（200 g/L），加水稀释至刻度，摇匀。

（4）分别用微量进样器吸取 10 μL 各容量瓶中的锡标准稀释液、样品稀释液和空白稀释液，注入石墨炉中进行测定。

测定条件为：波长 286.3 nm，灯电流 25 mA；狭缝 0.7 nm；载气流速 50 mL/min，原子化断气；石墨炉温度程序为 120 ℃（20 s）、800 ℃（20 s）、2 600 ℃（5 s）（也可根据仪器型号调至最佳工作条件）。

（5）以锡含量对吸光度绘制标准曲线，比较定量。

【工作过程】

一、工作课时

要求本单元的“理论+实训”课时为“2+2”课时。

二、具体工作过程

苯芴酮比色法测定鱼类罐头中锡含量的工作过程如下。

1. 样品处理

（1）称取 5.0 g 捣碎均匀样品，置于蒸发皿中，在水浴上蒸干。

（2）将样品加热至碳化，然后移入高温炉中，在 500 ℃下灰化 3 h，放冷。

（3）取出坩埚，加 1 mL 硝酸，润湿灰分，用小火蒸干，在 500 ℃高温下灼烧 1 h，放冷，取出坩埚。

（4）加 1 mL 硝酸（1+1），加热，使灰分溶解，移入 50 mL 容量瓶中，用水洗涤坩埚，洗液并入容量瓶中，加水至刻度，混匀备用。

（5）按此方法同时做试剂空白实验。

2. 标准曲线绘制及样品测定

（1）吸取 1.0～5.0 mL 样品消化液和同量的试剂空白溶液，分别置于 25 mL 比色管中。吸取 0.00 mL、0.20 mL、0.40 mL、0.60 mL、0.80 mL、1.00 mL 锡标准使用液（相当 0.0 μg、2.0 μg、4.0 μg、6.0 μg、8.0 μg、10.0 μg 锡），分别置于 25 mL 比色管中。

（2）于样品消化液、试剂空白液及锡标准使用液中各加 0.5 mL 酒石酸水溶液（100 g/L）及 1 滴酚酞指示液，混匀。各加氨水（1+1）中和至淡红色，加 3 mL 硫酸（1+9）、1 mL 动物胶溶液（5 g/L）及 2.5 mL 抗坏血酸溶液（10 g/L），再加水至 25 mL，混匀。再各加 2 mL 苯芴酮溶液（100 mg/L），混匀。1 h 后，以零管调节零点，用 2 cm 比色杯于波长 490 nm 处测吸光度，绘制标准曲线比较。

平行测定两次，两次测定的结果之差不得超过平均值的 10%。

3. 数据记录及处理

（1）数据记录。将数据记录于表 12-3

表 12-3　数据记录表

	标准溶液						样品溶液		空白溶液
样品的质量（g）	—						—	—	—
配置样品溶液的体积（mL）	—						50		50
吸取各溶液的体积（mL）	0.00	0.20	0.40	0.60	0.80	1.00	—	—	—
配制各测定液的体积（mL）	20						25		25
各测定液中锡的质量（μg）	0.0	2.0	4.0	6.0	8.0	10.0			
测得各测定液的吸光度（A）									

（2）以各标准测定液中锡的质量为横坐标，测得各标准液的吸光度为纵坐标，绘制标准曲线。根据空白溶液和各样品测定液的吸光度，从标准曲线上查出空白溶液和各样品测定液中锡的质量。

（3）按下式计算样品中锡的含量：

$$x=\frac{(m_{测定液}-m_{空白})\times\dfrac{50}{V}}{m_{样品}}$$

式中　x——样品中锡的含量，μg/g；

$m_{测定液}$——从标准曲线上查出样品测定液中锡的质量，μg；

$m_{空白}$——从标准曲线上查出空白溶液中锡的质量，μg；

$m_{样品}$——样品质量，g；

V——吸取样品溶液的体积，mL。

（4）计算平行测定结果的平均值和两次测定结果之差与平均值的百分比。

【质量检测】

1. 工作过程检测

要正确、熟练地使用可见分光光度计、刻度吸管和容量瓶；实验过程严格按照操作规程进行，正确绘制标准曲线，并能准确查出测定结果；执行安全操作，保持实验现场的整洁。实验结束后及时清洁实验用具并归位。

2. 实验数据检测

实验数据处理合理、准确，两次测定的结果之差不超过平均值的10%。实验报告书写合理、规范，结果评价准确，能够反应样品的真实情况。

【知识与技能检测】

一、理论知识检测

1. 食品中锡含量的测定方法有哪些？
2. 简述苯芴酮比色法的实验原埋。
3. 比色法测定锡含量的波长是多少？
4. 原子吸收分光光度法中加入柠檬酸的目的是什么？
5. 原子吸收分光光度法测定食品中锡含量的分析线波长是多少？

二、技能检测

以市售饮料为原料，对其锡含量进行检测，写出具体的检测步骤及注意事项。

工作任务五　青菜中残留有机磷农药含量的测定

【任务描述】

通过对青菜中残留有机磷农药含量的检测，让学生了解有机磷农药的的理化性质以及测定方法，熟练掌握气相色谱法测定有机磷农药的操作技能，同时进一步巩固气相色谱仪的使用方法。

【作业质量要求】

（1）正确选择色谱分析条件，熟练使用电动振荡器。
（2）遵守操作规程，保持操作现场整洁。
（3）正确执行安全技术操作规程。

【学习目标】

（1）熟知有机磷农药的特点。
（2）了解残留有机磷农药含量的测定方法。
（3）了解有机磷农药的理化性质。
（4）掌握气相色谱法测定有机磷农药残留的原理和操作步骤。

【技能目标】

（1）掌握气相色谱法测定残留有机磷农药含量的操作技能。
（2）熟练掌握气相色谱仪的操作技能。

【所需仪器和试剂】

1. 实验仪器

（1）气相色谱仪，附火焰光度检测仪。

（2）高速组织捣碎机。

（3）电动振荡器。

2. 实验试剂

（1）二氯甲烷。

（2）丙酮。

（3）无水硫酸钠：经 650 ℃高温灼烧 4 h 后贮存于密封瓶中备用。

（4）硫酸钠溶液（50 g/L）：称取 5 g 硫酸钠，用少量水溶解并稀释至 100 mL。

（5）中性氧化铝：色谱用，经 300 ℃高温活化 4 h 后备用。

（6）活性炭：称取 20 g 活性炭，用盐酸（3 mol/L）浸泡过夜，抽滤后，用水洗至无氯离子，于 120 ℃下烘干备用。

（7）有机磷农药标准贮备液：精密称取敌敌畏、乐果、马拉硫磷、对硫磷、甲拌磷、稻瘟净、倍硫磷、杀螟硫磷及虫螨磷各 10.0 mg，分别置于 10 mL 容量瓶中，用苯（或氯仿）溶解并稀释至 100 mL。此溶液含农药 1 mg/mL，作为贮备液低温贮存。

（8）有机磷农药标准混合溶液：临用时，用二氯甲烷将有机磷标准贮备液稀释成二组标准混合溶液，各有机磷农药浓度为第一组每毫升含敌敌畏、乐果、马拉硫磷、对硫磷、甲拌磷各 1 μg；第二组每毫升含稻瘟净、倍硫磷、杀螟硫磷、虫螨磷各 2 μg。

（9）有机磷农药系列标准混合溶液：分别吸取两组有机磷标准混合溶液 0.00 μg/mL、0.20 μg/mL、0.40 μg/mL、0.60 μg/mL、0.80 μg/mL、0.10 μg/mL 于 2 组 6 个 10 mL 容量瓶中，用二氯甲烷分别稀释至刻度。此系列标准混合液中第一组含敌敌畏、乐果、马拉硫磷、对硫磷、甲拌磷等各种农药的系列浓度依次为 0.00 μg/mL、0.02 μg/mL、0.04 μg/mL、0.06 μg/mL、0.08 μg/mL、0.10 μg/mL；第二组含稻瘟净、倍硫磷、杀螟硫磷、虫螨磷等各种农药的系列浓度均依次为 0.00 μg/mL、0.04 μg/mL、0.08 μg/mL、0.12 μg/mL、0.16 μg/mL、0.20 μg/mL。此系列标准混合溶液应根据 GC 仪的灵敏度于临用前配制。

【相关知识】

一、农药和农药残留

农药是指用于预防、消灭或者控制危害农业、林业的病、虫、草及其他有害生物，以及有目的地调节植物、昆虫生长的药物的通称。

目前，全世界实际生产和使用的农药品种有上千种，其中绝大部分为化学合成农药。农药按用途可分为杀虫剂、杀菌剂、除草剂、杀螨剂、植物生长调节剂、昆虫不育剂和杀鼠药等；按化学成分可分为有机磷类、氨基甲酸酯类、有机氯类、拟除虫菊酯类、苯氧乙酸类、有机锡类等；按其毒性可分为高毒、中毒、低毒 3 类；按杀虫效率可分为高效、中效、低效 3 类；按农药在植物体内残留时间的长短可分为高残留、中残留和低残留 3 类。

农药残留是指农药使用后残存于生物体、食品（农副产品）和环境中的微量农药原体、有毒代谢物、降解物和杂质的总称。残存数量为残留量，表示单位为 mg/kg（食品或食品农作物）。当农药过量或长期施用时，导致食物中农药残存数量超过最大残留限量（MRL）时，将对人和动物产生不良影响，或通过食物链对生态系统中其他生物造成毒害。

我国是农药生产和消费大国，近些年虽然已使用一些高效低毒的农药，如氨基甲酸酯类、拟除虫菊酯类等，但农业生产中农药施用不当仍可污染食品，从而导致农药残留进入人体，引起食物中毒。

二、食品中农药残留毒性和限量

由于大量使用有机农药，我国农药中毒现象较为严重。食品中农药残留毒性对人体的危害是多方面的，与农药的种类、摄入量、摄入方式、作用时间等因素有关。例如，通过食品摄入超量的有机磷类和氨基甲酸酯类农药后，能迅速抑制胆碱酯酶而阻断胆碱能传递，引起一系列神经症状；某些有机磷农药能对人产生迟发性神经毒性，中毒者常常在急性中毒后 7～20 d 内出现肢体麻痹、运动失调、精神障碍等症状。

继 FAO/WHO 和世界其他国家对食品中农药的最大残留量（MRL）作出规定后，我国也相继出台了一系列标准（见表 12-4）。这些标准的制定对指导农业生产合理使用农药、减少食品中农药残留、维持生态平衡等起了重要作用。

表 12-4 我国食品中农药的最大残留量（MRL）限制标准 （单位：mg/kg）

食品	滴滴涕	六六六	甲胺磷	马拉硫磷	对硫磷	敌敌畏	辛硫磷	溴氰菊酯	多菌灵	三唑酮
成品粮食	0.2	0.3	0.1	3.0	0.1	0.1	0.05	—	0.5	0.5
蔬菜水果	0.1	0.2	—	—	—	0.2	0.05	0.2～0.5	0.5	0.2
肉类	0.2	0.4	—	—	—	—	—	—	—	—
蛋	1.0	1.0	—	—	—	—	—	—	—	—
鱼类	1.0	2.0	—	—	—	—	—	—	—	—
植物油	—	—	—	—	0.1	—	—	—	—	—

三、有机磷农药的特性及种类

有机磷农药（OPPs）是含有 C-P 键或 C-O-P、C-S-P、C-N-P 键的有机化合物。在农药方面，它不但可以作为杀虫剂、杀菌剂，而且也可以作为除草剂和植物生长调节剂。大部分有机磷农药不溶于水，而溶于有机溶剂，在中性和酸性条件下稳定，不易水解，在碱性条件下易水解而失效。

目前正式商品化的有机磷农药有上百种。常见的有代表性的或影响较大的有机磷农药有敌敌畏（Dichlorvos）、二溴磷（Naled）、久效磷（Monocrotophos）、磷胺（Phosphoamidon）、对硫磷（Parathion）、甲基对硫磷（Parathion-methyl）、杀螟硫磷（Fenitrothion）、倍硫磷（Fenthion）、内吸磷（1059，Demeton）、双硫磷（Temephos）、毒死蜱（Chlorpyrifos）、二嗪农（Diazinon）、辛硫磷（Phoxim）、氧乐果（Omethoate）、丙溴磷（Profenofos）、甲拌磷（3911，Phorate）、马拉硫磷（Malathion）、乐果（Dimethoate）、甲胺磷（Methamidophos）、乙酰甲胺磷（Acephate）、敌百虫（Trichlorfon）、杀虫畏（Tetrachlorvinphos）、杀螟威

（GC3583）、杀螟腈（Cyanophos）、异丙胺磷（Isofenphos）等。

有机磷杀虫剂由于药效高，易于被水、酶及微生物所降解，很少残留毒性等特点，从 20 世纪 40 年代到 70 年代得到飞速发展，在世界各地被广泛应用，有 140 多种化合物正在或曾被用做农药。但是，有机磷杀虫剂存在抗性问题，某些品种存在急性毒性过高和迟发性神经毒性问题。从 20 世纪 70 年代以后，有机磷杀虫剂的研究和开发速度大大放慢了，但在杀虫剂领域，目前它仍被广泛使用。过量或施用不当是造成有机磷农药污染食品的主要原因。

四、残留有机磷农药的检测

文献中报导的残留有机磷农药分析方法包括色谱法、波谱法和酶抑制法三大类，而以色谱法中的 GC 及 HPLC 法应用得最多。AOAC 在 20 世纪 80 年代就对大部分有机磷农药建立了气相色谱分析方法。近年来，AOAC 又有近半数的有机磷农药建立了 HPLC 检测法。

GB/T 17331——1998 采用的是气相色谱法检测有机磷农药残留。

1. 实验原理

样品经有机溶剂提取并经净化、浓缩后，注入气相色谱仪，气化后在载体携带下于色谱柱中分离，并由火焰光度检测器检测。当含有机磷样品于检测器中的富氢火焰上燃烧时，以 HPO 碎片的形式，放射出波长为 526 nm 的特征光，这种光通过滤光片选择后，由记录仪记录下色谱峰。通过比较样品的峰高和标准品的峰高，计算出样品中有机磷农药的残留量。

2. 特点及适用范围

气相色谱法采用火焰光度检测器，对含磷化合物具有高选择性和高灵敏度，并且对有机磷检出极限比碳氢化合物高 10 000 倍，故排除了大量溶剂和其他碳氢化合物的干扰，有利于痕量有机磷农药的分析。本法适用于粮食、果蔬、食用植物油中常见有机磷农药残留量的测定。为国家标准分析方法，最低检出限为 0.1～0.25 ng。

3. 色谱条件

（1）检测器：氢火焰离子化检测器。

（2）色谱柱：内径 3 mm、长 2 m 的玻璃柱。

（3）固定液：2.5%SE-30/3%QF-1 混合固定液或 1.5%OV-17/2%QF-1 混合固定液或 2%OV-101/2%QF-1 混合固定液。

固定液的 60～80 目 Chromosorb WAW DMCS。

（4）流速：载气为氮气，80 mL/min。

（5）温度：进样口为 220 ℃，检测器为 240 ℃，柱温为 180 ℃。

【工作过程】

一、工作课时

要求本单元的“理论+实训”课时为“2+2”课时。

二、具体工作过程

用气相色谱法测定青菜中残留有机磷农药含量的工作过程如下。

1. 样品预处理

将青菜切碎混匀，称取 10 g 混匀的样品置于 250 mL 具塞锥形瓶中。加入 30～100 g 无水硫酸钠（视青菜含水量而定）脱水，剧烈振摇后，如有固体硫酸钠存在，说明所加无水硫酸钠已够。加 0.2～0.8 g 活性炭（视青菜色素含量而定）脱色。加 70 mL 二氯甲烷在振荡器上振摇 30 min，经滤纸过滤，量取 35 mL 滤液于通风橱中室温自然挥干，用少量二氯甲烷多次研洗残渣，移入 10 mL（或 5 mL）具塞刻度试管中，并定容至 2 mL 备用。

2. 标准曲线绘制

将两组标准混合液 2～5 μL 分别注入气相色谱仪中，在各组色谱分析条件下可测得不同浓度的各有机磷农药标准溶液的峰高，以峰高作为纵坐标，农药浓度作为横坐标，绘制标准有机磷农药的标准曲线。

3. 样品测定

取样品溶液 2～5 μL，注入气相色谱仪中，测得峰高，并从对应的标准曲线上查出相应的含量。

4. 定性定量

（1）定性分析。通过比较样品中各组分与标准有机磷农药的保留时间进行定性分析。

（2）定量计算。青菜中有机磷农药的含量按下式计算：

$$x=\frac{m_1\times V_1}{m\times V}$$

式中 x——样品中有机磷农药的含量，mg/kg；

m_1——进样体积中有机磷农药的质量，μg；

m——样品的质量，g；

V_1——样液进样的体积，mL；

V——样品浓缩后总体积，mL。

三、操作注意事项

（1）国际上多用乙腈作为有机磷农药的提取试剂及分配净化试剂。但乙腈毒性大、价格贵，且不易购买，故气相色谱法中用二氯甲烷提取，并在提取时根据样品形状加适量无水硫酸钠、中性氧化铝、活性炭以脱水、脱油、脱色，基本上一次完成提取、净化的目的。

（2）测定青菜中有机磷农药时，由于农药的性质不同，应注意担体与固定液的选择，一般原则是：被分离的农药是非极性化合物，选择极性固定液；被分离的是非极性化合物，则选择非极性固定液。若选择前者，各农药的出峰顺序一般为极性小的农药显出峰，极性大的农药后出峰；若选择后者，则按沸点高低出峰，低沸点的化合物先出峰。

（3）有些稳定性差的有机磷农药如敌敌畏用气象色谱仪测定时比较困难，主要原因是易被担体吸附，对热不稳定而引起分解。

（4）食品中有机磷农药用气象色谱仪测定，常用的检测器是火焰光度检测器（FPD），还可用氯化钾热离子化检测器（KC_1TD）。

【质量检测】

1．工作过程检测

要正确选择色谱分析条件，熟练使用电动振荡器。实验过程严格按照操作规程进行，执行安全操作，保持实验现场的整洁。实验结束后及时清洁实验用具，并归位。

2．实验数据检测

实验数据处理合理、准确，两次测定的结果之差不超过平均值的10%。实验报告书写合理、规范，结果评价准确。

【知识与技能检测】

一、理论知识检测

1．常见的有机磷农药有哪几种？
2．测定有机磷农药的方法有哪些？
3．使用气相色谱仪测定有机磷农药的操作步骤是什么？
4．气相色谱仪测定有机磷农药的原理是什么？
5．为什么不用乙腈作为提取剂？

二、技能检测

现有一批新鲜蔬菜，怀疑其中有机磷农药残留超标，请设计实验方案对该批新鲜蔬菜进行检测，并写出具体的检测步骤。

附　　表

附表一：任务单

任　务　单

班级＿＿＿＿＿＿

学习领域	食品理化检验与分析										
学习情境＿＿＿				工作课时							
				理　论			实　训				
布置任务											
学习目标											
工作任务描述											
课时安排（小时）	资讯		计划		决策		实施		检查		评价
提供资料	1．食品理化检验与分析相关资料 2．相关课件 3．任务单 4．检查单 5．评价单 6．资讯单 7．计划单 8．决策单 9．反馈单 10．作业单										
对学生的要求	1．具备食品理化检验与分析相关知识和技能 2．严谨的工作态度 3．团队合作精神										

附表二：资讯单

资　讯　单

班级____________

<table>
<tr><td>学习领域</td><td colspan="7">食品理化检验与分析</td></tr>
<tr><td>学习情境_____</td><td colspan="4"></td><td>课　时</td><td colspan="2"></td></tr>
<tr><td>资讯方式</td><td colspan="7">学生自学与教师辅导相结合</td></tr>
<tr><td>资讯问题</td><td colspan="7"></td></tr>
<tr><td>资讯引导</td><td colspan="7">1. 信息单
2. 相关技术资料
3. 网络相关资讯
4. 多媒体课件</td></tr>
<tr><td>资讯评价</td><td>学生互评分</td><td></td><td>教师评分</td><td></td><td>总评分</td><td colspan="2"></td></tr>
</table>

附表三：信息单

信　息　单

班级______________

<table>
<tr><td>学 习 领 域</td><td colspan="3">食品理化检验与分析</td></tr>
<tr><td>学习情境____</td><td></td><td>课　时</td><td></td></tr>
<tr><td colspan="4">信 息 内 容</td></tr>
<tr><td colspan="4"></td></tr>
</table>

附表四：计划单

计　划　单

班级＿＿＿＿＿＿

<table>
<tr><td>学 习 领 域</td><td colspan="4">食品理化检验与分析</td></tr>
<tr><td>学习情境＿＿</td><td colspan="2"></td><td>课　　时</td><td></td></tr>
<tr><td>计 划 方 式</td><td colspan="4">小组讨论制定完成本小组的作业实施计划</td></tr>
<tr><td rowspan="8">计 划 步 骤</td><td>序　　号</td><td colspan="2">实 施 步 骤</td><td>使 用 资 源</td></tr>
<tr><td></td><td colspan="2"></td><td></td></tr>
<tr><td></td><td colspan="2"></td><td></td></tr>
<tr><td></td><td colspan="2"></td><td></td></tr>
<tr><td></td><td colspan="2"></td><td></td></tr>
<tr><td></td><td colspan="2"></td><td></td></tr>
<tr><td></td><td colspan="2"></td><td></td></tr>
<tr><td></td><td colspan="2"></td><td></td></tr>
<tr><td>制订计划说明</td><td colspan="4">1. 每个操作项目应包含若干个工作任务，计划时要加以详细说明
2. 各组计划执行顺序可不同，但大项目必须一致，以便于教师准备教学场景
3. 先由各组制订计划，交流后由教师评判</td></tr>
<tr><td rowspan="3">计 划 评 价</td><td>组号</td><td></td><td>组长签字</td><td></td></tr>
<tr><td>教师签字</td><td></td><td>日期</td><td></td></tr>
<tr><td colspan="4">评语：</td></tr>
</table>

附表五：决策单

决 策 单

班级______________

<table>
<tr><td>学 习 领 域</td><td colspan="7">食品理化检验与分析</td></tr>
<tr><td>学习情境____</td><td colspan="4"></td><td colspan="2">课　　时</td><td></td></tr>
<tr><td colspan="8">方 案 讨 论</td></tr>
<tr><td rowspan="13">方 案 对 比</td><td>组号</td><td>任务耗时</td><td>任务耗材</td><td>实施难度</td><td>安全可靠性</td><td>环保</td><td>综合评价</td></tr>
<tr><td></td><td></td><td></td><td></td><td></td><td></td><td></td></tr>
<tr><td></td><td></td><td></td><td></td><td></td><td></td><td></td></tr>
<tr><td></td><td></td><td></td><td></td><td></td><td></td><td></td></tr>
<tr><td></td><td></td><td></td><td></td><td></td><td></td><td></td></tr>
<tr><td></td><td></td><td></td><td></td><td></td><td></td><td></td></tr>
<tr><td></td><td></td><td></td><td></td><td></td><td></td><td></td></tr>
<tr><td></td><td></td><td></td><td></td><td></td><td></td><td></td></tr>
<tr><td></td><td></td><td></td><td></td><td></td><td></td><td></td></tr>
<tr><td></td><td></td><td></td><td></td><td></td><td></td><td></td></tr>
<tr><td></td><td></td><td></td><td></td><td></td><td></td><td></td></tr>
<tr><td></td><td></td><td></td><td></td><td></td><td></td><td></td></tr>
<tr><td></td><td></td><td></td><td></td><td></td><td></td><td></td></tr>
<tr><td>方 案 评 价</td><td colspan="7">评语：</td></tr>
<tr><td>组长签字</td><td colspan="2"></td><td>教师签字</td><td colspan="2"></td><td colspan="2">____月___日</td></tr>
</table>

附表六：仪器试剂单

仪器试剂单

班级______________

学习领域	食品理化检验与分析						
学习情境____					课时		
项目	序号	名称	作用	数量	型号	使用前	使用后
所用仪器							
所用器皿							
所用试剂							
组号		组长签字		教师签字		____月___日	

附表七：实施单

实　施　单

班级______________

<table>
<tr><td>学习领域</td><td colspan="5">食品理化检验与分析</td></tr>
<tr><td>学习情境____</td><td colspan="3"></td><td>课　时</td><td></td></tr>
<tr><td>实施方式</td><td colspan="5">每人填写实施单，由小组共同实施计划</td></tr>
<tr><td>实施步骤</td><td colspan="5">（1）样品的处理

（2）测定

（3）数据记录

（4）写出计算公式并计算结果

（5）填写实验报告
食品检验报告单
<table>
<tr><td>样品名称</td><td></td><td>生产厂家</td><td></td></tr>
<tr><td>样品批号</td><td></td><td>受检单位</td><td></td></tr>
<tr><td>样品数量</td><td></td><td>代表数量</td><td></td></tr>
<tr><td>样品包装</td><td></td><td>收检日期</td><td></td></tr>
<tr><td>检验目的</td><td></td><td>检验起止日期</td><td></td></tr>
<tr><td>检验依据</td><td></td><td colspan="2"></td></tr>
<tr><td colspan="4">检验项目及结果：</td></tr>
<tr><td colspan="4">评价意见：</td></tr>
<tr><td colspan="4">检测人：
报告日期：　年　月　日</td></tr>
</table>
2．实施注意事项：</td></tr>
<tr><td>组　号</td><td></td><td>组长签字</td><td></td><td>教师签字</td><td>____月___日</td></tr>
<tr><td>实施地点</td><td colspan="5"></td></tr>
</table>

附表八：检查单

检 查 单

班级______________

学习领域	食品理化检验与分析			
学习情境____			课时	
序号	检查项目	检查内容	学生自检	教师检查
检查评价	组号		组长签字	
	教师签字		日期	
	评语：			

附表九：评价单

评 价 单

班级____________

<table>
<tr><td>学习领域</td><td colspan="5">食品理化检验与分析</td></tr>
<tr><td>学习情境____</td><td colspan="2"></td><td>课 时</td><td colspan="2"></td></tr>
<tr><td>评价类别</td><td>项 目</td><td>子 项 目</td><td>个人评价</td><td>组内互评</td><td>教师评价</td></tr>
<tr><td rowspan="11">专业能力（60%）</td><td rowspan="2">资讯（5%）</td><td>搜集信息（3%）</td><td></td><td></td><td></td></tr>
<tr><td>回答引导题（2%）</td><td></td><td></td><td></td></tr>
<tr><td rowspan="2">计划（5%）</td><td>计划可执行度（3%）</td><td></td><td></td><td></td></tr>
<tr><td>仪器药品安排（2%）</td><td></td><td></td><td></td></tr>
<tr><td rowspan="4">实施（40%）</td><td>操作过程规范性（15%）</td><td></td><td></td><td></td></tr>
<tr><td>仪器的正确使用（10%）</td><td></td><td></td><td></td></tr>
<tr><td>玻璃器皿的正确使用（5%）</td><td></td><td></td><td></td></tr>
<tr><td>实施的安全性（10%）</td><td></td><td></td><td></td></tr>
<tr><td rowspan="2">检查（5%）</td><td>全面性、准确性（3%）</td><td></td><td></td><td></td></tr>
<tr><td>异常情况处理（2%）</td><td></td><td></td><td></td></tr>
<tr><td>结果（5%）</td><td>结果的准确性（5%）</td><td></td><td></td><td></td></tr>
<tr><td rowspan="2">社会能力（20%）</td><td>团结协作（10%）</td><td>合作配合状况（10%）</td><td></td><td></td><td></td></tr>
<tr><td>敬业精神（10%）</td><td>持之以恒、吃苦耐劳（10%）</td><td></td><td></td><td></td></tr>
<tr><td rowspan="2">方法能力（20%）</td><td>计划能力（10%）</td><td></td><td></td><td></td><td></td></tr>
<tr><td>决策能力（10%）</td><td></td><td></td><td></td><td></td></tr>
<tr><td>评价</td><td colspan="5"></td></tr>
</table>

附表十：教学反馈单

教学反馈单

班级______________

学习领域	食品理化检验与分析			
学习情境			课时	
序号	调查内容	是	否	理由陈述
你的意见对改进教学非常重要，请写出你的意见和建议：				
调查信息	被调查人		调查时间	

附表十一：乳稠计读数换算表（15 ℃）

乳稠计读数＼鲜乳温度（℃）	8	9	10	11	12	13	14	15	16	17	18	19	20	21	22
15	14.2	14.3	14.4	14.5	14.6	14.7	14.8	15.0	15.1	15.2	15.4	15.6	15.8	16.0	16.2
16	15.2	15.3	15.4	15.5	15.6	15.7	15.8	16.0	16.1	16.3	16.5	16.7	16.9	17.1	17.3
17	16.2	16.3	16.4	16.5	16.6	16.7	16.8	17.0	17.1	17.3	17.5	17.7	17.9	18.1	18.3
18	17.2	17.3	17.4	17.5	17.6	17.7	17.8	18.0	18.1	18.3	18.5	18.7	18.9	19.1	19.5
19	18.2	18.3	18.4	18.5	18.6	18.7	18.8	19.0	19.0	19.3	19.5	19.7	19.9	20.1	20.3
20	19.1	19.2	19.3	19.4	19.5	19.6	19.8	20.0	20.1	20.3	20.5	20.7	20.9	21.1	21.3
21	20.1	20.2	20.3	20.4	20.5	20.6	20.8	21.0	21.2	21.4	21.6	21.8	22.0	22.2	22.4
22	21.1	21.2	21.3	21.4	21.5	21.6	21.8	22.0	22.2	22.4	22.6	22.8	23.0	23.4	23.4
23	22.1	22.2	22.3	22.4	22.5	22.6	22.8	23.0	23.2	23.4	23.6	23.8	24.0	24.2	24.4
24	23.1	23.2	23.3	23.4	23.5	23.6	23.8	24.0	24.2	24.4	24.6	24.8	25.0	25.2	25.5
25	24.0	24.1	24.2	24.3	24.5	24.6	24.8	25.0	25.2	25.4	25.6	25.8	26.0	26.2	26.4
26	25.0	25.1	25.2	25.3	25.5	25.6	25.8	26.0	26.2	26.4	26.6	26.9	27.1	27.3	27.5
27	26.0	26.1	26.2	26.3	26.4	26.6	26.8	27.0	27.2	27.4	27.6	27.9	28.1	28.4	28.6
28	26.9	27.0	27.1	27.2	27.4	27.6	27.8	28.0	28.2	28.4	28.6	27.9	29.2	29.4	29.6
29	27.8	27.9	28.1	28.2	28.4	28.6	28.8	29.0	29.2	29.4	29.6	29.9	30.2	30.4	30.6
30	28.7	28.9	29.0	29.2	29.4	29.6	29.8	30.0	30.2	30.4	30.6	30.9	31.2	31.4	31.6
31	29.7	29.8	30.0	30.2	30.4	30.6	30.8	31.0	31.2	31.4	31.6	32.0	32.2	32.5	32.7
32	30.6	20.8	31.0	31.2	31.4	31.6	31.8	32.0	32.2	32.4	32.7	33.0	33.3	33.6	33.8
33	31.6	31.8	32.0	32.2	32.4	32.6	32.8	33.0	33.2	33.4	33.7	34.0	34.3	34.7	34.8
34	32.6	32.8	32.3	33.1	33.3	33.6	33.8	34.0	34.2	34.4	34.7	35.0	35.3	35.6	35.9
35	33.6	33.7	33.8	34.0	34.2	34.4	34.8	35.0	35.2	35.4	35.7	36.0	36.3	36.6	36.9

附表十二：乳稠计读数换算表（20 ℃）

乳稠计读数 \ 鲜乳温度（℃）	10	11	12	13	14	15	16	17	18	19	20	21	22	23	24	25
25	23.3	23.5	23.6	23.7	23.9	24.0	24.2	24.4	24.6	24.8	25.0	25.2	25.4	25.5	25.8	26.0
26	24.2	24.4	24.5	24.7	24.9	25.0	25.2	25.4	25.6	25.8	26.0	26.2	26.4	26.6	26.8	27.0
27	25.1	25.3	25.4	25.6	25.7	25.9	26.1	26.3	26.5	26.8	27.0	27.2	27.5	27.7	27.9	28.1
28	26.0	26.1	26.3	26.5	26.6	26.8	27.0	27.3	27.5	27.8	28.0	28.2	28.5	28.7	29.0	29.2
29	26.9	27.1	27.3	27.5	27.6	28.8	28.0	28.3	29.5	28.8	29.0	29.2	29.5	29.7	30.0	30.2
30	27.9	28.1	28.3	28.5	28.6	28.8	29.0	29.3	29.5	29.8	30.0	30.2	30.5	30.7	31.0	31.2
31	28.8	29.0	29.2	29.4	29.6	29.8	30.0	30.3	30.5	30.8	31.0	31.2	31.5	31.7	32.0	32.2
32	29.3	30.0	30.2	30.4	30.6	30.7	31.0	31.2	32.5	31.8	32.0	32.3	32.5	32.8	33.0	33.3
33	30.7	30.8	31.1	31.3	31.5	31.7	32.0	33.2	32.5	32.8	33.0	33.3	33.5	33.8	34.1	34.3
34	31.7	31.9	32.1	32.3	32.5	32.7	33.0	33.2	33.5	33.8	34.0	34.3	34.4	34.8	35.1	35.3
35	32.6	32.8	33.1	33.3	33.5	33.7	34.0	34.2	34.5	34.7	35.0	35.3	35.5	35.8	36.1	36.3
36	33.5	33.8	34.0	34.3	34.5	34.7	34.9	35.2	35.5	36.0	36.2	36.2	36.5	36.7	37.0	37.3

附表十三：酒精计温度换算表（20 ℃）

溶液温度（℃）	酒精计示值																			
	50	49	48	47	46	45	44	43	42	41	40	39	38	37	36	35	34	33	32	31
	温度+20 ℃时用体积百分数表示乙醇浓度（%）																			
35	44.3	43.3	42.3	41.2	40.2	39.0	38.1	37.0	36.0	35.0	34.0	33.0	32.0	31.0	30.0	28.8	27.8	26.8	26.0	25.0
34	44.7	43.7	42.7	41.5	40.5	39.5	38.5	37.4	36.4	35.4	34.4	33.4	32.4	31.4	30.4	29.3	28.3	27.3	26.4	25.4
33	45.0	44.1	43.1	41.9	40.9	39.9	39.9	37.8	36.8	35.8	34.8	33.8	32.8	31.8	30.8	29.7	28.7	27.7	26.8	25.8
32	45.4	44.4	43.4	42.3	41.3	40.3	39.3	38.2	37.2	36.2	35.2	34.2	33.2	32.2	31.2	30.1	29.1	28.1	27.2	26.2
31	45.8	44.8	43.8	42.7	41.7	40.7	39.7	38.6	37.6	36.6	35.6	34.6	33.6	32.6	31.6	30.5	29.5	28.5	27.6	26.6
30	46.2	45.2	44.2	43.1	42.1	41.0	40.1	39.0	38.0	37.0	36.0	35.0	34.0	33.0	32.0	30.9	29.9	28.9	28.0	27.0
29	46.6	45.6	44.5	43.5	42.5	41.5	40.4	39.4	38.4	37.4	36.4	35.4	34.4	33.4	32.4	31.3	30.3	29.4	28.4	27.4
28	47.0	45.9	44.9	43.9	42.9	41.9	40.8	39.8	38.8	37.8	36.8	35.8	34.8	33.8	32.8	31.7	30.7	29.7	28.8	27.8
27	47.3	46.3	45.3	44.3	43.3	42.3	41.2	40.2	39.2	38.2	37.2	36.2	35.2	34.2	33.2	32.2	31.2	30.2	29.2	28.2
26	47.7	46.7	45.7	44.7	43.7	42.7	41.6	40.6	39.6	38.6	37.6	36.6	35.6	34.6	33.6	32.6	31.6	30.6	29.6	28.6
25	48.1	47.1	46.1	45.1	44.1	43.0	42.0	41.0	40.0	39.0	38.0	37.0	36.0	35.0	34.0	33.0	32.0	31.0	30.0	29.0
24	48.5	47.5	46.4	45.4	44.4	43.4	42.4	41.4	40.4	39.4	38.4	37.4	36.4	35.4	34.4	33.4	32.4	31.4	30.4	29.4
23	48.9	47.8	46.8	45.8	44.8	43.8	42.8	41.8	40.8	39.8	38.8	37.8	36.8	35.8	34.8	33.8	32.8	31.8	30.8	29.8

续表

溶液温度（℃）	酒精计示值																			
	50	49	48	47	46	45	44	43	42	41	40	39	38	37	36	35	34	33	32	31
	温度+20℃时用体积百分数表示乙醇浓度（%）																			
22	49.2	48.2	47.2	46.2	45.2	44.2	43.2	42.3	41.2	40.2	39.2	38.2	37.2	36.2	35.2	34.2	33.2	32.2	31.2	30.2
21	49.6	48.6	47.6	46.6	45.6	44.6	43.6	42.6	41.6	40.6	39.6	38.6	37.6	36.6	35.6	34.6	33.6	32.6	31.6	30.6
20	50.0	49.0	48.0	47.0	46.0	45.0	44.0	43.0	42.0	41.0	40.0	39.0	38.0	37.0	36.0	35.0	34.0	33.0	32.0	31.0
19	50.4	49.4	48.4	47.4	46.4	45.4	44.4	43.4	42.4	41.4	40.4	39.4	38.4	37.4	36.4	35.4	34.4	33.4	32.4	31.4
18	50.7	49.8	48.8	47.8	46.8	45.8	44.8	43.8	42.8	41.8	40.8	39.8	38.8	37.8	36.8	35.8	34.8	33.8	32.8	31.8
17	51.1	50.1	49.2	48.2	47.2	46.2	45.2	44.2	43.2	42.2	41.2	40.2	39.2	38.2	37.2	36.2	35.2	34.2	33.2	32.2
16	51.5	50.5	49.5	48.6	47.6	46.6	45.6	44.6	43.6	42.6	41.6	40.6	39.6	38.6	37.6	36.6	35.6	34.6	33.6	32.6
15	51.9	50.9	49.9	48.9	47.9	47.0	46.0	45.0	44.0	43.0	42.0	41.0	40.0	39.0	38.0	37.0	36.0	35.0	34.0	33.0
14	52.2	51.3	50.3	49.3	48.3	47.3	46.4	45.4	44.4	43.4	42.4	41.4	40.4	39.4	38.4	37.4	36.4	35.0	34.4	33.5
13	52.6	51.6	50.7	49.7	48.7	47.7	46.7	45.8	44.8	43.8	42.8	41.8	40.8	39.8	38.8	37.8	36.8	35.9	34.9	33.9
12	53.0	52.0	51.0	50.1	49.1	48.1	47.1	46.1	45.2	44.2	43.2	42.2	41.2	40.2	39.2	38.2	37.3	36.3	35.3	34.3
11	53.4	52.4	51.4	50.4	49.5	48.5	47.5	46.5	45.6	44.6	43.6	42.6	41.6	40.6	39.6	38.7	37.7	36.7	35.7	34.7
10	53.7	52.8	51.8	50.8	49.8	48.9	47.9	46.9	46.0	45.0	44.0	43.0	42.0	41.0	40.1	39.1	38.1	37.1	36.1	35.1

续表

溶液温度（℃）	酒精计示值																			
	30	29	28	27	26	25	24	23	22	21	20	19	18	17	16	15	14	13	12	11
	温度+20℃时用体积百分数表示乙醇浓度（%）																			
35	24.2	23.2	22.3	21.3	20.4	19.6	18.8	17.9	16.9	16.0	15.2	14.5	13.6	12.8	12.1	11.2	10.4	9.6	8.7	7.9
34	24.5	23.5	22.7	21.7	20.8	20.0	19.1	18.2	17.2	16.4	15.5	14.8	13.9	13.1	12.4	11.5	10.6	9.8	8.9	8.1
33	24.9	23.9	23.1	22.0	21.2	20.3	19.4	18.6	17.6	16.7	15.8	15.1	14.2	13.4	12.6	11.8	10.9	10.0	9.1	8.3
32	25.3	24.3	23.4	22.4	21.4	20.7	19.8	18.9	17.9	17.0	16.2	15.4	14.5	13.6	12.9	12.0	11.0	10.2	9.4	8.5
31	25.7	24.7	23.8	22.8	21.9	21.0	20.2	19.3	18.3	17.4	16.5	15.7	14.8	13.9	13.1	12.2	11.4	10.5	9.6	8.7
30	26.1	25.1	24.2	23.2	22.3	21.4	20.5	19.6	18.6	17.7	16.8	16.0	15.1	14.2	13.4	12.5	11.6	10.7	9.8	8.9
29	26.4	25.5	24.6	23.6	22.7	21.8	20.8	19.9	19.0	18.0	17.2	16.3	15.4	14.5	13.6	12.7	11.8	10.9	10.0	9.1
28	26.8	25.9	24.9	24.0	23.0	22.1	21.2	20.2	19.3	18.4	17.5	16.6	15.7	14.8	13.9	13.0	12.1	11.2	10.3	9.3
27	27.2	26.3	25.3	24.4	23.4	22.5	21.5	20.6	19.6	18.7	17.8	19.9	16.0	15.1	14.2	13.2	12.3	11.4	10.5	9.5
26	27.6	26.6	25.7	24.7	23.8	22.8	21.9	20.9	20.0	19.0	18.1	17.2	16.3	15.4	14.4	13.5	12.6	11.7	10.7	9.8
25	28.0	27.0	26.1	25.1	24.1	23.2	22.2	21.0	20.3	19.4	18.4	17.5	16.6	15.6	14.7	13.8	12.8	11.9	10.9	10.0
24	28.4	27.4	26.4	25.5	24.5	23.5	22.6	21.6	20.7	19.7	18.7	17.8	16.9	15.9	15.0	14.0	13.1	12.1	11.2	10.2
23	28.8	27.8	26.8	25.8	24.9	23.9	22.9	22.0	21.0	20.0	19.0	18.1	17.1	16.2	15.2	14.3	13.3	12.3	11.4	10.4

续表

溶液温度（℃）	酒精计示值																			
	30	29	28	27	26	25	24	23	22	21	20	19	18	17	16	15	14	13	12	11
	温度+20℃时用体积百分数表示乙醇浓度（%）																			
22	29.2	28.2	27.2	26.2	25.3	24.3	23.3	22.3	21.3	20.4	19.4	18.4	17.4	16.5	15.5	14.5	13.6	12.6	11.6	10.6
21	29.6	28.6	27.6	26.6	25.6	24.6	23.6	22.6	21.7	20.7	19.7	18.7	17.7	16.7	15.7	14.8	13.8	12.8	11.8	10.6
20	30.0	29.0	28.0	27.0	26.0	25.0	24.0	23.0	22.0	21.0	20.0	19.0	18.0	17.0	16.0	15.0	14.0	13.0	12.0	11.0
19	30.4	29.4	28.4	27.4	26.4	25.4	24.4	23.3	22.3	21.3	20.3	19.3	18.3	17.3	16.3	15.2	14.2	13.2	12.2	11.2
18	30.8	29.8	28.8	27.8	26.7	25.7	24.7	23.7	22.6	21.6	20.6	19.6	18.6	17.6	16.5	15.5	14.4	13.4	12.4	11.4
17	31.2	30.2	29.2	28.1	27.1	26.1	25.1	24.0	23.0	22.0	20.9	19.9	18.9	17.9	16.8	15.7	14.7	13.6	12.6	11.5
16	31.6	30.6	29.5	28.5	27.5	26.5	25.4	24.4	23.3	22.3	21.2	20.2	19.2	18.1	17.0	15.9	14.9	13.8	12.8	11.7
15	32.0	31.0	29.9	28.9	27.9	26.8	25.8	24.7	23.7	22.6	21.6	20.5	19.4	18.3	17.2	16.2	15.1	14.0	12.9	11.9
14	32.4	31.4	30.4	29.3	28.3	27.2	26.2	25.1	24.0	23.0	21.9	20.8	19.7	18.6	17.5	16.1	15.3	14.2	13.1	12.0
13	32.8	31.8	30.8	29.7	28.7	27.6	26.5	25.4	24.4	23.3	22.2	21.1	20.0	18.8	17.7	16.6	15.5	14.4	13.2	12.2
12	33.3	32.2	31.2	30.2	29.1	28.0	26.9	25.8	24.7	23.6	22.5	21.4	20.2	19.1	18.0	16.8	15.7	14.5	13.4	12.3
11	33.7	32.7	31.6	30.6	29.5	28.4	27.3	26.2	25.0	23.9	22.8	21.7	20.5	19.4	18.2	17.0	15.8	14.7	13.6	12.4
10	34.1	33.	32.0	31.0	29.9	28.8	27.7	26.6	25.4	24.3	23.1	22.0	20.8	19.6	18.4	17.2	16.0	14.9	13.7	12.6

续表

溶液温度（℃）	酒精计示值									
	10	9	8	7	6	5	4	3	2	1
	温度+20℃时用体积百分数表示乙醇浓度（%）									
35	6.8	6.0	5.2	4.3	3.3	2.4	1.6	0.6	—	—
34	7.1	6.2	5.3	4.5	3.5	2.6	1.8	0.8	—	—
33	7.3	6.4	5.5	4.7	3.7	2.8	1.9	0.9	—	—
32	7.5	6.6	5.7	4.8	3.8	3.0	2.1	1.1	0.1	—
31	7.7	6.8	5.9	5.0	4.0	3.1	2.2	1.2	0.2	—
30	7.9	7.0	6.1	5.2	4.2	3.3	2.4	1.4	0.4	—
29	8.2	7.2	6.3	5.4	4.4	3.5	2.5	1.6	0.6	—
28	8.4	7.5	6.5	5.6	4.6	3.7	2.7	1.8	0.8	—
27	8.6	7.7	6.7	5.8	4.8	3.9	2.9	1.9	1.0	—
26	8.8	7.9	6.9	6.0	5.0	4.0	3.1	2.1	1.1	0.1
25	9.0	8.1	7.1	6.2	5.2	4.2	3.2	2.3	1.3	0.3
24	9.2	8.3	7.3	6.3	5.4	4.4	3.4	2.4	1.4	0.4
23	9.4	8.4	7.5	6.5	5.5	4.6	3.6	2.6	1.6	0.6
22	9.6	8.6	7.7	6.7	5.7	4.7	3.7	2.7	1.7	0.7
21	9.8	8.8	7.8	6.8	5.8	4.8	3.9	2.9	1.9	0.9
20	10.0	9.0	8.0	7.0	6.0	5.0	4.0	3.0	2.0	1.0
19	10.2	9.2	8.2	7.2	6.1	5.1	4.1	3.1	2.1	1.1
18	10.4	9.3	8.3	7.3	6.3	5.3	4.2	3.2	2.2	1.2
17	10.5	9.5	8.5	7.4	6.4	5.4	4.4	3.4	2.3	1.3
16	10.7	9.6	8.6	7.6	6.5	5.5	4.5	3.4	2.4	1.4
15	10.8	9.8	8.8	7.7	6.6	5.6	4.6	3.6	2.5	1.5
14	11.0	9.9	8.9	7.8	6.7	5.7	4.7	3.6	2.6	1.6
13	11.1	10.0	9.0	7.9	6.8	5.8	4.8	3.7	2.7	1.7
12	11.2	10.1	9.1	8.0	6.9	5.9	4.8	3.8	2.8	1.8
11	11.3	10.2	9.2	8.1	7.0	6.0	4.9	3.9	2.8	1.8
10	11.4	10.3	9.3	8.2	7.1	6.0	5.0	3.9	2.9	1.8

附表十四：观测锤度温度改正表（20 ℃）

温度（℃）\锤度	11	12	13	14	15	16	17	18	19	20	21	22	23	24	25
	————温度低于 20 ℃时应减之数————														
10	0.44	0.45	0.46	0.47	0.48	0.49	0.5	0.5	0.51	0.52	0.53	0.54	0.55	0.56	0.57
11	0.41	0.42	0.42	0.43	0.44	0.45	0.46	0.46	0.47	0.48	0.49	0.49	0.5	0.5	0.51
12	0.37	0.38	0.38	0.39	0.4	0.41	0.41	0.42	0.42	0.43	0.44	0.44	0.45	0.45	0.46
13	0.33	0.33	0.34	0.34	0.35	0.36	0.36	0.37	0.37	0.38	0.39	0.39	0.4	0.4	0.41
14	0.29	0.3	0.3	0.31	0.31	0.32	0.32	0.33	0.33	0.34	0.34	0.35	0.35	0.36	0.36
15	0.24	0.25	0.25	0.26	0.26	0.26	0.27	0.27	0.28	0.28	0.28	0.29	0.29	0.3	0.3
16	0.2	0.21	0.21	0.22	0.22	0.22	0.22	0.23	0.23	0.23	0.23	0.24	0.24	0.25	0.25
17	0.15	0.16	0.16	0.16	0.16	0.16	0.16	0.17	0.17	0.18	0.18	0.18	0.19	0.19	0.19
18	0.1	0.1	0.11	0.11	0.11	0.11	0.11	0.12	0.12	0.12	0.12	0.12	0.12	0.13	0.13
19	0.05	0.05	0.06	0.06	0.06	0.06	0.06	0.06	0.06	0.06	0.06	0.06	0.06	0.06	0.06
	++++温度高于 20 ℃时应加之数++++														
21	0.06	0.06	0.06	0.06	0.06	0.06	0.06	0.06	0.06	0.06	0.06	0.06	0.07	0.07	0.07
22	0.11	0.11	0.12	0.12	0.12	0.12	0.12	0.12	0.12	0.12	0.12	0.12	0.13	0.13	0.13
23	0.17	0.17	0.17	0.17	0.17	0.17	0.18	0.18	0.19	0.19	0.19	0.19	0.2	0.2	0.2
24	0.23	0.23	0.24	0.24	0.24	0.24	0.25	0.25	0.26	0.26	0.26	0.26	0.27	0.27	0.27
25	0.3	0.3	0.31	0.31	0.31	0.31	0.31	0.32	0.32	0.32	0.32	0.33	0.33	0.34	0.34
26	0.36	0.36	0.37	0.37	0.37	0.38	0.38	0.39	0.39	0.4	0.4	0.4	0.4	0.4	0.4
27	0.42	0.43	0.43	0.44	0.44	0.44	0.45	0.45	0.46	0.46	0.46	0.47	0.47	0.48	0.47
28	0.49	0.5	0.5	0.51	0.51	0.52	0.52	0.53	0.53	0.54	0.54	0.55	0.55	0.56	0.56
29	0.57	0.57	0.58	0.58	0.59	0.59	0.6	0.6	0.61	0.61	0.61	0.62	0.62	0.63	0.63
30	0.64	0.64	0.65	0.65	0.66	0.66	0.67	0.67	0.68	0.68	0.68	0.69	0.69	0.7	0.7

附表十五：糖液折光锤度温度改正表

温度（℃）＼锤度	0	5	10	15	20	25	30	35	40	45	50	55	60	65	70
	———温度低于 20℃时应减之数———														
10	0.50	0.54	0.58	0.61	0.64	0.66	0.68	0.70	0.72	0.73	0.74	0.75	0.76	0.78	0.79
11	0.46	0.49	0.53	0.55	0.58	0.60	0.62	0.64	0.65	0.66	0.67	0.68	0.69	0.70	0.71
12	0.42	0.45	0.48	0.50	0.52	0.54	0.56	0.57	0.58	0.59	0.60	0.61	0.61	0.63	0.63
13	0.37	0.40	0.42	0.44	0.46	0.48	0.49	0.50	0.51	0.52	0.53	0.54	0.54	0.55	0.55
14	0.33	0.35	0.37	0.39	0.40	0.41	0.42	0.43	0.44	0.45	0.45	0.46	0.46	0.47	0.48
15	0.27	0.29	0.31	0.33	0.34	0.34	0.35	0.36	0.37	0.37	0.38	0.39	0.39	0.40	0.40
16	0.22	0.24	0.25	0.26	0.27	0.28	0.28	0.29	0.30	0.30	0.30	0.31	0.31	0.32	0.32
17	0.17	0.18	0.19	0.20	0.21	0.21	0.21	0.22	0.22	0.23	0.23	0.23	0.23	0.24	0.24
18	0.12	0.13	0.13	0.14	0.14	0.14	0.14	0.15	0.15	0.15	0.15	0.16	0.16	0.16	0.16
19	0.06	0.06	0.06	0.07	0.07	0.07	0.07	0.08	0.08	0.08	0.08	0.08	0.08	0.08	0.08
	+++++温度高于 20℃时应加之数+++++														
21	0.06	0.07	0.0.7	0.07	0.07	0.08	0.08	0.08	0.08	0.08	0.08	0.08	0.08	0.08	0.08
22	0.13	0.13	0.14	0.14	0.15	0.15	0.15	0.15	0.15	0.16	0.16	0.16	0.16	0.16	0.16
23	0.19	0.20	.21	0.22	0.22	0.23	0.23	0.23	0.23	0.24	0.24	0.24	0.24	0.24	0.24
24	0.26	0.27	0.28	0.29	0.30	0.30	0.31	0.31	0.31	0.31	0.31	0.32	0.32	0.32	0.32
25	0.33	0.35	0.36	0.37	0.38	0.38	0.39	0.40	0.40	0.40	0.40	0.40	0.40	0.40	0.40
26	0.40	0.42	0.43	0.44	0.45	0.46	0.47	0.48	0.48	0.48	0.48	0.48	0.48	0.48	0.48
27	0.48	0.50	0.52	0.53	0.54	0.55	0.55	0.56	0.56	0.56	0.56	0.56	0.56	0.56	0.56
28	0.56	0.57	0.6	0.61	0.62	0.63	0.63	0.64	0.64	0.64	0.64	0.64	0.64	0.64	0.64
29	0.64	0.66	0.68	0.69	0.71	0.72	0.72	0.73	0.73	0.73	0.73	0.73	0.73	0.73	0.73
30	0.72	0.74	0.77	0.78	0.79	0.80	0.80	0.80	0.81	0.81	0.81	0.81	0.81	0.81	0.81

附表十六：相当于氧化亚铜质量的葡萄糖、果糖、乳糖、转化糖质量表

（单位：mg）

氧化亚铜	葡萄糖	果糖	乳糖（含水）	转化糖	氧化亚铜	葡萄糖	果糖	乳糖（含水）	转化糖
11.3	4.6	5.1	7.7	5.2	51.8	22.1	24.4	35.2	23.5
12.4	5.1	5.6	8.5	5.7	52.9	22.6	24.9	36.0	24.0
13.5	5.6	6.1	9.3	6.2	54.0	23.1	25.4	36.8	24.5
14.6	6.0	6.7	10.0	6.7	55.2	23.6	26.0	37.5	25.0
15.8	6.5	7.2	10.8	7.2	56.3	24.1	26.5	38.3	25.5
16.9	7.0	7.7	11.5	7.7	57.4	24.6	27.1	39.1	26.0
18.0	7.5	8.3	12.3	8.2	58.5	25.1	27.6	39.8	26.5
19.1	8.0	8.8	13.1	8.7	59.7	25.6	28.2	40.6	27.0
20.3	8.5	9.3	13.8	9.2	60.8	26.1	28.7	41.4	27.6
21.4	8.9	9.9	14.6	9.7	61.9	26.5	29.2	42.1	28.1
22.5	9.4	10.4	15.4	10.2	63.0	27.0	29.8	42.9	28.6
23.6	9.9	10.9	16.1	10.7	64.2	27.5	30.3	43.7	29.1
24.8	10.4	11.5	16.9	11.2	65.3	28.0	30.9	44.4	29.6
25.9	10.9	12.0	17.7	11.7	66.4	28.5	31.4	45.2	30.1
27.0	11.4	12.5	18.4	12.3	67.6	29.0	31.9	46.0	30.6
28.1	11.9	13.1	19.2	12.8	68.7	29.5	32.5	46.7	31.2
29.3	12.3	136.	19.9	13.3	69.8	30.0	33.0	47.5	31.7
30.4	12.8	14.2	20.7	13.8	70.9	30.5	33.6	48.3	32.2
31.5	13.3	14.7	21.5	14.3	72.1	31.0	34.1	49.0	32.7
32.6	13.8	15.2	22.2	14.8	73.2	31.5	34.7	49.8	33.2
33.8	14.3	15.8	23.0	15.3	74.3	32.0	35.2	50.6	33.7
34.9	14.8	16.3	23.8	15.8	75.4	32.5	35.8	51.3	34.3
36.0	15.3	16.8	24.5	16.3	76.6	33.0	36.3	52.1	34.8
37.2	15.7	17.4	25.3	16.8	77.7	33.5	36.8	52.9	35.3
38.3	16.2	17.9	26.1	17.3	78.8	34.0	37.4	53.6	35.8
39.4	16.7	18.4	26.8	17.8	79.8	34.5	37.9	54.4	36.3

续表

氧化亚铜	葡萄糖	果糖	乳糖（含水）	转化糖	氧化亚铜	葡萄糖	果糖	乳糖（含水）	转化糖
40.5	17.2	19.0	27.6	18.3	81.1	35.0	38.5	55.2	36.8
41.7	17.7	19.5	28.4	18.9	82.2	35.5	39.0	55.9	37.4
42.8	18.2	20.1	29.1	19.4	83.3	36.0	39.6	56.7	37.9
43.9	18.7	20.6	29.9	19.9	84.4	36.5	40.1	57.5	38.4
45.0	19.2	21.1	30.6	20.4	85.6	37.0	40.7	58.2	38.9
46.2	19.7	21.7	31.4	20.9	86.7	37.5	41.2	59.0	39.4
47.3	20.1	22.2	32.2	21.4	87.8	38.0	41.7	59.8	40.0
48.4	20.6	22.8	32.9	21.9	88.9	38.5	42.3	60.5	40.5
49.5	21.1	23.3	33.7	22.4	90.1	39.0	42.8	61.3	41.0
50.7	21.6	23.8	34.5	22.9	91.2	39.5	43.4	62.1	41.5
92.3	40.0	43.9	62.8	42.0	134.0	58.7	64.3	91.3	61.5
93.4	40.5	44.5	63.6	42.6	135.1	59.2	64.9	92.1	62.0
94.6	41.0	45.0	64.4	43.1	136.2	59.7	65.4	92.8	62.6
95.7	41.5	45.6	65.1	43.6	137.4	60.2	66.0	93.6	63.1
96.8	42.0	46.1	65.9	44.1	138.5	60.7	66.5	94.4	63.6
97.9	42.5	46.7	66.7	44.7	134.0	58.7	64.3	91.3	61.5
99.1	43.0	47.2	67.4	45.2	135.1	59.2	64.9	92.1	62.0
100.2	43.5	47.8	68.2	45.7	136.2	59.7	65.4	92.8	62.6
101.3	44.0	48.3	69.0	46.2	137.4	60.2	66.0	93.6	63.1
102.5	44.5	48.9	69.7	46.7	138.5	60.7	66.5	94.4	63.6
103.6	45.0	49.4	70.5	47.3	139.6	61.3	67.1	95.2	64.2
104.7	45.5	50.0	71.3	47.8	140.7	61.8	67.7	95.9	64.7
105.8	46.0	50.5	72.1	48.3	141.9	62.3	68.2	96.7	65.2
107.0	46.5	51.5	72.8	48.8	143.0	62.8	68.8	97.5	65.8
108.1	47.0	51.6	73.6	49.4	144.1	63.3	69.3	98.2	66.3
109.2	47.5	52.2	74.4	49.9	145.2	63.8	69.9	99.0	66.8
110.3	48.0	52.7	75.1	50.4	146.4	64.3	70.4	99.8	67.4
111.5	48.5	53.3	75.9	50.9	147.5	64.9	71.0	100.6	67.9
112.6	49.0	53.8	76.7	51.5	148.6	65.4	71.6	101.3	68.4
113.7	49.5	54.4	77.4	52.0	149.7	65.9	72.1	102.1	69.0

续表

氧化亚铜	葡萄糖	果糖	乳糖（含水）	转化糖	氧化亚铜	葡萄糖	果糖	乳糖（含水）	转化糖
114.8	50.0	54.9	78.2	52.5	150.9	66.4	72.7	102.9	69.5
116.0	50.6	55.5	79.0	53.0	152.0	66.9	73.2	103.6	70.0
117.1	51.1	56.0	79.7	53.6	153.1	67.4	73.8	104.4	70.6
118.2	51.6	56.6	80.5	54.1	154.2	68.0	74.3	105.2	71.1
119.3	52.1	57.1	81.3	54.6	155.4	68.5	74.9	106.0	71.6
120.5	52.6	57.7	82.1	55.2	156.5	69.0	75.5	106.7	72.2
121.6	53.1	58.2	82.8	55.7	157.6	69.5	76.0	107.5	72.7
122.7	53.6	58.8	83.6	56.2	158.7	70.0	76.6	108.3	73.2
123.8	54.1	59.3	84.4	56.7	159.9	70.5	77.1	109.0	73.8
125.0	54.6	59.9	85.1	57.3	161.0	71.1	77.7	109.8	74.3
126.1	55.1	60.4	85.9	57.8	162.1	71.6	78.3	110.6	74.9
127.2	55.6	61.0	86.7	58.3	163.2	72.1	78.8	111.4	75.4
128.3	56.1	61.6	87.4	58.9	164.4	72.6	79.4	112.1	75.9
129.5	56.7	62.1	88.2	59.4	165.5	73.1	80.0	112.9	76.5
130.6	57.2	62.7	89.0	59.9	166.6	73.7	80.5	113.7	77.0
131.7	57.5	63.2	89.8	60.4	167.8	74.2	81.1	114.4	77.6
132.8	58.2	63.8	90.5	61.0	168.9	74.7	81.6	115.2	78.1
170.0	75.2	82.2	116.0	78.6	218.4	97.9	106.6	149.3	102.1
171.1	75.7	82.8	116.8	79.2	219.5	98.4	107.1	150.1	102.6
172.3	76.3	83.8	117.5	79.7	220.7	98.9	107.7	150.8	103.2
173.4	76.8	83.9	118.3	80.3	221.8	99.5	108.3	151.6	103.7
174.5	77.3	84.4	119.1	80.8	222.9	100.0	108.8	152.4	104.3
175.6	77.8	85.0	119.9	81.3	224.0	100.5	109.4	153.2	104.8
176.8	78.3	85.6	120.6	81.9	225.2	101.1	110.0	153.9	105.4
177.9	78.9	86.1	121.4	82.4	226.3	101.6	110.6	154.7	106.0
179.0	79.4	86.7	122.2	83.0	227.4	102.2	111.1	155.5	106.5
180.1	79.9	87.3	122.9	83.5	228.5	102.7	111.7	156.3	107.1
181.3	80.4	87.8	123.7	84.0	229.7	103.2	112.3	157.0	107.6
185.8	82.5	90.1	126.8	86.2	230.8	103.8	112.9	157.8	108.2
186.9	83.1	90.6	127.6	86.8	231.9	104.3	113.4	158.6	108.7

续表

氧化亚铜	葡萄糖	果糖	乳糖（含水）	转化糖	氧化亚铜	葡萄糖	果糖	乳糖（含水）	转化糖
188.0	83.6	91.2	128.4	87.3	233.1	104.8	114.0	159.4	109.3
189.1	84.1	91.8	129.1	87.8	234.2	105.4	114.6	160.2	109.8
190.3	84.6	92.3	129.9	88.4	235.3	105.9	115.2	160.9	110.4
191.4	85.2	92.2	130.7	88.9	236.4	106.5	115.7	161.7	110.9
195.9	87.3	95.2	133.8	91.1	237.6	107.0	116.3	162.5	111.5
197.0	87.8	95.7	134.6	91.7	238.7	107.5	116.9	163.3	112.1
198.1	88.3	96.3	135.3	92.2	239.8	108.1	117.5	164.0	112.6
199.3	88.9	96.9	136.1	92.8	240.9	108.6	118.0	164.8	113.2
200.4	89.4	97.4	136.9	93.3	242.1	109.2	118.6	165.6	113.7
201.5	89.9	98.0	137.7	93.8	243.1	109.7	119.2	166.4	114.3
202.7	90.4	98.6	138.4	94.4	244.3	110.2	119.8	167.1	114.9
203.8	91.0	99.2	139.2	94.9	245.4	110.8	120.3	167.9	115.4
204.9	91.5	99.7	140.0	95.5	246.6	111.3	120.9	168.7	116.0
206.0	92.0	100.3	140.8	96.0	247.7	111.9	121.5	169.5	116.5
207.2	92.6	100.9	141.5	96.6	248.8	112.4	122.1	170.3	117.1
208.3	93.1	101.4	142.3	97.1	249.9	112.9	122.6	171.0	117.6
209.4	93.6	102.0	143.1	97.7	251.1	113.5	123.2	171.8	118.2
210.5	94.2	102.6	143.9	98.2	252.2	114.0	123.8	172.6	118.8
211.7	94.7	103.1	144.6	98.8	253.3	114.6	124.4	173.4	119.3
212.8	95.2	103.7	145.4	99.3	254.4	115.1	125.0	174.2	119.9
213.9	95.7	104.3	146.2	99.9	255.6	115.7	125.5	174.9	120.4
215.0	96.3	104.8	147.0	100.4	256.7	116.2	126.1	175.7	121.0
216.2	96.8	105.4	147.7	101.0	257.8	116.7	126.7	176.5	121.6
217.3	97.3	106.0	148.5	101.5	258.9	117.3	127.3	177.3	122.1
260.1	117.8	127.9	178.1	122.7	301.7	138.2	149.5	206.9	143.7
261.2	118.4	128.4	178.8	123.3	302.9	138.8	150.1	207.7	144.3
262.3	118.9	129.0	179.6	123.8	304.0	139.3	150.6	208.5	144.8
263.4	119.5	129.6	180.4	124.4	305.1	139.9	151.2	209.2	145.4
264.6	120.0	130.2	181.2	124.9	306.2	140.4	151.8	210.0	146.0
265.7	120.6	130.8	181.9	125.5	307.4	141.0	152.4	210.8	146.6

续表

氧化亚铜	葡萄糖	果糖	乳糖（含水）	转化糖	氧化亚铜	葡萄糖	果糖	乳糖（含水）	转化糖
266.8	121.1	131.3	182.7	126.1	308.5	141.6	153.0	211.6	147.1
268.0	121.7	131.9	183.5	126.6	309.6	142.1	153.6	212.4	147.7
269.1	122.2	132.5	184.3	127.2	310.7	142.7	154.2	213.2	148.3
270.2	122.7	133.1	185.1	127.8	311.9	143.2	154.8	214.0	148.9
271.3	123.3	133.7	185.8	128.3	313.0	143.8	155.4	214.7	149.4
272.5	123.8	134.2	186.6	128.9	314.1	144.4	156.0	215.5	150.0
273.6	124.4	134.8	187.4	129.5	315.2	144.9	156.5	216.3	150.6
274.7	124.9	135.4	188.2	130.0	316.4	145.5	157.1	217.1	151.2
275.8	125.5	136.0	189.0	130.6	317.5	146.0	157.7	217.9	151.8
277.0	126.0	136.6	189.7	131.2	318.6	146.6	158.3	218.7	152.3
278.1	126.6	137.2	190.5	131.7	319.7	147.2	158.9	219.4	152.9
279.2	127.1	137.7	191.3	132.3	320.9	147.7	159.5	220.2	153.5
280.3	127.7	138.3	192.1	132.9	322.0	148.3	160.1	221.0	154.1
281.5	128.2	138.9	192.9	133.4	323.1	148.8	160.7	221.8	154.6
282.6	128.8	139.5	193.6	134.0	324.3	149.4	161.3	222.6	155.2
283.7	129.3	140.1	194.4	134.6	325.4	150.5	161.9	223.3	155.8
284.8	129.9	140.7	195.2	135.1	326.5	150.5	162.5	224.1	156.4
286.0	130.4	141.3	196.0	135.7	327.6	151.1	163.1	224.9	157.0
287.1	131.0	141.8	196.8	136.3	328.7	151.7	163.7	225.7	157.5
288.2	131.6	142.4	197.5	136.8	329.9	152.2	164.3	226.5	158.1
289.3	132.1	143.0	198.3	137.4	331.0	152.8	164.9	227.3	158.7
290.5	132.7	143.6	199.1	138.0	332.1	153.4	165.4	228.0	159.3
291.6	133.2	144.2	199.9	138.6	333.3	153.9	166.0	228.8	159.9
292.7	133.8	144.8	200.7	139.1	334.4	154.5	166.6	229.6	160.5
293.8	134.3	145.4	201.4	139.7	335.5	155.1	167.2	230.4	161.0
295.0	134.9	145.9	202.2	140.3	336.6	155.6	167.8	231.2	161.6
296.1	135.4	146.5	203.0	140.8	337.8	156.2	168.4	232.0	162.2
297.2	136.0	147.1	203.8	141.4	338.9	156.8	169.0	232.7	162.8
298.3	136.5	147.7	204.6	142.0	340.0	157.3	169.6	233.5	163.4
299.5	137.1	148.3	205.3	142.6	341.1	157.9	170.2	234.3	164.0
300.6	137.7	148.9	206.1	143.1	342.3	158.2	170.8	235.1	164.5

参 考 文 献

[1] 大连轻工业学院，华南理工大学．食品分析[M]．北京：中国轻工业出版社，2006．
[2] 中华人民共和国卫生部，中国国家标准化管理委员会．食品卫生检验方法理化部分：总则[M]．北京：中国标准出版社，2003．
[3] 杨惠芬．食品卫生理化检验标准手册[M]．北京：中国标准出版社，1997．
[4] 黄伟坤．食品检验与分析[M]．北京：中国轻工业出版社，1989．
[5] 张意静．食品分析技术[M]．北京：中国轻工业出版社，2008．
[6] 周光理．食品分析与检验技术[M]．北京：化学工业出版社，2006．
[7] 康臻．食品分析与检验[M]．北京：中国轻工业出版社，2006．
[8] 程云燕，李双石．食品分析与检验[M]．北京：化学工业出版社，2007．
[9] 金明琴．食品分析[M]．北京：化学工业出版社，2008．
[10] 尹凯丹，张奇志．食品理化分析[M]．北京：化学工业出版社，2008．
[11] 李凤玉，梁文珍．食品分析与检验[M]．北京：中国农业大学出版社，2009．
[12] 朱克永．食品检测技术[M]．北京：科学出版社，2004．
[13] 张水华．食品分析实验[M]．北京：化学工业出版社，2006．
[14] 黄高明．食品检验工（中级）[M]．北京：机械工业出版社，2005．
[15] 刘长春．食品检验工（高级）[M]．北京：机械工业出版社，2006．
[16] 国家质量监督检验检疫总局职业技能鉴定指导中心组．食品质量检验——乳及乳制品类[M]．北京：中国计量出版社，2005．
[17] 国家质量监督检验检疫总局职业技能鉴定指导中心组．食品质量检验——肉蛋及制品类[M]．北京：中国计量出版社，2006．
[18] 国家质量监督检验检疫总局职业技能鉴定指导中心组．食品质量检验——粮油及制品类[M]．北京：中国计量出版社，2006．